广东省建筑施工特种作业人员安全技术培训教材

门式起重机安装拆卸工

广东省建筑安全协会　编著

中国环境出版社·北京

图书在版编目（CIP）数据

门式起重机安装拆卸工/广东省建筑安全协会编著．—北京：中国环境出版社，2015.9（2017.12 重印）
广东省建筑施工特种作业人员安全技术培训教材
ISBN 978－7－5111－1348－1

Ⅰ．①门…　Ⅱ．①广…　Ⅲ．①门式起重机—装配（机械）—技术培训—教材　Ⅳ．①TH213.4

中国版本图书馆 CIP 数据核字（2015）第 024759 号

出版人　王新程
策　划　何臻卓
策划编辑　陶克菲
责任编辑　易　萌
责任校对　尹　芳
封面设计　彭　杉

出版发行　中国环境出版社
（100062　北京市东城区广渠门内大街 16 号）
网　址：http：//www.cesp.com.cn
电子邮箱：bjgl@cesp.com.cn
联系电话：010－67112765（编辑管理部）
010－67112739（建筑图书出版中心）
发行热线：010－67125803　010－67113405（传真）

印　刷　北京市联华印刷厂
经　销　各地新华书店
版　次　2015 年 9 月第 1 版
印　次　2017 年 12 月第 2 次印刷
开　本　787×1092　1/16
印　张　17.5
字　数　400 千字
定　价　54.00 元

《门式起重机安装拆卸工》

编委会

主　编：钟伟文

副主编：王　启

编　委：余南华　谭松明　王　岩
蒋　云　肖鸿韬　邝欣慰
范凯基　甘京铁　卢健明
林东辉

前言

FOREWARD

为进一步统一规范广东省建筑施工特种作业人员的培训考核工作，根据住房和城乡建设部《关于建筑施工特种作业人员考核工作的实施意见》（建办质［2008］41号）的相关要求，我协会组织省内有关专家编写了广东省建筑施工特种作业人员安全技术培训教材《门式起重机安装拆卸工》。参与教材编写的单位和人员有深圳建筑工业协会培训中心、余南华（深圳市越众（集团）股份有限公司）、谭松明（深圳市越众（集团）股份有限公司）、王岩（深圳市君顺达电梯有限公司）、蒋云（深圳市越众（集团）股份有限公司）、林小庭（深圳建筑业协会培训中心）。谨此向为教材编写提供大力支持的单位和专家们深表谢意！

我们希望这套教材能帮助学员在较短时间内更好地理解住房和城乡建设部考试考核大纲的要求、掌握难点和重点，提高应考水平及日常实际工作的能力。本书存在的问题和不足，恳请广大学者和专家提出宝贵意见和建议，使建筑起重机械特种作业人员安全技术培训教材不断完善。

广东省建筑安全协会

目 录

CONTENTS

安全生产基本知识篇

专业基础知识篇

专业技术知识篇

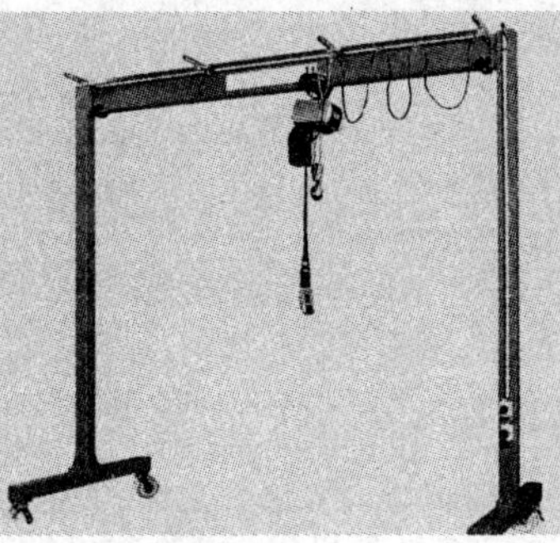

安全生产基本知识篇

门式起重机又称龙门起重机，它是一种桥架通过两侧支腿支承在地面轨道或基础上的桥架型起重机，是起重机械中使用最广泛的一种。门式起重机广泛应用于各行业中，例如在铁路货场装卸火车、汽车，在船厂吊装轮船部件总成，在水电站大坝起吊闸门，在港口码头装卸集装箱，在工厂内部起吊和搬运笨重的成件物品，在电力场设备的地面组合、设备的制作加工配合、水泥框架的预制、物件的吊运，在建筑施工现场进行施工作业等。

第一章
法律法规和规章制度

为加强对建筑施工特种作业人员的管理和教育，防止和减少生产安全事故，国家、省市都相应制定较为完善的法律法规和规章制度。下面选摘了部分法律法规和规章制度的相关条款，以供学习时查阅。

第一节 《中华人民共和国安全生产法》（2014 年修订）的有关规定

第六条 生产经营单位的从业人员有依法获得安全生产保障的权利，并应当依法履行安全生产方面的义务。

第二十七条 生产经营单位的特种作业人员必须按照国家有关规定经专门的安全作业培训，取得相应资格，方可上岗作业。

特种作业人员的范围由国务院安全生产监督管理部门会同国务院有关部门确定。

第三十二条 生产经营单位应当在有较大危险因素的生产经营场所和有关设施、设备上，设置明显的安全警示标志。

第三十三条 安全设备的设计、制造、安装、使用、检测、维修、改造和报废，应当符合国家标准或者行业标准。

生产经营单位必须对安全设备进行经常性维护、保养，并定期检测，保证正常运转。维护、保养、检测应当作好记录，并由有关人员签字。

第四十条 生产经营单位进行爆破、吊装以及国务院安全生产监督管理部门会同国务院有关部门规定的其他危险作业，应当安排专门人员进行现场安全管理，确保操作规程的遵守和安全措施的落实。

第四十一条 生产经营单位应当教育和督促从业人员严格执行本单位的安全生产规章制度和安全操作规程；并向从业人员如实告知作业场所和工作岗位存在的危险因素、防范措施以及事故应急措施。

第四十二条 生产经营单位必须为从业人员提供符合国家标准或者行业标准的劳动防护用品，并监督、教育从业人员按照使用规则佩戴、使用。

第四十九条 生产经营单位与从业人员订立的劳动合同，应当载明有关保障从业人员劳动安全、防止职业危害的事项，以及依法为从业人员办理工伤保险的事项。

生产经营单位不得以任何形式与从业人员订立协议，免除或者减轻其对从业人员因生产安全事故伤亡依法应承担的责任。

第五十条　生产经营单位的从业人员有权了解其作业场所和工作岗位存在的危险因素、防范措施及事故应急措施，有权对本单位的安全生产工作提出建议。

第五十一条　从业人员有权对本单位安全生产工作中存在的问题提出批评、检举、控告；有权拒绝违章指挥和强令冒险作业。

生产经营单位不得因从业人员对本单位安全生产工作提出批评、检举、控告或者拒绝违章指挥、强令冒险作业而降低其工资、福利等待遇或者解除与其订立的劳动合同。

第五十二条　从业人员发现直接危及人身安全的紧急情况时，有权停止作业或者在采取可能的应急措施后撤离作业场所。

生产经营单位不得因从业人员在前款紧急情况下停止作业或者采取紧急撤离措施而降低其工资、福利等待遇或者解除与其订立的劳动合同。

第五十三条　因生产安全事故受到损害的从业人员，除依法享有工伤保险外，依照有关民事法律尚有获得赔偿的权利的，有权向本单位提出赔偿要求。

第五十四条　从业人员在作业过程中，应当严格遵守本单位的安全生产规章制度和操作规程，服从管理，正确佩戴和使用劳动防护用品。

第五十五条　从业人员应当接受安全生产教育和培训，掌握本职工作所需的安全生产知识，提高安全生产技能，增强事故预防和应急处理能力。

第五十六条　从业人员发现事故隐患或者其他不安全因素，应当立即向现场安全生产管理人员或者本单位负责人报告；接到报告的人员应当及时予以处理。

第二节　《特种设备安全监察条例》（国务院令第549号）的有关规定

第三条　特种设备的生产（含设计、制造、安装、改造、维修，下同）、使用、检验检测及其监督检查，应当遵守本条例，但本条例另有规定的除外。

军事装备、核设施、航空航天器、铁路机车、海上设施和船舶以及煤矿山矿井下使用的特种设备、民用机场专用设备的安全监察不适用本条例。

房屋建筑工地和市政工程工地用起重机械、场（厂）内专用机动车辆的安装、使用的监督管理，由建设行政主管部门依照有关法律、法规的规定执行。

第二十五条　特种设备在投入使用前或者投入使用后30日内，特种设备使用单位应当向直辖市或者设区的市的特种设备安全监督管理部门登记。登记标志应当置于或者附着于该特种设备的显著位置。

第二十六条　特种设备使用单位应当建立特种设备安全技术档案。安全技术档案应当包括以下内容：

（一）特种设备的设计文件、制造单位、产品质量合格证明、使用维护说明等文件以及安装技术文件和资料；

（二）特种设备的定期检验和定期自行检查的记录；

（三）特种设备的日常使用状况记录；

（四）特种设备及其安全附件、安全保护装置、测量调控装置及有关附属仪器仪表的日常维护保养记录；

（五）特种设备运行故障和事故记录。

（六）高耗能特种设备的能效测试报告、能耗状况记录以及节能改造技术资料。

第二十七条　特种设备使用单位应当对在用特种设备进行经常性日常维护保养，并定期自行检查。

特种设备使用单位对在用特种设备应当至少每月进行一次自行检查，并作出记录。特种设备使用单位在对在用特种设备进行自行检查和日常维护保养时发现异常情况的，应当及时处理。

特种设备使用单位应当对在用特种设备的安全附件、安全保护装置、测量调控装置及有关附属仪器仪表进行定期校验、检修，并作出记录。

锅炉使用单位应当按照安全技术规范的要求进行锅炉水（介）质处理，并接受特种设备检验检测机构实施的水（介）质处理定期检验。

从事锅炉清洗的单位，应当按照安全技术规范的要求进行锅炉清洗，并接受特种设备检验检测机构实施的锅炉清洗过程监督检验。

第二十八条　特种设备使用单位应当按照安全技术规范的定期检验要求，在安全检验合格有效期届满前1个月向特种设备检验检测机构提出定期检验要求。

检验检测机构接到定期检验要求后，应当按照安全技术规范的要求及时进行安全性能检验和能效测试。

未经定期检验或者检验不合格的特种设备，不得继续使用。

第二十九条　特种设备出现故障或者发生异常情况，使用单位应当对其进行全面检查，消除事故隐患后，方可重新投入使用。

第三十八条　锅炉、压力容器、电梯、起重机械、客运索道、大型游乐设施、场（厂）内专用机动车辆的作业人员及其相关管理人员（以下统称特种设备作业人员），应当按照国家有关规定经特种设备安全监督管理部门考核合格，取得国家统一格式的特种作业人员证书，方可从事相应的作业或者管理工作。

第三十九条　特种设备使用单位应当对特种设备作业人员进行特种设备安全教育和培训，保证特种设备作业人员具备必要的特种设备安全作业节能知识。

特种设备作业人员在作业中应当严格执行特种设备的操作规程和有关的安全规章制度。

第四十条　特种设备作业人员在作业过程中发现事故隐患或者其他不安全因素，应当立即向现场安全管理人员和单位有关负责人报告。

第六十一条　有下列情形之一的，为特别重大事故：

（一）特种设备事故造成30人以上死亡，或者100人以上重伤（包括急性工业中毒，下同），或者1亿元以上直接经济损失的；

（二）600兆瓦以上锅炉爆炸的；

（三）压力容器、压力管道有毒介质泄漏，造成15万人以上转移的；

（四）客运索道、大型游乐设施高空滞留100人以上并且时间在48小时以上的。

第六十二条　有下列情形之一的，为重大事故：

（一）特种设备事故造成10人以上30人以下死亡，或者50人以上100人以下重伤，或者5000万元以上1亿元以下直接经济损失的；

（二）600兆瓦以上锅炉因安全故障中断运行240小时以上的；

（三）压力容器、压力管道有毒介质泄漏，造成5万人以上15万人以下转移的；

（四）客运索道、大型游乐设施高空滞留100人以上并且时间在24小时以上48小时以下的。

第六十三条　有下列情形之一的，为较大事故：

（一）特种设备事故造成3人以上10人以下死亡，或者10人以上50人以下重伤，或者1000万元以上5000万元以下直接经济损失的；

（二）锅炉、压力容器、压力管道爆炸的；

（三）压力容器、压力管道有毒介质泄漏，造成1万人以上5万人以下转移的；

（四）起重机械整体倾覆的；

（五）客运索道、大型游乐设施高空滞留人员12小时以上的。

第六十四条　有下列情形之一的，为一般事故：

（一）特种设备事故造成3人以下死亡，或者10人以下重伤，或者1万元以上1000万元以下直接经济损失的；

（二）压力容器、压力管道有毒介质泄漏，造成500人以上1万人以下转移的；

（三）电梯轿厢滞留人员2小时以上的；

（四）起重机械主要受力结构件折断或者起升机构坠落的；

（五）客运索道高空滞留人员3.5小时以上12小时以下的；

（六）大型游乐设施高空滞留人员1小时以上12小时以下的。

除前款规定外，国务院特种设备安全监督管理部门可以对一般事故的其他情形做出补充规定。

第六十五条　特种设备安全监督管理部门应当制定特种设备应急预案。特种设备使用单位应当制定事故应急专项预案，并定期进行事故应急演练。

压力容器、压力管道发生爆炸或者泄漏，在抢险救援时应当区分介质特性，严格按照相关预案规定程序处理，防止二次爆炸。

第六十六条　特种设备事故发生后，事故发生单位应当立即启动事故应急预案，组织抢救，防止事故扩大，减少人员伤亡和财产损失，并及时向事故发生地县以上特种设备安全监督管理部门和有关部门报告。

县以上特种设备安全监督管理部门接到事故报告，应当尽快核实有关情况，立即向所在地人民政府报告，并逐级上报事故情况。必要时，特种设备安全监督管理部门可以越级上报事故情况。对特别重大事故、重大事故，国务院特种设备安全监督管理部门应当立即报告国务院并通报国务院安全生产监督管理部门等有关部门。

第六十七条　特别重大事故由国务院或者国务院授权有关部门组织事故调查组进行调查。

重大事故由国务院特种设备安全监督管理部门会同有关部门组织事故调查组进行调查。

较大事故由省、自治区、直辖市特种设备安全监督管理部门会同有关部门组织事故调查组进行调查。

一般事故由设区的市的特种设备安全监督管理部门会同有关部门组织事故调查组进行调查。

第三节　《建设工程安全生产管理条例》的有关规定

第十五条　为建设工程提供机械设备和配件的单位，应当按照安全施工的要求配备齐全有效的保险、限位等安全设施和装置。

第十六条　出租的机械设备和施工机具及配件，应当具有生产（制造）许可证、产品合格证。

出租单位应当对出租的机械设备和施工机具及配件的安全性能进行检测，在签订租赁协议时，应当出具检测合格证明。

禁止出租检测不合格的机械设备和施工机具及配件。

第十七条　在施工现场安装、拆卸施工起重机械和整体提升脚手架、模板等自升式架设设施，必须由具有相应资质的单位承担。

安装、拆卸施工起重机械和整体提升脚手架、模板等自升式架设设施，应当编制拆装方案、制定安全施工措施，并由专业技术人员现场监督。

施工起重机械和整体提升脚手架、模板等自升式架设设施安装完毕后，安装单位应当自检，出具自检合格证明，并向施工单位进行安全使用说明，办理验收手续并签字。

第十八条　施工起重机械和整体提升脚手架、模板等自升式架设设施的使用达到国家规定的检验检测期限的，必须经具有专业资质的检验检测机构检测。经检测不合格的，不得继续使用。

第二十五条　垂直运输机械作业人员、安装拆卸工、爆破作业人员、起重信号工、登高架设作业人员等特种作业人员，必须按照国家有关规定经过专门的安全作业培训，并取得特种作业操作资格证书后，方可上岗作业。

第四节　《建筑起重机械安全监督管理规定》（建设部令第 166 号）

第一条　为了加强建筑起重机械的安全监督管理，防止和减少生产安全事故，保障人民群众生命和财产安全，依据《建设工程安全生产管理条例》、《特种设备安全监察条例》、《安全生产许可证条例》，制定本规定。

第二条 建筑起重机械的租赁、安装、拆卸、使用及其监督管理，适用本规定。

本规定所称建筑起重机械，是指纳入特种设备目录，在房屋建筑工地和市政工程工地安装、拆卸、使用的起重机械。

第三条 国务院建设主管部门对全国建筑起重机械的租赁、安装、拆卸、使用实施监督管理。

县级以上地方人民政府建设主管部门对本行政区域内的建筑起重机械的租赁、安装、拆卸、使用实施监督管理。

第四条 出租单位出租的建筑起重机械和使用单位购置、租赁、使用的建筑起重机械应当具有特种设备制造许可证、产品合格证、制造监督检验证明。

第五条 出租单位在建筑起重机械首次出租前，自购建筑起重机械的使用单位在建筑起重机械首次安装前，应当持建筑起重机械特种设备制造许可证、产品合格证和制造监督检验证明到本单位工商注册所在地县级以上地方人民政府建设主管部门办理备案。

第六条 出租单位应当在签订的建筑起重机械租赁合同中，明确租赁双方的安全责任，并出具建筑起重机械特种设备制造许可证、产品合格证、制造监督检验证明、备案证明和自检合格证明，提交安装使用说明书。

第七条 有下列情形之一的建筑起重机械，不得出租、使用：

（一）属国家明令淘汰或者禁止使用的；

（二）超过安全技术标准或者制造厂家规定的使用年限的；

（三）经检验达不到安全技术标准规定的；

（四）没有完整安全技术档案的；

（五）没有齐全有效的安全保护装置的。

第八条 建筑起重机械有本规定第七条第（一）、（二）、（三）项情形之一的，出租单位或者自购建筑起重机械的使用单位应当予以报废，并向原备案机关办理注销手续。

第九条 出租单位、自购建筑起重机械的使用单位，应当建立建筑起重机械安全技术档案。

建筑起重机械安全技术档案应当包括以下资料：

（一）购销合同、制造许可证、产品合格证、制造监督检验证明、安装使用说明书、备案证明等原始资料；

（二）定期检验报告、定期自行检查记录、定期维护保养记录、维修和技术改造记录、运行故障和生产安全事故记录、累计运转记录等运行资料；

（三）历次安装验收资料。

第十条 从事建筑起重机械安装、拆卸活动的单位（以下简称安装单位）应当依法取得建设主管部门颁发的相应资质和建筑施工企业安全生产许可证，并在其资质许可范围内承揽建筑起重机械安装、拆卸工程。

第十一条 建筑起重机械使用单位和安装单位应当在签订的建筑起重机械安装、拆卸合同中明确双方的安全生产责任。

实行施工总承包的，施工总承包单位应当与安装单位签订建筑起重机械安装、拆卸工程安全协议书。

第十二条　安装单位应当履行下列安全职责：

（一）按照安全技术标准及建筑起重机械性能要求，编制建筑起重机械安装、拆卸工程专项施工方案，并由本单位技术负责人签字；

（二）按照安全技术标准及安装使用说明书等检查建筑起重机械及现场施工条件；

（三）组织安全施工技术交底并签字确认；

（四）制定建筑起重机械安装、拆卸工程生产安全事故应急救援预案；

（五）将建筑起重机械安装、拆卸工程专项施工方案，安装、拆卸人员名单，安装、拆卸时间等材料报施工总承包单位和监理单位审核后，告知工程所在地县级以上地方人民政府建设主管部门。

第十三条　安装单位应当按照建筑起重机械安装、拆卸工程专项施工方案及安全操作规程组织安装、拆卸作业。

安装单位的专业技术人员、专职安全生产管理人员应当进行现场监督，技术负责人应当定期巡查。

第十四条　建筑起重机械安装完毕后，安装单位应当按照安全技术标准及安装使用说明书的有关要求对建筑起重机械进行自检、调试和试运转。自检合格的，应当出具自检合格证明，并向使用单位进行安全使用说明。

第十五条　安装单位应当建立建筑起重机械安装、拆卸工程档案。

建筑起重机械安装、拆卸工程档案应当包括以下资料：

（一）安装、拆卸合同及安全协议书；

（二）安装、拆卸工程专项施工方案；

（三）安全施工技术交底的有关资料；

（四）安装工程验收资料；

（五）安装、拆卸工程生产安全事故应急救援预案。

第十六条　建筑起重机械安装完毕后，使用单位应当组织出租、安装、监理等有关单位进行验收，或者委托具有相应资质的检验检测机构进行验收。建筑起重机械经验收合格后方可投入使用，未经验收或者验收不合格的不得使用。

实行施工总承包的，由施工总承包单位组织验收。

建筑起重机械在验收前应当经有相应资质的检验检测机构监督检验合格。

检验检测机构和检验检测人员对检验检测结果、鉴定结论依法承担法律责任。

第十七条　使用单位应当自建筑起重机械安装验收合格之日起30日内，将建筑起重机械安装验收资料、建筑起重机械安全管理制度、特种作业人员名单等，向工程所在地县级以上地方人民政府建设主管部门办理建筑起重机械使用登记。登记标志置于或者附着于该设备的显著位置。

第十八条　使用单位应当履行下列安全职责：

（一）根据不同施工阶段、周围环境以及季节、气候的变化，对建筑起重机械采取相应的安全防护措施；

（二）制定建筑起重机械生产安全事故应急救援预案；

（三）在建筑起重机械活动范围内设置明显的安全警示标志，对集中作业区做好安全防护；

（四）设置相应的设备管理机构或者配备专职的设备管理人员；

（五）指定专职设备管理人员、专职安全生产管理人员进行现场监督检查；

（六）建筑起重机械出现故障或者发生异常情况的，立即停止使用，消除故障和事故隐患后，方可重新投入使用。

第十九条　使用单位应当对在用的建筑起重机械及其安全保护装置、吊具、索具等进行经常性和定期的检查、维护和保养，并做好记录。

使用单位在建筑起重机械租期结束后，应当将定期检查、维护和保养记录移交出租单位。

建筑起重机械租赁合同对建筑起重机械的检查、维护、保养另有约定的，从其约定。

第二十条　建筑起重机械在使用过程中需要附着的，使用单位应当委托原安装单位或者具有相应资质的安装单位按照专项施工方案实施，并按照本规定第十六条规定组织验收。验收合格后方可投入使用。

建筑起重机械在使用过程中需要顶升的，使用单位委托原安装单位或者具有相应资质的安装单位按照专项施工方案实施后，即可投入使用。

禁止擅自在建筑起重机械上安装非原制造厂制造的标准节和附着装置。

第二十一条　施工总承包单位应当履行下列安全职责：

（一）向安装单位提供拟安装设备位置的基础施工资料，确保建筑起重机械进场安装、拆卸所需的施工条件；

（二）审核建筑起重机械的特种设备制造许可证、产品合格证、制造监督检验证明、备案证明等文件；

（三）审核安装单位、使用单位的资质证书、安全生产许可证和特种作业人员的特种作业操作资格证书；

（四）审核安装单位制定的建筑起重机械安装、拆卸工程专项施工方案和生产安全事故应急救援预案；

（五）审核使用单位制定的建筑起重机械生产安全事故应急救援预案；

（六）指定专职安全生产管理人员监督检查建筑起重机械安装、拆卸、使用情况；

（七）施工现场有多台塔式起重机作业时，应当组织制定并实施防止塔式起重机相互碰撞的安全措施。

第二十二条　监理单位应当履行下列安全职责：

（一）审核建筑起重机械特种设备制造许可证、产品合格证、制造监督检验证明、备案证明等文件；

（二）审核建筑起重机械安装单位、使用单位的资质证书、安全生产许可证和特种作业人员的特种作业操作资格证书；

（三）审核建筑起重机械安装、拆卸工程专项施工方案；

（四）监督安装单位执行建筑起重机械安装、拆卸工程专项施工方案情况；

（五）监督检查建筑起重机械的使用情况；

（六）发现存在生产安全事故隐患的，应当要求安装单位、使用单位限期整改，对安装单位、使用单位拒不整改的，及时向建设单位报告。

第二十三条　依法发包给两个及两个以上施工单位的工程，不同施工单位在同一施工现场使用多台塔式起重机作业时，建设单位应当协调组织制定防止塔式起重机相互碰撞的安全措施。

安装单位、使用单位拒不整改生产安全事故隐患的，建设单位接到监理单位报告后，应当责令安装单位、使用单位立即停工整改。

第二十四条　建筑起重机械特种作业人员应当遵守建筑起重机械安全操作规程和安全管理制度，在作业中有权拒绝违章指挥和强令冒险作业，有权在发生危及人身安全的紧急情况时立即停止作业或者采取必要的应急措施后撤离危险区域。

第二十五条　建筑起重机械安装拆卸工、起重信号工、起重司机、司索工等特种作业人员应当经建设主管部门考核合格，并取得特种作业操作资格证书后，方可上岗作业。

省、自治区、直辖市人民政府建设主管部门负责组织实施建筑施工企业特种作业人员的考核。

特种作业人员的特种作业操作资格证书由国务院建设主管部门规定统一的样式。

第二十六条　建设主管部门履行安全监督检查职责时，有权采取下列措施：

（一）要求被检查的单位提供有关建筑起重机械的文件和资料；

（二）进入被检查单位和被检查单位的施工现场进行检查；

（三）对检查中发现的建筑起重机械生产安全事故隐患，责令立即排除；重大生产安全事故隐患排除前或者排除过程中无法保证安全的，责令从危险区域撤出作业人员或者暂时停止施工。

第二十七条　负责办理备案或者登记的建设主管部门应当建立本行政区域内的建筑起重机械档案，按照有关规定对建筑起重机械进行统一编号，并定期向社会公布建筑起重机械的安全状况。

第二十八条　违反本规定，出租单位、自购建筑起重机械的使用单位，有下列行为之一的，由县级以上地方人民政府建设主管部门责令限期改正，予以警告，并处以5000元以上1万元以下罚款：

（一）未按照规定办理备案的；

（二）未按照规定办理注销手续的；

（三）未按照规定建立建筑起重机械安全技术档案的。

第二十九条　违反本规定，安装单位有下列行为之一的，由县级以上地方人民政府建设主管部门责令限期改正，予以警告，并处以5000元以上3万元以下罚款：

（一）未履行第十二条第（二）、（四）、（五）项安全职责的；

（二）未按照规定建立建筑起重机械安装、拆卸工程档案的；

（三）未按照建筑起重机械安装、拆卸工程专项施工方案及安全操作规程组织安装、拆卸作业的。

第三十条 违反本规定，使用单位有下列行为之一的，由县级以上地方人民政府建设主管部门责令限期改正，予以警告，并处以5000元以上3万元以下罚款：

（一）未履行第十八条第（一）、（二）、（四）、（六）项安全职责的；

（二）未指定专职设备管理人员进行现场监督检查的；

（三）擅自在建筑起重机械上安装非原制造厂制造的标准节和附着装置的。

第三十一条 违反本规定，施工总承包单位未履行第二十一条第（一）、（三）、（四）、（五）、（七）项安全职责的，由县级以上地方人民政府建设主管部门责令限期改正，予以警告，并处以5000元以上3万元以下罚款。

第三十二条 违反本规定，监理单位未履行第二十二条第（一）、（二）、（四）、（五）项安全职责的，由县级以上地方人民政府建设主管部门责令限期改正，予以警告，并处以5000元以上3万元以下罚款。

第三十三条 违反本规定，建设单位有下列行为之一的，由县级以上地方人民政府建设主管部门责令限期改正，予以警告，并处以5000元以上3万元以下罚款；逾期未改的，责令停止施工：

（一）未按照规定协调组织制定防止多台塔式起重机相互碰撞的安全措施的；

（二）接到监理单位报告后，未责令安装单位、使用单位立即停工整改的。

第三十四条 违反本规定，建设主管部门的工作人员有下列行为之一的，依法给予处分；构成犯罪的，依法追究刑事责任：

（一）发现违反本规定的违法行为不依法查处的；

（二）发现在用的建筑起重机械存在严重生产安全事故隐患不依法处理的；

（三）不依法履行监督管理职责的其他行为。

第三十五条 本规定自2008年6月1日起施行。

第五节 《建筑施工特种作业人员管理规定》（建质［2008］75号）

第一章 总 则

第一条 为加强对建筑施工特种作业人员的管理，防止和减少生产安全事故，根据《安全生产许可证条例》、《建筑起重机械安全监督管理规定》等法规规章，制定本规定。

第二条 建筑施工特种作业人员的考核、发证、从业和监督管理，适用本规定。

本规定所称建筑施工特种作业人员是指在房屋建筑和市政工程施工活动中，从事可能对本人、他人及周围设备设施的安全造成重大危害作业的人员。

第三条 建筑施工特种作业包括：

（一）建筑电工；

（二）建筑架子工；

（三）建筑起重信号司索工；

（四）建筑起重机械司机；

（五）建筑起重机械安装拆卸工；

（六）高处作业吊篮安装拆卸工；

（七）经省级以上人民政府建设主管部门认定的其他特种作业。

第四条 建筑施工特种作业人员必须经建设主管部门考核合格，取得建筑施工特种作业人员操作资格证书（以下简称“资格证书”），方可上岗从事相应作业。

第五条 国务院建设主管部门负责全国建筑施工特种作业人员的监督管理工作。

省、自治区、直辖市人民政府建设主管部门负责本行政区域内建筑施工特种作业人员的监督管理工作。

第二章 考 核

第六条 建筑施工特种作业人员的考核发证工作，由省、自治区、直辖市人民政府建设主管部门或其委托的考核发证机构（以下简称“考核发证机关”）负责组织实施。

第七条 考核发证机关应当在办公场所公布建筑施工特种作业人员申请条件、申请程序、工作时限、收费依据和标准等事项。

考核发证机关应当在考核前在机关网站或新闻媒体上公布考核科目、考核地点、考核时间和监督电话等事项。

第八条 申请从事建筑施工特种作业的人员，应当具备下列基本条件：

（一）年满18周岁且符合相关工种规定的年龄要求；

（二）经医院体检合格且无妨碍从事相应特种作业的疾病和生理缺陷；

（三）初中及以上学历；

（四）符合相应特种作业需要的其他条件。

第九条 符合本规定第八条规定的人员应当向本人户籍所在地或者从业所在地考核发证机关提出申请，并提交相关证明材料。

第十条 考核发证机关应当自收到申请人提交的申请材料之日起5个工作日内依法作出受理或者不予受理决定。

对于受理的申请，考核发证机关应当及时向申请人核发准考证。

第十一条 建筑施工特种作业人员的考核内容应当包括安全技术理论和实际操作。

考核大纲由国务院建设主管部门制定。

第十二条 考核发证机关应当自考核结束之日起10个工作日内公布考核成绩。

第十三条 考核发证机关对于考核合格的，应当自考核结果公布之日起10个工作日内颁发资格证书；对于考核不合格的，应当通知申请人并说明理由。

第十四条 资格证书应当采用国务院建设主管部门规定的统一样式，由考核发证机关编号后签发。资格证书在全国通用。

资格证书样式见附件一，编号规则见附件二。

第三章　从　　业

第十五条　持有资格证书的人员，应当受聘于建筑施工企业或者建筑起重机械出租单位（以下简称用人单位），方可从事相应的特种作业。

第十六条　用人单位对于首次取得资格证书的人员，应当在其正式上岗前安排不少于3个月的实习操作。

第十七条　建筑施工特种作业人员应当严格按照安全技术标准、规范和规程进行作业，正确佩戴和使用安全防护用品，并按规定对作业工具和设备进行维护保养。

建筑施工特种作业人员应当参加年度安全教育培训或者继续教育，每年不得少于24小时。

第十八条　在施工中发生危及人身安全的紧急情况时，建筑施工特种作业人员有权立即停止作业或者撤离危险区域，并向施工现场专职安全生产管理人员和项目负责人报告。

第十九条　用人单位应当履行下列职责：

（一）与持有效资格证书的特种作业人员订立劳动合同；

（二）制定并落实本单位特种作业安全操作规程和有关安全管理制度；

（三）书面告知特种作业人员违章操作的危害；

（四）向特种作业人员提供齐全、合格的安全防护用品和安全的作业条件；

（五）按规定组织特种作业人员参加年度安全教育培训或者继续教育，培训时间不少于24小时；

（六）建立本单位特种作业人员管理档案；

（七）查处特种作业人员违章行为并记录在档；

（八）法律法规及有关规定明确的其他职责。

第二十条　任何单位和个人不得非法涂改、倒卖、出租、出借或者以其他形式转让资格证书。

第二十一条　建筑施工特种作业人员变动工作单位，任何单位和个人不得以任何理由非法扣押其资格证书。

第四章　延期复核

第二十二条　资格证书有效期为两年。有效期满需要延期的，建筑施工特种作业人员应当于期满前3个月内向原考核发证机关申请办理延期复核手续。延期复核合格的，资格证书有效期延期2年。

第二十三条　建筑施工特种作业人员申请延期复核，应当提交下列材料：

（一）身份证（原件和复印件）；

（二）体检合格证明；

（三）年度安全教育培训证明或者继续教育证明；

（四）用人单位出具的特种作业人员管理档案记录；

（五）考核发证机关规定提交的其他资料。

第二十四条　建筑施工特种作业人员在资格证书有效期内，有下列情形之一的，延期复核结果为不合格：

（一）超过相关工种规定年龄要求的；

（二）身体健康状况不再适应相应特种作业岗位的；

（三）对生产安全事故负有责任的；

（四）2年内违章操作记录达3次（含3次）以上的；

（五）未按规定参加年度安全教育培训或者继续教育的；

（六）考核发证机关规定的其他情形。

第二十五条　考核发证机关在收到建筑施工特种作业人员提交的延期复核资料后，应当根据以下情况分别作出处理：

（一）对于属于本规定第二十四条情形之一的，自收到延期复核资料之日起5个工作日内作出不予延期决定，并说明理由；

（二）对于提交资料齐全且无本规定第二十四条情形的，自受理之日起10个工作日内办理准予延期复核手续，并在证书上注明延期复核合格，并加盖延期复核专用章。

第二十六条　考核发证机关应当在资格证书有效期满前按本规定第二十五条作出决定；逾期未作出决定的，视为延期复核合格。

第五章　监督管理

第二十七条　考核发证机关应当制定建筑施工特种作业人员考核发证管理制度，建立本地区建筑施工特种作业人员档案。

县级以上地方人民政府建设主管部门应当监督检查建筑施工特种作业人员从业活动，查处违章作业行为并记录在档。

第二十八条　考核发证机关应当在每年年底向国务院建设主管部门报送建筑施工特种作业人员考核发证和延期复核情况的年度统计信息资料。

第二十九条　有下列情形之一的，考核发证机关应当撤销资格证书：

（一）持证人弄虚作假骗取资格证书或者办理延期复核手续的；

（二）考核发证机关工作人员违法核发资格证书的；

（三）考核发证机关规定应当撤销资格证书的其他情形。

第三十条　有下列情形之一的，考核发证机关应当注销资格证书：

（一）依法不予延期的；

（二）持证人逾期未申请办理延期复核手续的；

（三）持证人死亡或者不具有完全民事行为能力的；

（四）考核发证机关规定应当注销的其他情形。

第六章　附　则

第三十一条　省、自治区、直辖市人民政府建设主管部门可结合本地区实际情况制定实施细则，并报国务院建设主管部门备案。

第三十二条　本办法自2008年6月1日起施行。

第六节　《关于建筑施工特种作业人员考核工作的实施意见》（建办质［2008］41号）

为规范建筑施工特种作业人员考核管理工作，根据《建筑施工特种作业人员管理规定》（建质［2008］75号），制定以下实施意见：

一、考核目的

为提高建筑施工特种作业人员的素质，防止和减少建筑施工生产安全事故，通过安全技术理论知识和安全操作技能考核，确保取得《建筑施工特种作业操作资格证书》人员具备独立从事相应特种作业工作能力。

二、考核机关

省、自治区、直辖市人民政府建设主管部门或其委托的考核机构负责本行政区域内建筑施工特种作业人员的考核工作。

三、考核对象

在房屋建筑和市政工程（以下简称“建筑工程”）施工现场从事建筑电工、建筑架子工、建筑起重信号司索工、建筑起重机械司机、建筑起重机械安装拆卸工、高处作业吊篮安装拆卸工以及经省级以上人民政府建设主管部门认定的其他特种作业的人员。

《建筑施工特种作业操作范围》见附件一。

四、考核条件

参加考核人员应当具备下列条件：

（一）年满18周岁且符合相应特种作业规定的年龄要求；

（二）近三个月内经二级乙等以上医院体检合格且无妨碍从事相应特种作业的疾病和生理缺陷；

（三）初中及以上学历；

（四）符合相应特种作业规定的其他条件。

五、考核内容

建筑施工特种作业人员考核内容应当包括安全技术理论和安全操作技能。《建筑施工特种作业人员安全技术考核大纲》（试行）见附件二。

考核内容分掌握、熟悉、了解三类。其中掌握即要求能运用相关特种作业知识解决实际问题，熟悉即要求能较深理解相关特种作业安全技术知识，了解即要求具有相关特种作业的基本知识。

六、考核办法

（一）安全技术理论考核，采用闭卷笔试方式。考核时间为2小时，实行百分制，60分为合格。其中，安全生产基本知识占25%、专业基础知识占25%、专业技术理论占50%。

（二）安全操作技能考核，采用实际操作（或模拟操作）、口试等方式。考核实行百分制，70分为合格。《建筑施工特种作业人员安全技能考核标准》（试行）见附件三。

（三）安全技术理论考核不合格的，不得参加安全操作技能考核。安全技术理论考试和实际操作技能考核均合格的，为考核合格。

七、其他事项

（一）考核发证机关应当建立健全建筑施工特种作业人员考核、发证及档案管理计算机信息系统，加强考核场地和考核人员队伍建设，注重实际操作考核质量。

（二）首次取得《建筑施工特种作业操作资格证书》的人员实习操作不得少于三个月。实习操作期间，用人单位应当指定专人指导和监督作业。指导人员应当从取得相应特种作业资格证书并从事相关工作3年以上、无不良记录的熟练工中选择。实习操作期满，经用人单位考核合格，方可独立作业。

第七节 《广东省建筑施工特种作业人员管理实施细则》（粤建安字［2008］85号）

第一条 为了加强建筑施工特种作业人员的管理，根据《建设工程安全生产管理条例》（国务院令第393号）、《安全生产许可证条例》（国务院令第393号）以及住房和城乡建设部《建筑起重机械安全监督管理规定》（建设部令第166号）、《建筑施工特种作业人员管理规定》（建质［2008］75号）等法规、规章和相关文件要求，结合我省实际，制定本细则。

第二条 本省建筑施工特种作业人员的培训、考核、发证、从业和监督管理，适用本细则。

本细则所称建筑施工特种作业人员是指在房屋建筑和市政工程施工活动中，从事可能对本人、他人及周围设备设施的安全造成重大危害作业的人员。

第三条 建筑施工特种作业工种包括：

（一）建筑电工；

（二）建筑架子工；

（三）建筑起重信号司索工；

（四）建筑起重机械司机；

（五）建筑起重机械安装拆卸工；

（六）高处作业吊篮安装拆卸工；

（七）经省级以上建设行政主管部门认定的其他特种作业。

第四条　省建设厅负责全省建筑施工特种作业人员的考核、发证、从业和监督管理，并委托广东省建筑安全协会负责培训和考核的日常管理工作。

县级以上建设行政主管部门负责本行政区域内建筑施工特种作业人员的监督管理工作。

第五条　为方便建筑施工特种作业人员的培训考核，建设厅在省内设置若干培训考核工作站（以下简称“考核站”），考核站必须具有相应工种考核所需要的师资、设备和场所。

经批准的考核站的地址及联系方式，将在广东建设信息网（网址：www. gdcic. net）和广东省建筑起重机械及特种作业人员管理系统（网址：http：//211. 155. 23. 107/crane-system）公布。

第六条　考核站主要工作内容：

（一）接受人员申请培训、考核、延期复核的报名，审查申报材料；

（二）将申请人基本材料按规定传到广东省建筑起重机械及特种作业人员管理系统；

（三）协助省建筑安全协会开展相关工作；

（四）在办公场所内公布建筑施工特种作业人员申请条件、申请程序、受理时限、收费依据和标准等事项。

第七条　申请从事建筑施工特种作业的人员，应当具备下列基本条件：

（一）年满18周岁且符合相关工种规定的年龄要求；

（二）经医院体检合格且无妨碍从事相应特种作业的疾病和生理缺陷；

（三）初中及以上学历；

（四）符合相应特种作业需要的其他条件。

第八条　参加建筑施工特种作业考核的人员，应向考核站报名，并提交下列申请材料：

（一）《建筑施工特种作业人员考核申请表》（见附件1）；

（二）身份证（复印件，1份）；

（三）大一寸正面免冠照片（2张）；

（四）毕业证书（复印件）或学历证明（1份）；

（五）身体健康（有县级以上医疗机构出具的健康证明），无妨碍从事相应特种作业的疾病和缺陷。

第九条　建筑施工特种作业人员的考核包括理论知识考试和实际操作考核两部分，考核由省建设厅委托省建筑安全协会组织专家现场监考。

理论知识考试采取全省统一命题、闭卷考试的方式进行，实际操作考核采取实际操作（或模拟操作）、口试等方式进行。

两部分考试合格方为合格，理论考核不合格的不得参加实际操作考核。

第十条　在我省范围内从事建筑施工特种作业人员必须经考核合格，取得建筑施工特种作业人员操作资格证书，方可上岗作业。

第十一条　经我省组织考核合格的建筑施工特种作业人员的信息，将在广东建设信息网以及广东省建筑起重机械及特种工作人员管理系统上公布。

第十二条　资格证书采用住房与城乡建设部规定的统一样式（见附件3），实行全省统一编号管理（证书编号规则见附件4）。

第十三条　首次取得《建筑施工特种作业操作资格证》的人员实习操作不得少于3个月。实习操作期间，用人单位应当指定专人指导和监督作业。指导人员应当从取得相应特种作业资格证书、从事相关工作3年以上、无不良记录的熟练工中选择。实习操作期满经用人单位考核合格方式独立作业。

第十四条　建筑施工特种作业人员应当参加年度安全教育培训或者继续教育，每年不得少于24小时。

第十五条　建筑施工特种作业人员变动工作单位，新工作单位应及时办理变更手续。

第十六条　资格证书有效期为2年。有效期满需要延期的，建筑施工特种作业人员应当于期满前3个月内向原考核发证机关申请办理延期复核手续。延期复核合格的，资格证书有效期延期2年。建筑施工特种作业人员申请延期复核，应当提交下列材料：

1. 建筑施工特种作业人员延期复核申请表（见附件2）；
2. 身份证（原件和复印件）；
3. 体检合格证明；
4. 年度安全教育培训证明或者继续教育证明；
5. 考核发证机关规定的其他资料。

第十七条　建筑施工特种作业人员在资格证书有效期内，有下列情形之一的，延期复核结果为不合格：

1. 超过相关工种规定年龄要求的；
2. 身体健康状况不再适应相应特种作业岗位的；
3. 对生产安全事故负有责任的；
4. 2年内违章操作记录达3次（含3次）以上的；
5. 未按规定参加年度安全教育培训或者继续教育的；
6. 考核发证机关规定的其他情形。

第十八条　建筑施工特种作业人员的资格证书不得伪造、涂改、转借或转让。各级建设行政主管部门应加强对建筑施工特种作业人员的监督管理，对违法违规行为依法作出处罚。

第十九条　考核发证机关工作人员滥用职权、玩忽职守、徇私舞弊的，给予行政处分；构成犯罪的，依法追究刑事责任。

第二十条　本实施细则由广东省建设厅负责解释。

第二十一条　本实施细则自颁布之日起实施。

附件1：建筑施工特种作业人员考核申请表（略）

附件2：建筑施工特种作业人员延期复核申请表（略）

附件3：建筑施工特种作业操作资格证书样式（略）

附件4：建筑施工特种作业操作资格证书编号规则（略）

第二章

特种作业人员的权利义务和法律责任

第一节　特种作业人员的权利义务和法律责任

一、从业人员的权利

（1）生产经营单位与从业人员订立的劳动合同，应当载明有关保障从业人员劳动安全、防止职业危害的事项，以及依法为从业人员办理工伤社会保险的事项。生产经营单位不得以任何形式与从业人员订立协议，免除或者减轻其对从业人员因生产安全事故伤亡依法应承担的责任。

（2）生产经营单位的从业人员有权了解其作业场所和工作岗位存在的危险因素、防范措施及事故应急措施，有权对本单位的安全生产工作提出建议。

（3）从业人员有权对本单位安全生产工作中存在的问题提出批评、检举、控告；有权拒绝违章指挥和强令冒险作业。生产经营单位不得因从业人员对本单位安全生产工作提出批评、检举、控告或者拒绝违章指挥、强令冒险作业而降低其工资、福利等待遇或者解除与其订立的劳动合同。

（4）从业人员发现直接危及人身安全的紧急情况时，有权停止作业或者在采取可能的应急措施后撤离作业场所。生产经营单位不得因从业人员在前款紧急情况下停止作业或者采取紧急撤离措施而降低其工资、福利等待遇或者解除与其订立的劳动合同。

（5）因生产安全事故受到损害的从业人员，除依法享有工伤社会保险外，依照有关民事法律尚有获得赔偿的权利的，有权向本单位提出赔偿要求。

二、从业人员的义务和法律责任

（1）从业人员在作业过程中，应当严格遵守本单位的安全生产规章制度和操作规程，服从管理，正确佩戴和使用劳动防护用品。

（2）从业人员应当接受安全生产教育和培训，掌握本职工作所需的安全生产知识，提高安全生产技能，增强事故预防和应急处理能力。

（3）从业人员发现事故隐患或者其他不安全因素，应当立即向现场安全生产管理人员或者本单位负责人报告；接到报告的人员应当及时予以处理。

（4）从业人员不服从管理，违反安全生产规章制度或者操作规程的，由生产经营单位给予批评教育，依照有关规章制度给予处分；造成重大事故，构成犯罪的，依照刑法有关规定追究刑事责任。

第二节 门式起重机安装拆卸工的职责与权利

一、门式起重机安装拆卸工的职责

门式起重机安装拆卸工的职责，归纳起来有以下几个方面：

（1）持有效期内的、操作类别的特种作业操作证上岗；未取得起重机械安装资格的门式起重机装拆工，不得参与门式起重机的安装、拆卸作业。

（2）严格遵守安全操作规程，自觉地抵制违章作业；严禁酒后作业。

（3）熟悉门式起重机的性能，认真做好门式起重机安装、拆卸施工方案，确保安全；安装及拆卸作业前，必须认真研究作业方案，严格按照架设程序分工负责，统一指挥。

（4）发现门式起重机存在技术故障或安全隐患，要及时向主管人员反映。故障或隐患不排除，门式起重机不得运行，包括不得由他人操作运行。

（5）进入现场必须遵守施工安全生产纪律。拆卸作业人员应按空中作业的安全要求，包括必须戴安全帽，系安全带，穿防滑鞋等，不要穿过于宽松的衣物，应穿工作服，以免被卷入运行部件中，发生安全事故。

（6）装拆及顶升加节前，要检查吊索、吊环、吊钩等用具必须符合安全要求。作业时严禁超载。

（7）安装和拆卸过程中，要有专人统一指挥，并熟悉图纸、安装程序及检查要点。

（8）安装完毕进行整机运行调试，合格后方能投入使用。

（9）安装、拆卸场地应清理干净，并用标志杆围起来，禁止非工作人员入内。

（10）雷雨天、雪天或风速超过六级大风的恶劣天气下不能进行安装、拆卸作业。

二、门式起重机安装拆卸工的权利

门式起重机装拆工与其他劳动者一样，均享有《中华人民共和国劳动法》规定的所有权利。包括享有平等就业和选择职业的权利，取得劳动报酬的权利，休息休假的权利，获得劳动安全卫生保护的权利，接受职业技能培训的权利，享受社会保险和福利的权利，提请劳动争议处理的权利以及法律规定的其他劳动权利。

对于门式起重机装拆工，由于其属于特种作业，为了确保其人身安全，根据《中华人民共和国安全生产法》和《中华人民共和国建筑法》的相关规定，依法享有相关的权利和承担相关义务和法律责任。

第三章

门式起重机装拆工作业安全常识

第一节　高处作业安全常识

高处作业，是从相对高度的概念出发的。根据《高处作业分级》（GB/T 3608—2008）的规定：凡在坠落高度基准面 2 m 以上（含 2 m）有可能坠落的高处进行的作业称为高处作业。坠落高度基准面是指发生坠落时通过最低坠落着落点的水平面。最低坠落着落点是指在作业位置可能坠落到的最低点。

高处作业基本上可以分为三大类，即为临边作业、洞口作业及悬空作业。

高处作业应注意的安全问题：

（1）高处作业人员要身穿紧扣工作服，脚穿防滑鞋，头戴安全帽，腰系安全带。

（2）遇到大雾、大雨和 13 m/s 以上大风时，禁止进行高处作业。

（3）按相关法律法规的要求进行高处作业。

（4）起重机直梯、斜梯要按规范装设。装拆工上下扶梯时要逐级上下，不得手持物品上下扶梯。

（5）擦拭和清扫设备时，禁止站在主梁上。在端梁上清扫时，应面对舱口，防止失足落空。

（6）必须登上主梁或厂房行车梁轨道进行检修时，应切断电源，指派专人监护，此时禁止动车和试车。检修时拆卸的零部件及时清理，机体上的油污应及时清涂干净。

（7）在装拆作业时，装拆工必须服从专人指挥。

第二节　正确使用劳动安全防护用品

安全帽是施工现场作业人员最基本的个人安全防护用品，进入施工现场进行作业的人员必须佩戴。安全带是登高作业人员必须使用的个人安全防护用品，进行登高作业的作业人员必须佩戴。施工现场作业人员所使用的安全带和安全帽必须符合《安全帽》（GB 2811—2007）和《安全带》（GB 6095—2009）的要求。

安全帽和安全带

（1）安全帽质量必须符合要求，不准使用缺衬、缺带及破损的安全帽。

（2）正确使用安全帽并扣好帽带，不准把安全帽抛、扔或坐、垫。

（3）所有人进入施工现场进行起重机的操作、检修、维护都必须佩戴安全帽，防止零散部件或工具掉落而砸伤头部。

（4）安全带质量必须符合要求。

（5）安全带使用两年后，必须按规定抽验一次，对抽验不合格的，必须更换安全绳以后才能使用。

（6）安全带应储存在干燥、通风的仓库内，不准接触高温、明火、强酸碱或尖锐的坚硬物体。

（7）安全带应高挂使用不准将绳打结使用，使用3m以上长绳应加缓冲器（自锁钩用吊绳除外）。

（8）安全带上的各种部件不得任意拆除，更换新绳时要注意加绳套。

（9）凡高空作业和其他规定使用安全带的作业人员都必须使用安全带。

第三节　安全标志与安全色的基本知识

1. 安全色

（1）红色——表示禁止、停止、危险以及消防设备的意思。凡是禁止、停止、消防和有危险的器件或环境均应涂以红色的标记作为警示的信号。如信号灯、紧急按钮均用红色，分别表示“禁止通行”、“禁止触动”。

（2）黄色——一般用来标志注意、警告、危险。如“当心触电”、“注意安全”等。

（3）蓝色——表示指令，要求人们必须遵守的规定。如“必须戴安全帽”、“必须验电”。

（4）绿色——表示给人们提供允许、安全的信息。如“在此工作”、“在此攀登”等。

（5）黑色——一般用来标注文字，符号和警示标志的图形等。

（6）白色——一般用于安全标志红、蓝、绿色的背景色，也可用于安全标志的文字和图形符号。

（7）黄色与黑色间隔条纹——一般用来标志警告、危险。如各种机械在工作或移动时容易碰撞的部位，如移动式起重机的外伸腿、起重机的吊钩滑轮侧板、起重臂的顶端、四轮配重；平顶拖车的排障器及侧面栏杆。

（8）红色与白色间隔条纹——一般用来标志禁止通过、禁止穿越等。

在使用安全色时，为了提高安全色的辨认率，使其更明显醒目，常采用其他颜色作为背景，即对比色。红、蓝、绿的对比色为白色，黄的对比色为黑色，黑色与白色互为对比色。

2. 安全标志

（1）禁止标志。圆形，背景为白色，红色圆边，中间为一红色斜杠，图像用黑色。一般常用的有“禁止烟火”、“禁止启动”等。

（2）警告类标志。等边三角形，背景为黄色，边和图案都用黑色。一般常用的有“当心触电”、“注意安全”等。

（3）指令类标志。圆形，背景为蓝色，图案及文字用白色。一般常用的有“必须戴安全帽”、“必须带护目镜”。

（4）提示类标志。矩形，背景为绿色，图案及文字用白色。

安全标志应安装在光线充足明显之处；高度应略高于人的视线，使人容易发现；一般不应安装于门窗及可移动的部位，也不宜安装在其他物体容易触及的部位；安全标志不宜在大面积或同一场所使用过多，通常应在白色光源的条件下使用，光线不足的地方应增设照明。安全标志一般用钢板、塑料等材料制成，同时也不应有反光现象。

（5）常用安全标志图示见附录二。

第四节　施工消防知识及现场急救知识

一、消防知识

（一）消防知识的基本概念

1. 防火

我国消防工作的方针是“以防为主，防消结合”。

“以防为主”就是要把预防火灾的工作放在首要地位，开展防火安全教育，提高人民群众对火灾的警惕性；健全防火组织，严密防火制度，进行防火检查，消防火灾隐患，贯彻建筑防火措施等。

“防消结合”就是在积极做好防火工作的同时，在组织上、思想上、物质上和技术上做好灭火战斗的准备。一旦发生火灾，就能迅速地赶赴现场，及时有效地将火灾扑灭。

2. 燃烧

燃烧，俗称“起火”、“着火”，是一种发光、发热的化学反应。

（二）火灾和爆炸原因

发生火灾应具备的三个必要条件：可燃物、助燃物、火源或高温；

燃烧要具备的三个充分条件：一定的浓度、一定的含氧量、一定的着火能量。

可燃物是指能与空气中的氧或其他氧化剂起化学反应的物质，如汽油、塑料、棉花、木材、乙炔等。

助燃物是指能帮助可燃物燃烧的物质，又称氧化剂。

火源就是能引起可燃物燃烧的热能源，如明火、电火花、电弧、高温等，但不同的物质其燃点是不一样的。

（三）火灾应急处理

1. 及时、准确地报警

当发生火灾时，应视火势情况，在向周围人员报警的同时向消防队报警：直接拨打“119”火警电话。同时还要向单位领导和有关部门报告。电气起火应迅速切断电源。

2. 扑灭初起之火

初起之火是扑灭火灾的最佳时机。在报警的同时，要分秒必争，抓紧时间，力争把火灾消灭在初起阶段。

3. 火灾中的自救

火灾中的人员伤亡，多发生在楼上，因逃生困难、因烟气窒息，被迫跳楼、被烈火焚烧。火灾中的自救要注意以下几点：

（1）如果楼梯已经着火，但火势尚不猛烈时，这时可用湿棉被、湿毯子裹在身上，从火中冲过去。

（2）如果火势很大，则应寻找其他逃生途径，如利用阳台滑向下一层，跃向邻近房间，从屋顶逃生或顺着水管等落向地面。

（3）如果没有逃生之路，而所在房间离燃烧点还有一段距离，则可退居室内，关闭通往火区的所有门窗，有条件时还可向门窗洒水，或用碎布等塞住门缝，以延缓火势蔓延过程，等待救援。

（4）要设法发出求救信号，可向外打手势（夜间用手电）或抛出小的软的物件，避免叫喊时救援人员听不见。

（5）如果火势逼近，又无其他逃生途径时，也不要仓促跳楼，可在窗上系上绳子，也可临时撕扯床单等连接起来，顺着绳子（床单）下滑。

4. 火灾中的疏散

疏散是将受火灾威胁的人和物资疏散到安全地点，以减少人员伤亡和物资损失。疏散时要注意以下几点：

（1）疏散人员要优先疏散老人、小孩和行走不便的病、残人员。

（2）疏散物资要优先疏散那些性质重要、价值大的原料、产品、设备、档案、资料等。

（3）对有爆炸危险的物品、设备也应优先疏散或采取安全措施。

在燃烧区和其他建筑物之间堆放的可燃物，也必须优先疏散，因为它们可能成为火势蔓延的媒介。

（四）灭火器的分类及使用方法

灭火器是由筒体、器头、喷嘴等部件组成，借助驱动压力可将所充装的灭火剂喷出，达到灭火的目的。灭火器由于结构简单，操作方便，轻便灵活，使用面广，所以是扑救初起火灾的重要消防器材。

1. 灭火器的分类

灭火器的种类很多，按其移动方式可分为：手提式和推车式；按驱动灭火剂的动力来源可分为：储气瓶式、储压式、化学反应式；按所充装的灭火剂则又可分为：泡沫、干粉、卤代烷、二氧化碳、酸碱、清水等。

2. 常用灭火器适用火灾及使用方法（手提式）

（1）化学泡沫灭火器适用火灾及使用方法。

化学泡沫灭火器适用于扑救一般 B 类火灾，如油制品、油脂等火灾，也可适用于 A 类火灾，但不能扑救 B 类火灾中的水溶性可燃、易燃液体的火灾，如醇、酯、醚、酮等物质火灾；也不能扑救带电设备及 C 类和 D 类火灾。

灭火时，可手提筒体上部的提环，迅速奔赴火场。这时应注意不得使灭火器过分倾斜，更不可横拿或颠倒，以免两种药剂混合而提前喷出。当距离着火点 10 m 左右的地方，即可将筒体颠倒过来，一只手紧握提环，另一只手扶住筒体的底圈，将射流对准燃烧物。在扑救可燃液体火灾时，如已呈流淌状燃烧，则将泡沫由远而近喷射，使泡沫完全覆盖在燃烧液面上：如在容器内燃烧，应将泡沫射向容器的内壁，使泡沫沿着内壁流淌，逐步覆盖着火液面。切忌直接对准液面喷射，以免由于射流的冲击，反而将燃烧的液体冲散或冲出容器，扩大燃烧范围。在扑救固体物质火灾时，应将射流对准燃烧最猛烈处。灭火时随着有效喷射距离的缩短，使用者应逐渐向燃烧区靠近，并始终将泡沫喷在燃烧物上，直到扑灭。使用时，灭火器应始终保持倒置状态，否则会中断喷射。

泡沫灭火器（手提式）存放应选择干燥、阴凉、通风并取用方便之处，不可靠近高温或可能受到曝晒的地方，以防止碳酸分解而失效；冬季要采取防冻措施，以防止冻结；并应经常擦除灰尘、疏通喷嘴，使之保持通畅。

（2）空气泡沫灭火器适用火灾和使用方法。

空气泡沫灭火器适用范围基本上与化学泡沫灭火器相同。但抗溶泡沫灭火器还能扑救水溶性易燃、可燃液体的火灾如醇、醚、酮等溶剂燃烧的初起火灾。

该灭火器的启动方式与内装储气瓶式干粉灭火器相同。使用时可手提或肩扛迅速奔到火场，在距燃烧物 6 m 左右的地方，拔出保险销，一手握住开启压把，另一手紧握喷枪；用力捏紧开启压把，打开密封或刺穿储气瓶密封片，空气泡沫即可从喷枪口喷出。灭火方法与手提式化学泡沫灭火器相同，但空气泡沫灭火器使用时，应使灭火器始终保持直立状态、切勿颠倒或横卧使用，否则会中断喷射。同时应一直紧握开启压把，不能松手，否则也会中断喷射。

（3）干粉灭火器适用火灾和使用方法。

干粉灭火器是以干粉为灭火剂，二氧化碳或氮气为驱动气体的灭火器。按充入的干粉灭火剂种类来分，有碳酸氢钠干粉灭火器（也称 BC 干粉灭火器）和磷酸、铵盐干粉灭火器（也称 ABC 干粉灭火器）两种。实际使用 ABC 干粉灭火器居多。干粉灭火器适用于扑救石油及其产品、油漆等易燃可燃液体、可燃气体电气设备的初起火灾，工厂、仓库、机关、学校、商店、车辆、图书馆等单位可选用 ABC 干粉灭火器。

灭火时，可手提或肩扛灭火器快速奔赴火场，在距燃烧处 5m 左右的地方，放下灭火器。如在室外，应选择在上风方向喷射。使用的干粉灭火器若是外挂式储气瓶的，操作者应一手紧握喷枪，另一手提起储气瓶上的开启提环。如果储气瓶的开启是手轮式的，则向逆时针方向旋开，并旋到最高位置，随即提起灭火器。当干粉喷出后，迅速对准火焰的根部扫射。使用的干粉灭火器若是内置式储气瓶的或者是储压式的，操作者应先将开启把上的保险销拔下，然后握住喷射软管前端喷嘴根部，另一只手将开启压把压下，打开灭火器进行喷射灭火。有喷射软管的灭火器或储压式灭火器，在使用时，一手应始终压下压把，不能放开，否则会中断喷射。

干粉灭火器扑救可燃、易燃液体火灾时，应对准火焰根部扫射，如果被扑救的液体火灾呈流淌燃烧时，应对准火焰根部由近而远，并左右扫射，直至把火焰全部扑灭。如果可燃液体在容器内燃烧，使用者应对准火焰根部左右晃动扫射，使喷射出的干粉流覆盖整个容器开口表面；当火焰被赶出容器时，使用者仍应继续喷射，直至将火焰全部扑灭。在扑救容器内可燃液体火灾时，应注意不能将喷嘴直接对准液面喷射，防止喷流的冲击力使可燃液体溅出而扩大火势，造成灭火困难。如果当可燃液体在金属容器中燃烧时间过长，容器的壁温已高于扑救可燃液体的自燃点，此时极易造成灭火后再复燃的现象，若与泡沫类灭火器联用，则灭火效果更佳。

如果使用磷酸铵盐干粉灭火器扑救固体可燃物火灾时，应对准燃烧最猛烈处喷射，并上下、左右扫射。如条件许可，使用者可提着灭火器沿着燃烧物的四周边走边喷，使干粉灭火剂均匀地喷在燃烧物的表面，直至将火焰全部扑灭。

二、建筑施工现场急救知识

现场急救是在施工现场发生伤害事故时，伤员送往医院救治前，在现场实施必要和及时的抢救措施，是医院治疗的前期准备。

1. 建筑工地一旦发生伤亡事故时，应立即做好的三件事

（1）启动应急预案、有组织地抢救伤员、组织人员疏散、组织抢险救灾。

（2）保护事故现场不被破坏。如因抢救伤员等需要局部破坏现场时，应安排人员做好现场原始记录或拍照等。

（3）及时向单位领导报告，并按规定向上级和有关部门报告。发生火灾时及时拨打“119”火警电话，有人员伤亡时及时拨打“120”急救电话等。

2. 现场抢救的原则

现场抢救必须做到“迅速、就地、准确、坚持”，其含义就是：

（1）迅速就是要争分夺秒、千方百计地使受害者脱离危险现场（触电者迅速脱离电源），并移放到安全地方，这是现场抢救的关键。

（2）就地就是要争取时间（时间就是生命），在现场（安全地方）就地进行抢救。

（3）准确就是抢救的方法、程序和施行的动作姿势要合适得当。

（4）坚持就是抢救者必须坚持到底、不轻易言弃，直到前来救护的医务人员判定触电者已经死亡、已再无法抢救时，方可停止抢救。

3. 高处坠落伤员的急救

当发生下坠时，应立即将头前倾，下颌紧贴胸骨，应屈腿，同时尽可能抓握附近的物体，以尽量降低伤害。

万一施工人员从高处坠落，现场解救不可盲目，不然会导致伤情恶化，甚至危及生命。应首先观察其神志是否清醒，并察看伤员着地部位及伤势，做到心中有数。

伤员如昏迷，但心跳和呼吸存在，应立即将伤员的头偏向一侧，防止舌根后倒，影响呼吸。另外，还必须立即将伤者口中可能脱落的牙齿和积血清除，以免误入气管，引起窒息。对于无心跳和呼吸的伤员，应立即进行人工呼吸和心肺复苏术，待伤员心跳、呼吸好转后，将伤员平卧在平板上，及时送往医院抢救。

如发现伤员耳朵、鼻子出血，可能有脑颅损伤，千万不可用手帕、棉布或纱布去堵塞，以免造成颅内压力增高和细菌感染。如外伤出血，应立即用清洁布块压迫伤口止血，压迫无效时，可用布带或橡皮带等在出血的肢体近躯处捆扎，上肢出血结扎在臂上 1/2 处，下肢出血结扎在大腿上 2/3 处，到不出血即可。注意每隔 25 ~ 40min 放松一次，每次放松 0. 5 ~ 1min。

伤员如腰背部或下肢先着地，下肢有可能骨折，应将两下肢固定在一起，并应超过骨折的上下关节；上肢如骨折，应将上肢挪到胸关，并固定在躯干上，如果怀疑脊柱骨折，搬运时千万注意要保持身体平伸位，不能让身体扭曲，然后由 3 人同时将伤员平托起来，即由一人托头及脊背，一人托臀部，一人托下肢，平稳运送，以防骨折部位不稳定，加重伤情。

腹部如有开放性伤口，应用清洁布或毛巾等覆盖伤口，不可将脱出物还原，以免感染。

抢救伤员时，无论哪种情况，应边抢救边就近送医院，并且应减少途中的颠簸，也不得翻动伤员。

4. 坍塌事故中的伤员急救

（1）解除挤压、移动受害者。

一旦坍塌发生事故，应尽快解除挤压，在解除压迫的过程中，切勿生拉硬拽，以免进一步伤害；如全身被埋，应先清除头部的土物，并迅速清除口、鼻污物，保持呼吸畅通。

小心谨慎地移动伤员，最为可靠的移动方法是：

1）双手握住伤员肩膀处的衣服；

2）以双手腕支撑伤员的头部；

3）拖拉伤员的衣服。

（2）现场抢救。

1）抢救休克的伤员。

休克伤员的症状是：皮肤苍白或发青，咬舌，口齿不清；发冷，皮肤潮湿或出汗，瞳孔放大，眼睛凹陷；恶心、颤抖、口渴；心脏、脉搏跳动加快。

抢救方法：

①可把休克的伤员（头部、胸部、腹部或大腿处，骨折者除外）双腿抬高离地面0.2～0.3m，让其背部朝下躺着，再使用合适的物体把双腿垫起。这样，能使血液顺畅地流动，达到各器官维持生命所必需的程度。

②如果休克的伤员呼吸困难，应让其斜倚或侧卧，使其呼吸顺畅。

③如果伤员有一只腿受伤，可将另一只腿垫高，直至使其他器官获得维持生命所必需的血液。

④如果伤员出现呕吐，应让其侧卧，并让其喝些饮料。

⑤如果出现呼吸、心跳停止者，应迅速采取心肺复苏法等进行抢救。

2）抢救骨折者。

骨折包扎应包括包扎骨折处的肌肉、肌腱、血管和韧带。

有的骨折容易发现，有的骨折在皮肤和肌肉里面不容易发现，应通过观察伤员的肢体组织有无变形和伤员自我感觉来判断。

处理骨折的主要方法是把骨折断面加以固定，并在较长时间内保持良好的固定状态。简易的固定方法有：

①就地取材，如使用薄木板，笔直的棍棒等；

②护垫用布或毛巾，放于薄木板和伤口之间；

③两片薄木板之间用领带或布条系紧；

④不能用绷带正对伤口包扎。

3）止血。

对一般流血伤口的控制；

把伤口处的衣服移开；

用无菌或消过毒的纱布、清洁干净、吸收性能好的材料放于受伤肢体部位，并系紧；

如伤口在手上，应使用清洁干净、吸收性能好的材料止血。

控制严重的出血：

如果伤员伤口流血严重，应在“伤口处”进行直接挤压。这样能阻止动脉直接向伤口供血，如果血从下胳膊处的伤口流出，可直接挤压上胳膊处，即抓住伤员的胳膊上部，挤压内侧。如血从腿部的伤口流出，挤压点应在大腿根部。

5. 机械伤害中的伤员急救

造成机械伤害的主要原因，可分为违章操作、违章指挥和机械设备缺陷等几种。

发生机械伤害后，在医护人员没有到来之前，应检查受伤者的伤势、心跳及呼吸情况，视不同情况采取不同的急救措施。

（1）机械伤害的伤员，应迅速小心地使伤员脱离致伤源，必要时，可拆卸机器，移出受伤的肢体。

（2）发生休克的伤员，应首先进行抢救。遇有呼吸、心跳停止者，可采取人工呼吸或心肺复苏术，使其恢复正常。

（3）骨折的伤员，应利用木板、竹片和绳布等捆绑骨折处的上下关节，固定骨折部位；也可将其上肢固定在身侧，下肢与下肢缚在一起。

（4）对伤口出血的伤员，应让其以头低脚高的姿势躺卧，使用消毒纱布或清洁织物覆盖伤口，用绷带较紧地包扎，以压迫止血，或者选择弹性好的橡皮管、橡皮带或三角巾、毛巾、带状布巾等。对上肢出血者，捆绑在其上臂1/2处；对下肢出血者，捆绑在其大腿上2/3处，并每隔25～40min放松一次，每次放松0.5～1min。

（5）对剧痛难忍者，应让其服用止痛剂和镇痛剂。

采取上述急救措施之后，要根据病情轻重，及时把伤员送往医院治疗。在转送医院的途中，应尽量减少颠簸，并密切注意伤员的呼吸、脉搏及伤口等情况。

6. 眼睛伤害救护

（1）眼有异物时，千万不要自行用力揉眼睛，应通过药水、泪水、清水冲洗，仍不能把异物冲掉时，才能扒开眼睑，仔细小心地清除眼里异物，如仍无法清除异物或伤势较重时，应立即到医院治疗。

（2）当化学物质进入眼内，立即用大量的清水冲洗，冲洗液可以是凉开水、自来水、河水或井水。此时分秒必争最重要。冲洗时要扒开眼睑，使水能直接冲洗眼睛，要反复冲洗，时间至少15min。在无人协助的情况下，可用一盆水，双眼浸入水中，用手分开眼睑，做睁、闭眼、转动眼球动作，一般冲洗30min。冲洗完毕后，立即到医院做必要的检查和治疗。

7. 触电事故应急常识

（1）随意碰触电线很危险，如果发生触电，在很短的时间内就会造成生命危险。

（2）发现有人触电时，不要直接用手拖拉触电者，应首先迅速拉电闸断电，现场无电闸时，使用木棒等不导电的材料或用干衣服包严双手，将触电者拖离电源。

（3）根据触电者的状况现场进行人工急救（如心肺复苏），并迅速向工地负责人报告或报警。

8. 中暑的急救措施

夏季，在建筑工地上劳动最容易发生中暑，轻者全身疲乏无力，头晕、头痛、烦闷、口渴、恶心、心慌；重者可能突然晕倒或昏迷不醒。

（1）最早发现有人中暑者应立即大声呼救，及时向有关人员报告，并根据情况立即采取正确方法施救。

（2）对轻症中暑者应立即进行急救。让病人平躺，并放在阴凉通风处，松解衣扣腰带，慢慢地给患者喝一些凉开（茶）水、淡盐水或西瓜汁等，可以给病人服用十滴水、仁丹、藿香正气片（水）等消暑药品。重症者，要及时送往医院治疗。

9. 食物急性中毒的急救措施

在日常生活中要自觉注意防止食物中毒，不能食用变质变味发霉食物，不能随便乱吃、喝不卫生的食品和饮料。

（1）最早发现有人中暑者应立即大声呼救，及时向有关人员报告，并根据情况立即采取正确方法施救。

（2）排除未吸收的毒物。对神志清醒者催吐，喝微温水 300～500mL，用压舌等刺激咽后壁或舌根部以催吐，如此反复直到吐出物为清亮液体为止。

（3）由于施工工地人多，容易造成集体食物中毒，如发现有工人集体发烧、呕吐、咳嗽等不良症状，就立即采取正确的方法施救。同时迅速向有关部门报告或报警，迅速联系救护单位，及时将中毒人员送医院治疗。

10. 心肺复苏术

心肺复苏术，是在建筑工地现场对呼吸心跳骤停病人给予呼吸和循环支持所采取的急救，急救措施如下：

（1）畅通气道：托起患者的下颌，使病人的头向后仰，如口中有异物，应先将异物排除。

（2）口对口人工呼吸：握闭病人的鼻孔，深吸气后先连续快速向病人口内吹气 4 次，继之吹气频率以每分钟 2～16 次。如遇特殊情况（牙关紧闭或外伤），可采用口对鼻人工呼吸。

（3）胸外心脏按压：双手放在病人胸骨的下 1/3 段（兼涂突上两根指），有节奏地垂直向下按压胸骨干骨，成人按压的深度为胸骨下陷 4～5cm 为宜。可采用口对鼻人工呼吸。

（4）胸外心脏按压和口对口吹气需要交替进行。最好有两个人同时参加急救，其中一个人按压心脏，另一个人做口对口吹气。

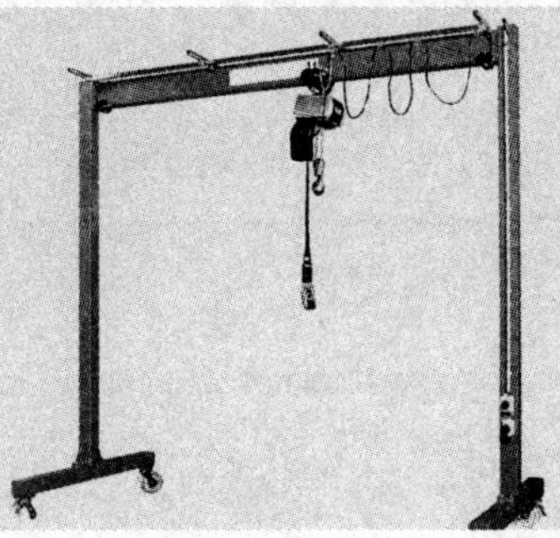

专业基础知识篇

第四章

力学基础知识

第一节 力的概念

一、力的概念

力是物体间相互的机械作用，这种作用一是使物体的机械运动状态发生变化，称为力的外效应；二是使物体产生变形，称为力的内效应。物体间相互的机械作用有两种：一种是直接接触作用；另一种是间接作用，即所谓的“场力”作用，如地球表面上的物体间的作用，电磁铁的动、静铁芯间的磁力作用等。

二、力的单位

在国际单位制中，力的中国单位名称是牛顿，国际代号是“N”，我国采用国际单位制。

三、力的三要素

力的大小、方向和作用点称为力的三要素。改变三要素中的任何一个时，力对物体的作用效果也随之改变。

四、静力学的基本定理

最基本的规律可归纳为以下四条静力学定律：

1. 两力平衡定律

物体在两个力的作用下保持平衡的条件是：这两个力的大小相等，方向相反，且作用在同一条直线上。

2. 加减平衡力系定律

在任意一个已知力系上加上或者减去任意平衡力系，不会改变原力系对刚体的作用效应。

3. 力的平行四边形法则

作用在物体上某一点的两个力，可以合成一个合力，其合力的大小与方向由这两个已知力为邻边所构成的平行四边形的对角线来表示，这个法则称为平行四边形法则。

4. 力的作用与反作用定律

两物体的作用力与反作用力大小相等，方向相反且沿用一条作用线，分别作用在两个物体上。

第二节　力的合成与分解

一、力的合成

当一个物体同时受到几个力的作用时，如果找到这样的一个力，其产生的效果与原来几个力共同作用的效果相同，则这个力叫作原来那几个力的合力。求几个已知力的合力的方法叫作力的合成。

1. 作用在同一直线上力的合成

作用在同一直线上各力的合力，其大小等于各力的代数和，其方向与计算结果的符号方向一致。

2. 两个共点力的合成

图 4－1 作用于同一点并相互成角度的力称为共点力，求两个互成角度的共点力的合力，可用表示这两个力的有向线段作邻边作平行四边形，其对角线就表示合力的大小和方向，这就叫做力的平行四边形法则［见图 4－1（c）］。

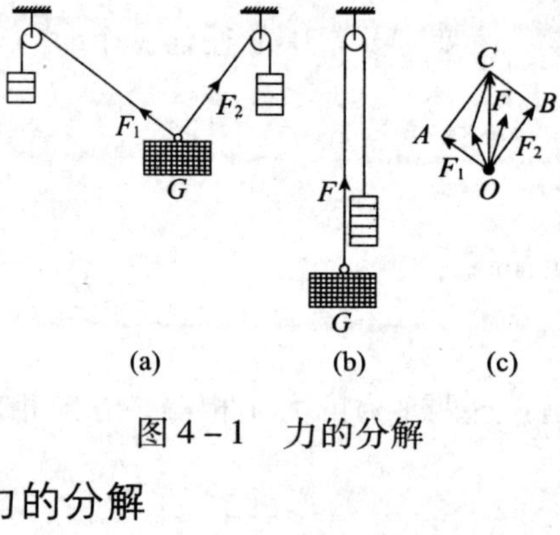

图 4－1　力的分解

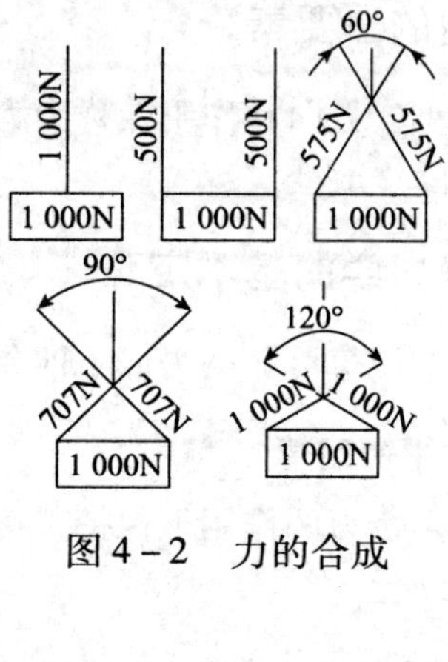

图 4－2　力的合成

二、力的分解

一个已知力（合力）作用在物体上产生的效果可以用两个或两个以上同时作用的力（分力）来代替。由合力求分力的方法叫作力的分解。

力的分解是力的合成的逆运算，同样可用平行四边形法则。把已知力作为平行四边形的对角线，平行四边形的两个邻边就是这个已知力的两个分力。

在分析吊索受力时我们经常会用到力的分解方法。下面以使用两根吊索吊重 $G=1\text{kN}$，当吊索与吊垂线夹角为0°、30°、45°、60°时为例，对每根吊索受力进行分析。

（采用三角函数法）

吊索承受力：$F=\dfrac{G}{n}\times\cos\alpha$

如果以 $K=1/\cos\alpha$ 代入上式则 $F=KG/n$。

式中，α——吊索与铅垂线间夹角；

G——吊物的重力；

n——吊索的根数；

K——随吊索与吊垂线夹角 α 变化的系数，见表4-1、表4-2。

表4-1　随角度变化的K值

α	0°	15°	20°	25°	30°	35°	40°	45°	50°	55°	60°
K	1	1.035	1.06	1.1	1.15	1.22	1.31	1.414	1.56	1.76	2

表4-2　吊索受力计算　　单位：kN

α	0°	30°	45°	60°
K	1	1.15	1.41	2
G/n	0.5	0.5	0.5	0.5
$F=KG/n$	0.5	0.575	0.707	1

三、力的平衡条件

在两个或两个以上力系的作用下，物体保持静止或做匀速直线运动状态，这种情况叫作力的平衡。几个力达到平衡的条件是它们的合力等于零。

第三节　力矩

一、力矩的概念

力的作用可以改变物体的运动状态，或者使物体发生变形，力还可以使物体发生转动。力使物体转动的效果，不仅跟力的大小有关，还跟转动轴心到力的作用线的距离（即力臂）有关。物体转动的效应与力、力臂大小成正比。

力与力臂的乘积称为力矩，若力为 F，力臂为 L，则力矩 $M=FL$，力矩的法定单位为牛顿米，符号为N·m，中文符号为牛·米（见图4-3）。

二、力矩的平衡

我们在日常生活中会接触到许多力矩平衡的问题。如杆秤、货物的支架、塔吊等。因

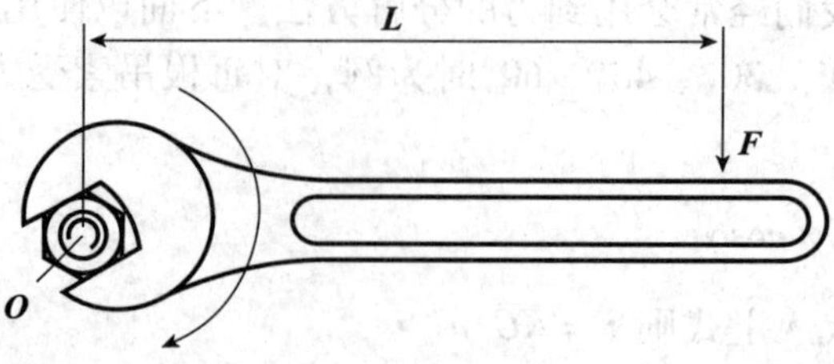

图 4－3

此很好地灵活应用平衡条件便成为解决这类实际问题的关键。力矩平衡的例子很多，起重吊运中经常使用平衡梁，就是典型一例。它和我们看到的杆称是一样的道理。其计算简图见图 4－4、图 4－5。

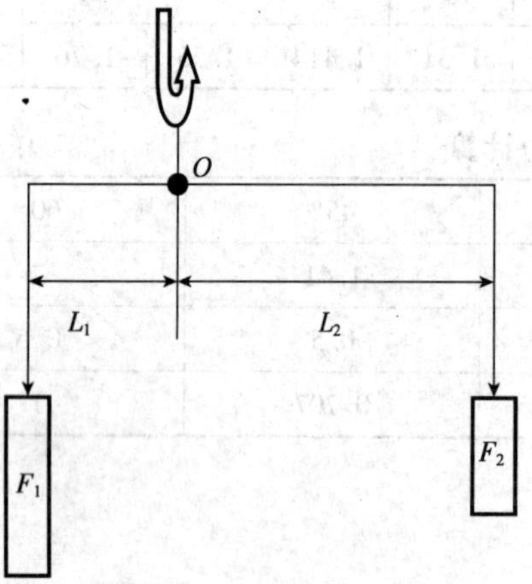

图 4－4

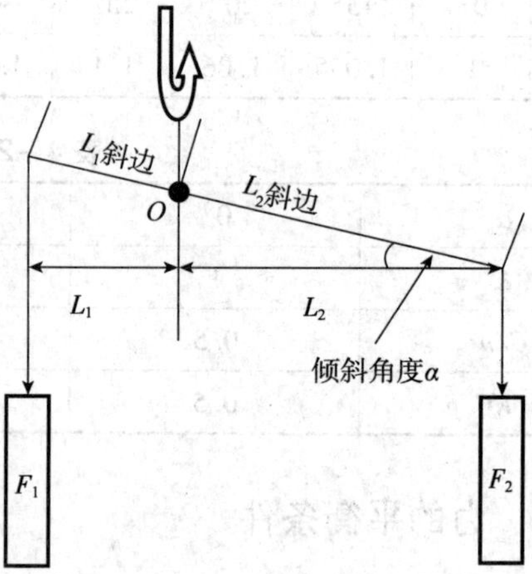

图 4－5

（一）力矩的平衡

F_1 绕 O 点的力矩大小为 $M_O = F_1 \times L_1$，逆时针转动（见图 4－4）；
F_2 绕 O 点的力矩大小为 $M_O = -F_2 \times L_2$，顺时针转动；
当两个力矩相等时，平衡梁处于平衡状态。
平衡梁平衡的条件是对 O 点的力矩之和等于零。即：

$$M_O(F_1) + M_O(F_2) = 0$$

$$F_1 \times L_1 + (-F_2 \times L_2) = 0,\ F_1 \times L_1 = F_2 \times L_2$$

从式中就可求出所需力和力臂，如求 F_1，则：$F_1 = \dfrac{F_2 L_2}{L_1}$。

（二）力矩的不平衡

F_1 绕 O 点的力矩大小为 $M_O = F_1 \times L_1$，逆时针转动（见图 4－5）；
F_2 绕 O 点的力矩大小为 $M_O = -F_2 \times L_2$，顺时针转动；

当两个力矩不相等时（任意改变其中一个力或力臂的大小），平衡梁处于不平衡状态。

从图 4－5 看出 $F_2 \times L_2 > F_1 \times L_1$（$F_2 \times L_{2斜边} \times \cos\angle\alpha > F_1 \times L_{1斜边} \times \cos\angle\alpha$）。平衡梁必向顺时针倾翻。

当力矩发生不相等时，平衡梁就会发生倾斜。同理塔机的超载极有可能引起倾翻倒塌事故。

第四节　物体重量的计算方法

在起吊搬运各种设备或重物时，首先应该知道被吊、搬运设备或重物的重量，根据设备或重物的重量和外形等情况选择合适的起重机具，确定合理的施工方案。这样，就要求每个起重司索工都应掌握有关面积、体积、密度、质量、重量及单位等基本概念和简单的计算方法。

一、面积的计算

表 4－3　常用规则几何形状面积的计算公式　　单位：m^2

名称	几何图形	计算公式
正方形	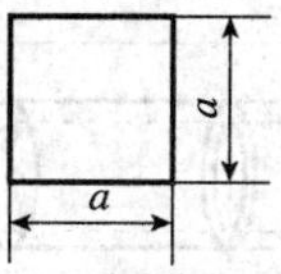	$S = a^2$
长方形	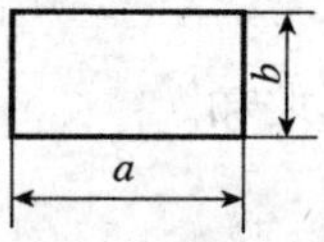	$S = ab$
圆形	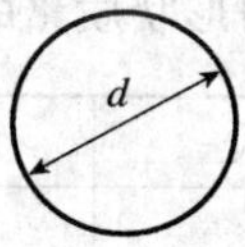	$S = \pi r^2 = \frac{1}{4}\pi d^2$
圆环形	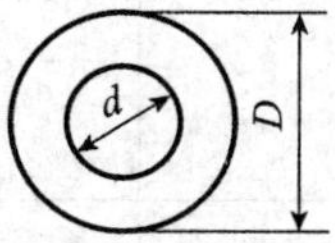	$S = \pi(R^2 - r^2) = \frac{1}{4}\pi(D^2 - d^2)$

在实际工作中，遇到的设备或物体不一定是我们上面所介绍的规则几何形状，此时，我们可以把它们分割成几种规则或近似规则的图形，分别计算出结果，然后相加，就得到

总面积。

二、体积的计算

要计算物体的质量，就需要知道物体的体积。常见的规则几何形体积计算公式见表 4－4：

表 4－4　常用规则几何形状体积的计算公式　　单位：m^3

名称	几何图形	计算公式
正方体	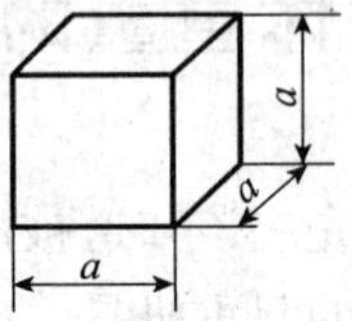	$V = a^3$
长方体	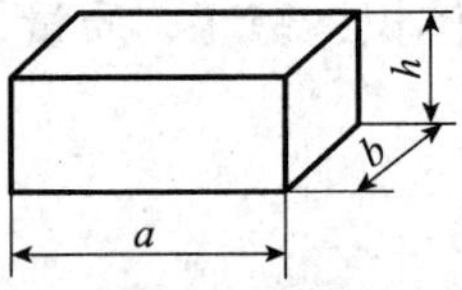	$V = abh$
圆柱体	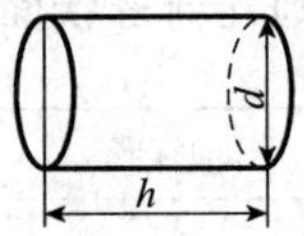	$V = \pi R^2 h = \frac{1}{4}\pi d^2 h$
空心圆柱体	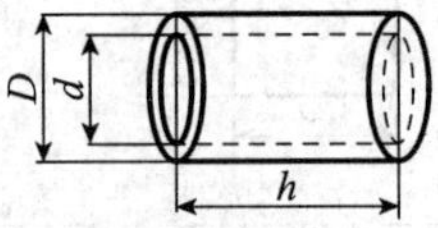	$V = \pi(R^2 - r^2)h = \frac{1}{4}\pi(D^2 - d^2)h$

遇到组合形体时，可以分块计算再求和。

三、重量的计算公式及实例

表 4－5　常用规则几何形状质量的计算公式及计算实例

名称	几何图形	计算公式	计算实例
正方体	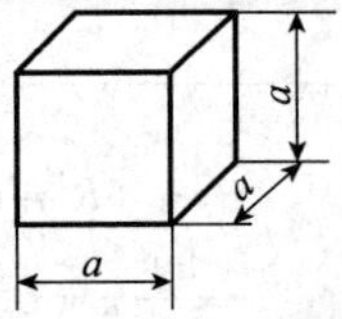	$m = a^3\rho$	例题：边长（a）=2m；密度（ρ）=500kg/m³ $m = a^3\rho = 2^3 \times 500 = 4\ 000$kg
长方体	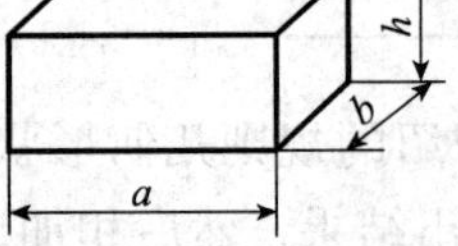	$m = abh\rho$	例题：长（a）=4m；宽（b）=3m；高（h）=2m；密度（ρ）=500kg/m³ $m = abh\rho = 4 \times 3 \times 2 \times 500 = 12\ 000$kg

续表

名称	几何图形	计算公式	计算实例
圆柱体	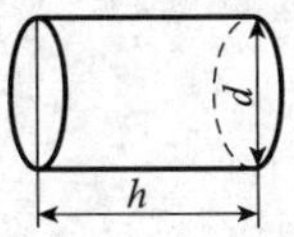	$m=\pi R^2 h\rho$ $=\pi d^2 h/4\rho$	例题：$\pi=3.14$；半径（R）$=2$m；高（h）$=3$m；密度（ρ）$=500$kg/m^3 $m=\pi R^2 h\rho=3.14\times2^2\times3\times500=18\ 840$kg
空心圆柱体	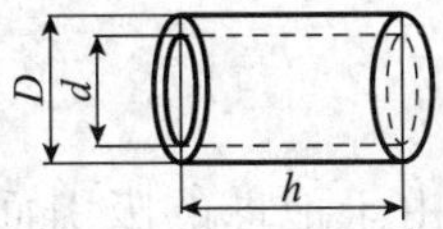	$m=\pi(R^2-r^2)h\rho$ $=\frac{1}{4}\pi(D^2-d^2)h/4\rho$	例题：$\pi=3.14$；大圆半径（R）$=2$m；小圆半径（r）$=1$m；$h=3$m；密度（ρ）$=500$kg/m^3 $m=\pi(R^2-r^2)h\rho=3.14\times(2^2-1^2)\times3\times500=14\ 130$kg
球体	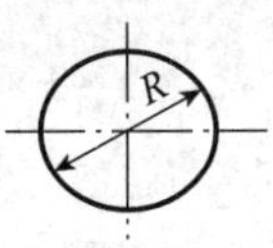	$m=\frac{4}{3}\pi R^3\rho$ $=\frac{1}{6}\pi R^3\rho$	例题：$\pi=3.14$；半径（R）$=2$m；密度（ρ）$=500$kg/m^3 $m=\frac{4}{3}\pi R^3\rho=\frac{4}{3}\times3.14\times2^3\times500=16\ 747$kg
圆锥体	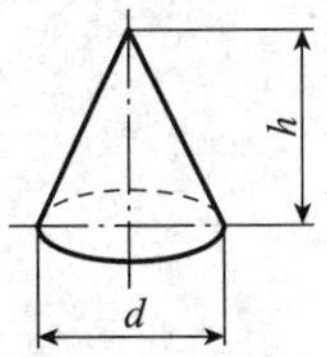	$m=\frac{1}{12}\pi d^2 h\rho$ $=\frac{1}{3}\pi R^2 h\rho$	例题：$\pi=3.14$；直径（d）$=2$m；高（h）$=3$m；密度（ρ）$=500$kg/m^3 $m=\frac{1}{12}\pi d^2 h\rho=\frac{1}{12}\times3.14\times2^2\times3\times500=1\ 570$kg
任意三棱体	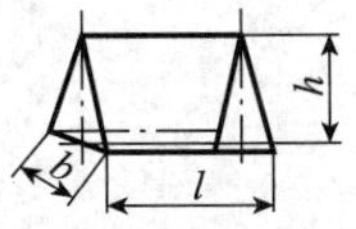	$m=\frac{1}{2}bhl\rho$	例题：宽（b）$=2$m；高（h）$=3$m；长（l）$=4$m；密度（ρ）$=500$kg/m^3 $m=\frac{1}{2}bhl\rho=\frac{1}{2}\times2\times3\times4\times500=6\ 000$kg

注：R、r 为大、小圆半径，D、d 为大、小圆直径，ρ 为密度，π（3.14）为圆周率。

圆柱体、空心圆柱体、球体、圆锥体的重量计算有两个公式，有兴趣的学员可套用两个公式计算，答案显而易见是一样的。遇到组合形体时，可以分块计算再求和。

四、物体重量的计算

（一）密度

计算物体质量时，必须知道物体材料的密度。密度就是指某种物质单位体积内所具有的质量，密度的单位是由质量单位和体积单位组成；在国际单位和我国法定单位中，密度的单位是：千克/米^3，符号：kg/ m^3，读作：千克每立方米；常用单位：克/厘米^3，符号：g/ cm^3。

（二）物体质量的计算（见表4－5）

物体的质量等于构成该物体的材料密度与体积的乘积，其表达式为：

$$m = \rho V$$

式中，m——物体的质量；

ρ——物体的材料密度；

V——物体的体积。

计算时应注意各参数单位的相互对应。

（三）物体重量的计算

物体的重量就是物体所受重力的大小，物体所受的重力是由于地球的吸引而产生的，重力的方向总是竖直向下，物体所受重力大小 G 和物体的质量 m 成正比，其表达式为：

$$G = mg$$

g 取值为9.8N/kgf；

重力计量单位为牛顿（牛）N，1kgf＝9.8N（1kgf 为 1 千克力）。

第五章

电工基础知识

第一节　电工学原理

一、电流（I）

电荷的定向移动形成电流。电路中电流常用 I 表示。电流分直流和交流两种。电流的大小和方向不随时间变化的叫作直流电。电流的大小和方向随时间变化的叫作交流电。电流的单位是安（A），也常用毫安（mA）或者微安（μA）做单位。1A = 1 000mA，1mA = 1 000μA。

电流可以用电流表测量。测量的时候，把电流表串联在电路中，要选择电流表指针接近满偏转的量程。这样可以防止电流过大而损坏电流表。

二、电压（U）

河水之所以能够流动，是因为有水位差；电荷之所以能够流动，是因为有电位差。电位差也就是电压。电压是形成电流的原因。在电路中，电压常用 U 表示。电压的单位是伏（V），也常用毫伏（mV）或者微伏（μV）做单位。1V = 1 000mV，1mV = 1 000μV。

电压可以用电压表测量。测量的时候，把电压表并联在电路上，要选择电压表指针接近满偏转的量程。如果电路上的电压大小估计不出来，要先用大的量程，粗略测量后再用合适的量程。这样可以防止由于电压过大而损坏电压表。

三、电阻（R）

电路中对电流通过有阻碍作用并且造成能量消耗的部分叫作电阻。电阻常用 R 表示。电阻的单位是欧（Ω），也常用千欧（kΩ）或者兆欧（MΩ）做单位。1kΩ = 1 000Ω，1MΩ = 1 000 000Ω。导体的电阻由导体的材料、横截面积和长度决定。

电阻可以用万用表欧姆挡测量。测量的时候，要选择电表指针接近偏转一半的欧姆挡。如果电阻在电路中，要把电阻的一头引脚断开后再测量。

四、欧姆定律

导体中的电流 I 和导体两端的电压 U 成正比，和导体的电阻 R 成反比，即 $I=U/R$。这个规律叫作欧姆定律。如果知道电压、电流、电阻三个量中的两个，就可以根据欧姆定律求出第三个量，即 $I=U/R$，$R=U/I$，$U=I\times R$。

在交流电路中，欧姆定律同样成立，但电阻 R 应该改成阻抗 Z，即 $I=U/Z$。

五、电源

把其他形式的能转换成电能的装置叫作电源。发电机能把机械能转换成电能，干电池能把化学能转换成电能。发电机、干电池等叫作电源。通过变压器和整流器，把交流电变成直流电的装置叫作整流电源。能提供信号的电子设备叫作信号源。晶体三极管能把前面送来的信号加以放大，又把放大了的信号传送到后面的电路中去。晶体三极管对后面的电路来说，也可以看作是信号源。整流电源、信号源有时也叫作电源。

六、负载

把电能转换成其他形式的能的装置叫作负载。电动机能把电能转换成机械能，电阻能把电能转换成热能，电灯泡能把电能转换成热能和光能，扬声器能把电能转换成声能。电动机、电阻、电灯泡、扬声器等都叫作负载。晶体三极管对于前面的信号源来说，也可以看作是负载。

七、电路

电流流过的线路叫作电路。最简单的电路由电源、负载和导线、开关等元件组成常用电路元件及符号，见表 5－1、图 5－1、图 5－2。电路处处连通叫作通路。只有通路，电路中才有电流通过。电路某一处断开叫作断路或者开路。电路某一部分的两端直接接通，使这部分的电压变成零，电流增大数十倍。叫作短路。

表 5－1　常用元件及其符号

名称	符号	名称	符号
电阻		电压表	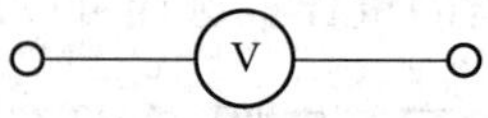
电池		接地	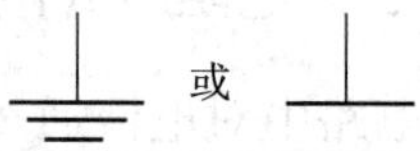
电灯	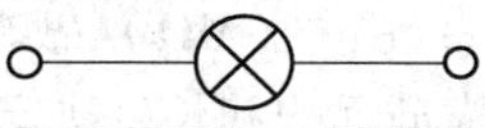	熔断器	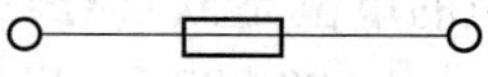
开关		电容	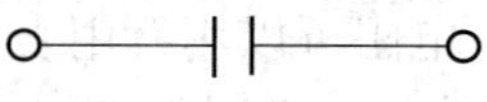
电流表	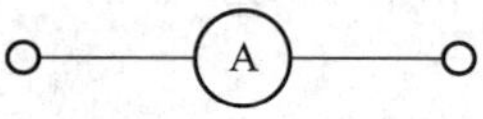	电感	

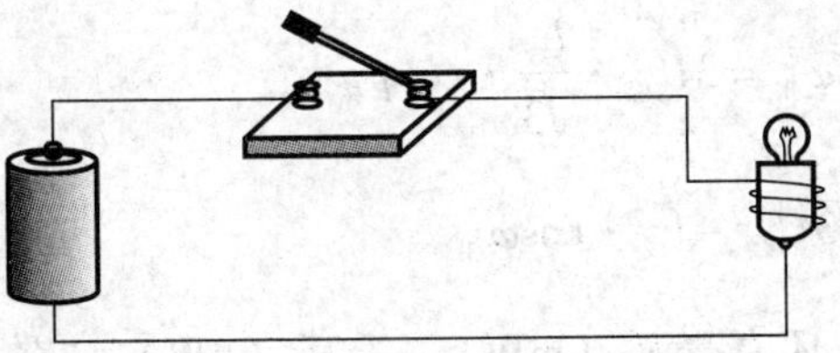

图 5－1　简单的直流电路

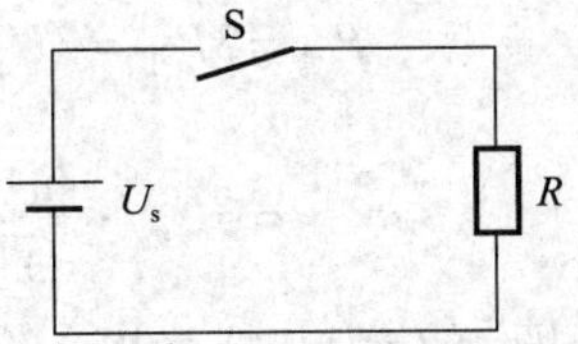

图 5－2　手电筒的电路原理图

由三相交流电构成的电路就是三相交流电路。三相交流电源可根据设计接星形或三角形（见图 5－3）。星形接法是将三个单相电源的一端连接在一起，合并为一根线，这根线就称为中性线或中线。星形连接的三相电源向负载提供两种电压，即相电压和线电压。相电压是指每一粗线与中性线之间的电压，而线电压是指每两相线路之间的电压。三角形接法时有两种电流，每相电源上的是相电流，线路上的是线电流。

三相负载也可根据设计接成星形或三角形（见图 5－4）。星形接法的也有线电压与相电压之分，三角星形接法的也有线电流与相电流之分。

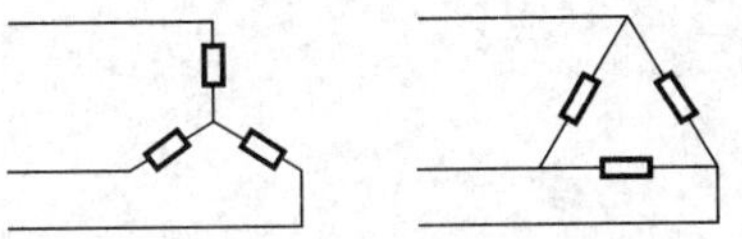

(a) 星形接法　(b) 三角形接法

图 5－3　三相交流电源的连接

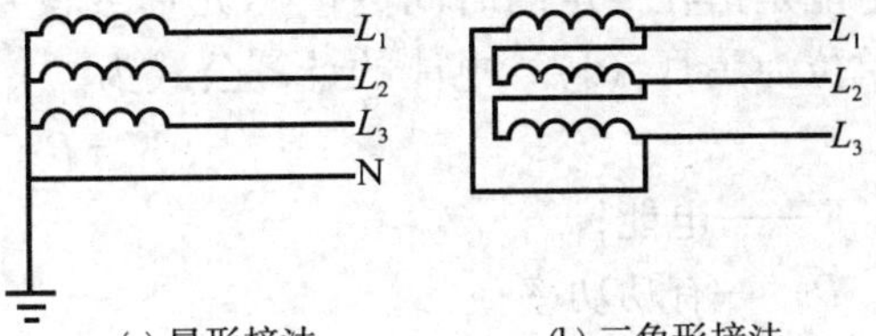

(a) 星形接法　(b) 三角形接法

图 5－4　三相负载的连接

我国生活和办公用电都采用 220V 单相相电压，生产动力用电一般为 380V 三相线电压。

八、电功率和电能

（一）电功率

电气设备消耗电能，将电能转换为机械能、热能等其他能量。电功率（简称功率）表示电气设备作功的能力，即单位时间所作的功。

在直流电路或纯电阻单相交流电路中，用符号 P 表示电功率可以表示为

$$P = UI = I^2R = \frac{U^2}{R} \tag{5-1}$$

式中，P——电功率；

U——电压；

I——电流；

R——电阻。

在三相交流电路中电功率可以表示为：

$$P_{总}=3P_{相}=3U_{相}\cdot I_{相}\cdot\cos\varphi_{相}=3U_{相}\cdot\frac{I_{线}}{\sqrt{3}}\cdot\cos\varphi_{相}$$

$$=3U_{线}\cdot\frac{I_{线}}{\sqrt{3}}\cdot\cos\varphi_{相}=\sqrt{3}U_{线}\cdot I_{线}\cdot\cos\varphi_{相} \quad (5-2)$$

功率的国际单位为瓦特（W），常用的单位还有毫瓦（mW）、千瓦（kW），它们与 W 的换算关系是：$1mW=10^{-3}W$，$1kW=10^{3}W$。

一个电路最终的目的是电源将一定的电功率传送给负载，负载将电能转换成工作所需要的一定形式的能量。即电路中存在发出功率的器件（供能元件）和吸收功率的器件（耗能元件）。

习惯上，通常把耗能元件吸收的功率写成正数，把供能元件发出的功率写成负数，而储能元件（如理想电容、电感元件）既不吸收功率也不发出功率，即其功率 $P=0$。

通常所说的功率 P 又叫作有功功率或平均功率。

（二）电能

电能是指在一定的时间内电路元件或设备吸收或发出的电能量，用符号 W 表示，其国际单位为焦耳（J），电能的计算公式为

$$W=P\cdot t=UIt \quad (5-3)$$

式中，W——电能；

P——有功功率；

t——持续时间；

U——电压；

I——电流。

电能用千瓦小时（kW·h）来表示大小，1kW·h 俗称 1 度（电）。

$$1 度（电）=1kW\cdot h=3.6\times10^{6}J$$

即功率为 1 000W 的供能或耗能元件，在 1h 的时间内所发出或消耗的电能量为 1kW·h。

（三）电气设备的额定值

为了保证电气设备和电路元件能够长期安全地正常工作，规定了额定电压、额定电流、额定功率等铭牌数据。

额定电压：电气设备或元器件在正常工作条件下允许施加的最大电压。

额定电流：电气设备或元器件在正常工作条件下允许通过的最大电流。

额定功率：在额定电压和额定电流下消耗的功率，即允许消耗的最大功率。

额定工作状态：电气设备或元器件在额定功率下的工作状态，也称满载状态。

轻载状态：电气设备或元器件在低于额定功率的工作状态，轻载时电气设备不能得到充分利用或根本无法正常工作。

过载（超载）状态：电气设备或元器件在高于额定功率的工作状态，过载时电气设备很容易被烧坏或造成严重事故。

轻载和过载都是不正常的工作状态，一般是不允许出现的。

第二节　异步电动机

将电能转化为机械能的旋转机械，称为电动机。电动机的种类很多，按取用电能的种类可分为直流电动机和交流电动机，直流电动机具有调速方便、起动转矩大等优点，然而由于它的构造复杂，使直流电动机应用受到了限制。交流电动机根据构造和工作原理的不同，分为同步电动机和异步电动机。同步电动机构造复杂、成本高、使用和维护困难，一般只在功率较大和要求转速恒定时采用。异步电动机又有鼠笼式和绕线式两种。此外，异步电动机还根据电源相数不同，有三相电动机和单相电动机。异步电动机具有构造简单，价格便宜，工作可靠，使用和维护方便等优点，因此在现代生产中是应用最广泛的一种电动机。

一、异步电动机的结构

异步电动机的结构可分为定子和转子两大部分。按各部件的作用，也可大致分为“机”“电”“磁”三类部件。

“机”的部件：起支撑、紧固、防护、冷却等作用，如机座、端盖、轴及轴承、风扇等。

“电”的部件：用来导电、产生电磁感应的部分，如绕组（线圈）、接线盒、电刷、滑环等。

“磁”的部件：用来导磁的硅钢片铁芯，可分为定子铁芯及转子铁芯两部分。

鼠笼式异步电动机和绕线式异步电动机的定子部分是相同的，而转子的结构则明显不同。

定子是指异步电动机的静止部分，主要包括：定子铁芯、定子绕组、机壳等部件。

定子铁芯是电机磁路的一部分，由硅钢片叠压而成，片间涂以绝缘漆，以减少涡损耗。叠片的内圆冲有定子槽，用来放置定子绕组。

定子绕组是电机的定子电路部分，三相绕组在定子内圆圆周上依次相隔120°角度对称排列，构成三相对称相电路（空间角度＝120°/P，P 为电机磁极对数）。根据电源电压情况，三相绕组可采用星形或三角形接法。每相绕组由许多线圈按一定规律连接而成，每个绕组的两个有效边分别放置在两个槽内。槽内有槽绝缘，双层绕组还有层间绝缘，槽口处用槽楔将导线压紧在槽内。

机座和端盖是电机的机械支撑部件，其作用是固定定子铁芯，并通过端盖轴承支撑转子，机座也是通风散热部件。为加强冷却效果，机壳外表面设有散热筋片，两侧端盖开通风孔。

转子是指电动机的旋转部分，它是由转子铁芯和转子绕组构成。转子铁芯固定在转子轴上，也是电机磁路的一部分。铁芯除有径向通风孔外，还有轴向通风孔。转子槽一般不与轴平行，而是扭斜一个角度，以便改善起动性能。转子绕组是指转子槽内的鼠笼条和两端的短路环，用铜或铝制成。转子绕组构成了转子的电路部分，如图 5－5 所示，其作用是产生感应电流和电磁转矩，以驱动转轴旋转。

绕线式异步电动机的转子包括转子铁芯和转子绕组。转子铁芯与鼠笼式电动机相似，但一般为直槽。转子绕组是用绝缘导线制成的线圈，嵌入转子铁芯槽中。转子绕组是和定子绕组相似的三相绕组，一般采用星形接法，三个引出线由轴的中心孔引至轴上的三个滑环。转子三相绕组可通过滑环、电刷与外部电阻器连接，用来改善电动机的起动性能或调节转速，如图 5－6 所示。

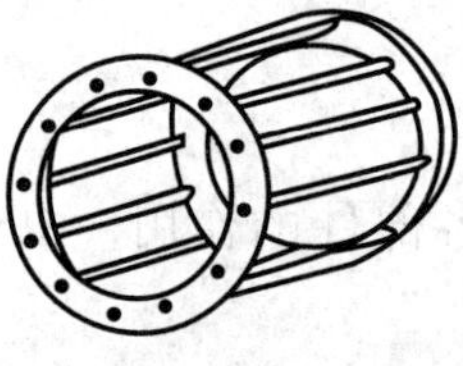

图 5－5　鼠笼式转子绕组图

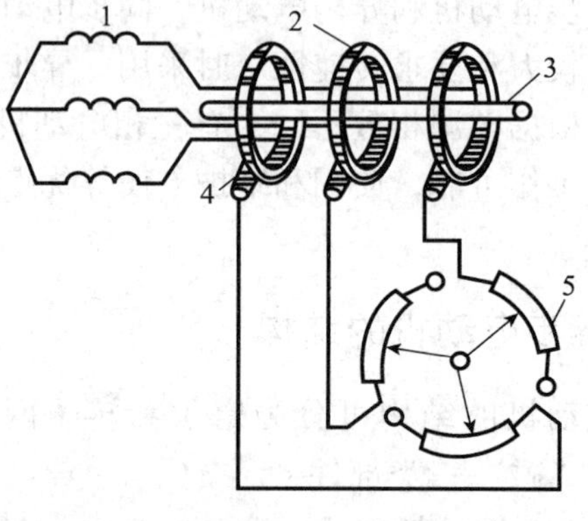

图 5－6　绕线式转子电路示意图

1. 绕组；2. 滑环；3. 轴；4. 电刷；5. 变阻器

二、异步电动机的转动原理

定子绕组通入三相交流电流时，三相合成磁势在电机铁芯内产生旋转磁场。如果磁场旋转的方向是顺时针方向，如图 5－7 所示。则静止的转子导体与磁场有相对运动，相当于磁场不变而转子向逆时针方向运动。定子磁场 N 极下的转子导体相当于向左做切割磁力线运动，产生感应电动势的方向用右手定则判断，为由纸面向外，用符号“⊙”表示。定子磁场 S 极下的转子导体相当于向右做切割磁力线运动，产生感应电动势的方向为垂直面向里用符号“⊗”表示。所有鼠笼导体被短路的，线绕式转子导体也是闭合的，因此转子各导体内必有感应电流流过。鼠笼导体成为通电导体，在磁场中将受到电磁力 F 的作用，其方向用左手定则判断。定子磁场 N 极下的转子导体受力方向为顺时针方向，定子磁场 S 极下的转子导体受力方向为顺时针方向，所以转子将有顺时针方向的电磁力矩产生，使转子按顺时针方向旋转起来。如改变通入定子绕组电流的顺序，必然改变了旋转磁场的转向，则转子的旋转方向也将随之而改变。利用这一原理，可以解决实际工作中的一些具体问题。

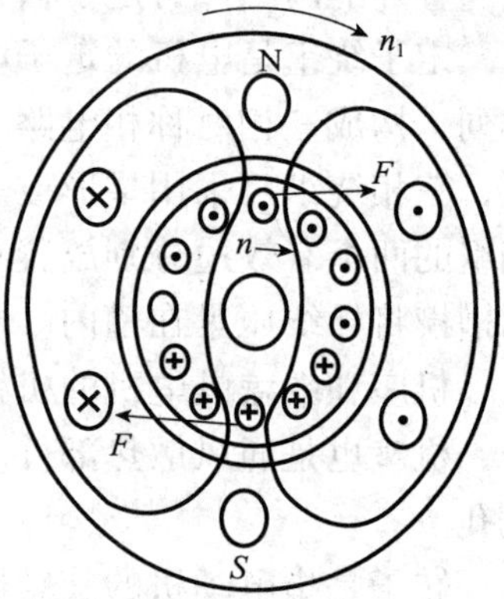

图 5－7　异步电动机

异步电机转子的速度 n 总是要低于旋转磁场转速 n_1，将两者之间的差值，即 $\Delta n=(n_1-n)$ 称为电机转差。转差也就是转子同旋转磁场之间，或者说是转子导体切割磁力线的转速。转差（n_1-n）与旋转磁场的同步转速 n_1 的比值称为异步电动机转差率，以 S 表示。

$$S=\frac{n_1-n}{n_1} \tag{5-4}$$

转差率 S 是分析异步电动机运转特性的一个重要数据。它表示转子的转速与旋转磁场转速的差异程度。当电机处于起动状态时，由转子的转速 $n=0$，所以此转差率 $S=1$。当转子转速等于同步转速时（实际是不可能达到的极限状态），则因为 $n=n_1$，所以 $S=0$。因此转差率 S 的变化范围是从 0 到 1。当电动机在额定负载下转动时，转差率一般为 0.02 ~ 0.06。

根据公式可以得到电动机的转速计算公式：

$$n=(1-S)\,n_1=\frac{60f}{p}(1-S) \tag{5-5}$$

式中，f——交流电的频率；

p——电动机的磁极对数；

S——电动机运行过程中的转差率。

三、异步电动机铭牌及技术参数

异步电动机的铭牌是指机座外壳上钉的一块铭牌，上面注明了这台电动机的一些必要的数术数据，我们必须按照它规定的数据来使用电动机。建筑工地流动性大，工作环境差，特别要注意保护好铭牌，防止损丢与丢失，给使用造成困难。

下面是三相电动机的铭牌示例：

××××	电机厂编号××××	
	三相异步电动机	
型号　Y160M—4	功率　15kW	频率　50Hz
电压　380V	电流　30.3A	接法△
转速　1 460r/min	温升　75℃	绝缘等级　E
防护等级　IP144	重量　150kg	工作方式　S_1
功率因数　0.88		
		出厂日期：××××年×月

下面介绍三相异步电动机铭牌上面的额定值和技术参数。

（一）额定电压 U_N

额定电压表示电动机定子绕组规定使用的线电压，单位是 V 或 kV。如铭牌上有两个电压值，则表示定子绕组在两种不同接法时的线电压。按国家标准规定，电动机额定电压等级分为 220V、380V、3 000V、6 000V 等。

（二）额定电流 I_N

额定电流表示电动机在额定电压及额定功率运行时，电源输入电动机的定子绕组中的线电流，单位是 A。如果铭牌上标有两个电流值，则说明为定子绕组在两种不同接法时的线电流。

（三）额定功率 P_N

额定功率表示电动机在额定状态下运行时，转轴上输出的机械功率，单位是 W 或 kW。电动机的额定功率 P_N 应小于额定状态下输入的电功率，这是因为电动机有功率损耗所致。

（四）额定转速 n_N

电动机在额定电压、额定频率和额定功率下工作时转轴的转速，叫作额定转速。拖动大小不同的负载时，转速也不同。一般空载转速略高于额定转速，过载时转速会低于额定转速。单位为 r/min。

（五）定额

定额也称为工作方式或运行方式，按运行持续时间的长短，分为连续、短时和断续三种基本工作制，是选择电动机的重要依据。

（1）连续工作制，其代号为 S_1，是指电动机在铭牌规定的额定值条件下，能够长时间连续运行。适用于水泵、鼓风机等恒定负载设备。

（2）短时工作制，其代号为 S_2，是指在电动机铭牌上规定的额定值条件下，能在限定的时间内短时运行。规定的标准持续时间额有 10min、30min、60min、90min 四种。

（3）断续工作制，其代号为 S_3，是指在电动机铭牌上规定的额定值条件下，只能断续周期性地运行。一个工作周期为电动机恒定负载运行时间加停歇时间，规定为 10min，负载持续率规定的标准有 15%、25%、40%、60% 四种。

（六）接法

指电动机在额定电压下定子三相绕组的连接方法。若铭牌标 △，额定电压标“380V”，表明电动机电源电压为 380V 时应接成三角形。若电压标“380/220V”，接法标 Y/△，表明电源线电压为 380V 时应接成星形（Y）；电源线电压为 220V 时应接成三角形（△）。电动机定子绕组接线如图 5－8 所示。

在电动机机座上的接线盒内，有各相绕组首、末端的接线柱，供三相绕组内部连接使用。按我国 1980 年国家标准规定，Y 系列电动机接线盒内接线端子的标志是“U”表示第一相绕组，“V”表示第二相绕组；“W”表示第三相绕组；“1”表示绕组首端，“2”表示绕组末端。

（七）额定频率

额定频率是指接入电动机的交流电源的频率，单位是 Hz。我国电力系统的频率是 50Hz，所有使用的电动机也都是 50Hz 的。

（八）绝缘等级与温升

绝缘等级表示电动机所用绝缘材料的耐热等级。利用电阻法测量各级绝缘电动机的允许温升：A 级绝缘允许极限温度为 105℃，允许温升为 60℃；E 级绝缘的允许极限温度为 120℃，允许温升 75℃；B 级绝缘的允许极限温度为 130℃，允许温升 80℃；F 级绝缘的允许极限温度为 155℃，允许温升 100℃；H 级绝缘的允许极限温度为 180℃，允许温升 125℃；C 级绝缘允许极限温度为 180℃以上，允许温升 125℃。上述温升是指绕组的工作温度与环境温度（一般指室温为 35℃，有些国产电机规定为 40℃）之差值，单位是℃。电机工作温度的极限值主要取决于绝缘材料的耐热性能，工作温度超过允许值，会使绝缘材料老化，使电动机的寿命缩短，甚至烧毁。

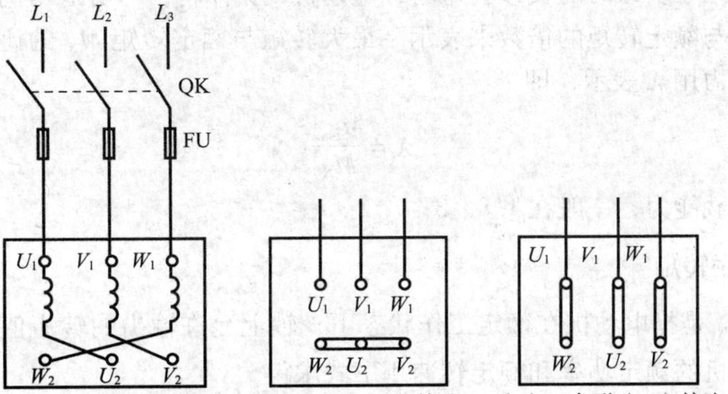

（a）三相绕组内部接线　（b）星形（Y）接法　（c）三角形（△）接法

图 5－8　电动机定子绕组接线图

（九）型号

三相异步电动机的产品型号，由汉语拼音字母和数字组合而成，一般有四部分，它表达的意义如下：

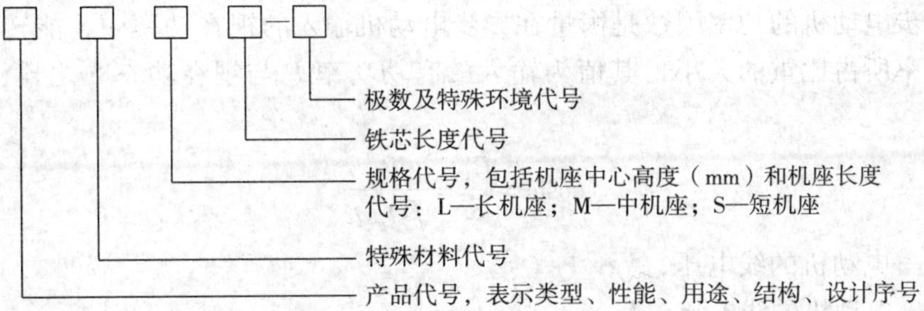

（十）起动转矩与起动能力

电动机加上额定电压起动（转速为零）时的电磁转矩称为起动转矩。

起动转矩 M_Q 与额定转矩 M_N 之比称为起动转矩倍数，即起动转矩倍数 $=M_Q/M_N$，是异步电动机性能的重要指标。起动转矩越大，电动机加速度越大，起动过程越短，带重负载起动能力也越大，这些都说明起动性能好。反之，若起动转矩太小，会使起动困难，甚至起动不起来，更不能重载起动。而且因起动时间长，还会引起电动机绕组易过热。所以，国家规定电动机的起动转矩不能小于一定的范围，一般异步电动机的起动转矩倍数都多为1.2～2。

（十一）最大转矩与过载能力

电动机从起动后，随着转速 n 的变化（或转差率 S 的改变）电磁转矩是不断变化的，有一个最大值，称为最大转矩或临界转矩，用 M_{max} 表示。

最大转矩是衡量电动机短时过载能力的一个重要技术指标。最大转矩越大，电动机承受机械荷载冲击的能力也越大。电动机在带负载运行中，若发生了短时过载现象，致使电动机的最大转矩小于负载时的负载转矩时，电动机便会停转，即所谓“闷车”现象。最大转矩一般也用它与额定转矩的倍数来表示。最大转矩与额定转矩 M_N 的比值，还称为异步电动机的过载能力用 λ 表示，即

$$\lambda = \frac{M_{max}}{M_N} \tag{5-6}$$

电动机的过载能力，一般在1.8～3。

（十二）额定转矩

额定转矩 M_N 是指电动机在额定工作状态下，轴上允许输出的转矩值，电动机的额定转矩可根据电动机的额定功率和额定转速用下式求得

$$M_N = \frac{1\,000 P_N \times 60}{2\pi n_N} = 9\,550\frac{P_N}{n_N} \tag{5-7}$$

式中，M_N——电动机的额定转矩，N·m；

P_N——电动机的额定功率，kW；

n_N——电动机的额定转速，r/min。

（十三）功率因数

三相异步电动机的功率因数是衡量在异步电动机输入的视在功率中，能转换为机械功率的有功功率所占比重的大小，其值为输入的有功功率 P 与视在功率 S 之比，用 $\cos\varphi$ 来表示，即

$$\cos\varphi = \frac{P_1}{S} = \frac{P_1}{\sqrt{3}U_1 I_1} \tag{5-8}$$

式中，U_1——电动机的线电压，V；

I_1——电动机的线电流，A；

φ——电压与电流之间的相位角，（°）。

电动机功率因数的高低，会直接影响电力系统功率因数的高低，进而影响电气设备的利用率。一般异步电动机在额定状态下功率因数为0.7～0.93，容量大的电机功率因数高些；容量小，转速低的电动机功率因数低些。空载运行时功率因数很低，一般不超过0.2。这是因为异步电动机旋转的气隙磁场主磁路中有气隙段，气隙的磁阻比较大，又因定子的三相绕组是分布绕组，漏磁场也较大。建立气隙磁场和漏磁场的磁化电流，是感性的无功电流。空载运行的异步电动机，由于转速接近于同步转速，转子电流接近于零，定子侧电

流基本上是纯感性的磁化电流（励磁电流），故功率因数很低。随着负载的增加，电动机的转速降低，转差率变大，转子电流增加。产生电磁转矩的转子电流是有功性质的电流，转子电流增加时必定会引起定子电流相应的增加。所以，电动机负载增加时定子电路中因有功分量电流的增加会使功率因数提高。

（十四）效率

电动机从电源吸取的有功功率，称为电动机的输入功率，用 P_1 表示。而电动机转轴上输出的机械功率，称为输出功率，用 P_2 表示。输出功率 P_2 与输入功率 P_1 的比值，称为效率，用 η 表示，即

$$\eta = \frac{P_2}{P_1} \tag{5-9}$$

输出功率总是小于输入功率的，这是因为电动机运行时，内部总有一定的功率损耗。这些损耗包括：铜损、铁损及其他损耗。按能量守恒定则，输入功率等于损耗功率与输出功率之和，因此，输出功率总是小于输入功率。

电动机在额定状态下的效率称为额定效率 η_N，它是额定的输出功率与输入功率的比值，即

$$\eta_N = \frac{P_N}{P_{1N}} \tag{5-10}$$

一般异步电动机在额定负载下其效率为 75% ~92% 。异步电动机的效率也是随着负载的大小而变化。空载时效率为零，负载越大，效率也越高，当负载在额定负载的 0.7 ~1 范围内，效率最高，运行最经济。

（十五）起动电流

电动机转速为零（静止）加上额定电压时的线电流，称为起动电流。异步电动机直接起动时，其起动电流很大，可达到额定电流的 5 ~7 倍起动电流也是异步电动机起动性能重要指标。

起动电流大，对电动机本身和电网都有影响。一方面，使电网电压瞬间下降。另一方面，过大的起动电流，将使电动机和线路上的电能损耗增加。所以，对于在起动时会使供电线路电压下降超过一定程度的电动机，应限制其起动电流。

第三节　三相交流电路

三相对称电动势的产生

现代生产上的电源，几乎都是三相交流电源，所谓三相交流电，就是三个频率相同、电动势最大值相等，而相位互差 120°的正弦交流电。

三相交流电动势是三相交流发电机产生的，它的基本构造是在一对磁极中，放置三个

彼此相差120°的绕组作为转子，如果我们把发电机转子中三个线圈的末端全部连接于N点，通过一根导线（中性线）引出来，又分别从三个线圈的首端引出三根导线，如图5－9所示，这样就将三个单相电源联合在一起了。我们称这种连接方式为发电机的星形（Y）连接。

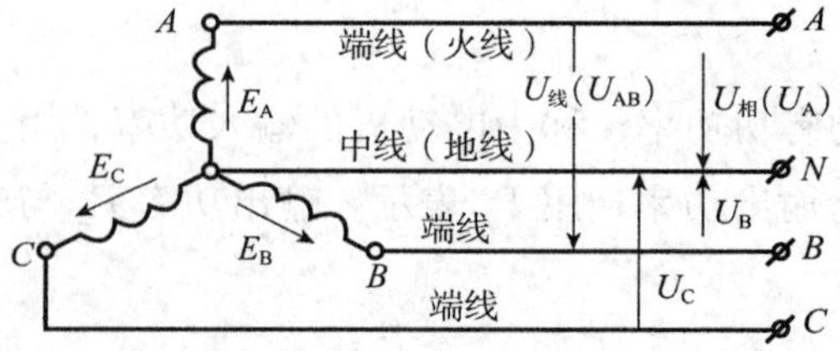

图5－9　三相交流电的星形（Y）连接三相四线制供电

星形连接方式中，任何两根端线之间的电压称为线电压；任何一根端线和中性线之间的电压称为相电压。

我国的三相四线制供电系统中，送至负载的线电压一般为380V；相电压则为220V。

第四节　临时施工用电工程供电系统和供电方式

一、临时施工用电工程的供电方式

建筑施工用电工程的供电方式，根据配电及工程环境条件，一般可有以下两种：

（一）外电线路供电

外电线路供电方式又可分为四种类型：

（1）采用380/220V市电低压电网供电。即直接将市电公用低压电子表网380/220V电力，以三相四线制型式引入施工用电工程的配电室或总配电箱。

（2）采用邻近10/0.4kV变压器低压侧380/220V电力，以三相四线制型式引入施工用电工程的配电室或总配电箱。

（3）采用在建工程本身正式的10/0.4kV变电所供电。即在工程开工前期先安排正式变电所竣工验收投入使用，暂作建筑施工用电工程的临时电源。

（4）设置专用的10/0.4kV现场临时变电所，作为施工专用变电所。

（二）自备电源供电

所谓自备电源供电系指施工现场专设发电机组，其设置主要是作为无法取用外电线路电源或作为外电线路停电时的施工供电电源。

二、临时施工用电接地（零）系统

按《施工现场临时用电安全技术规范》（JGJ 46—2005）规定建筑施工现场临时用电

工程专用的电源中性点直接接地的220/380V三相四线制低压电力系统，必须采用TN－S接零保护系统。

(一) TN－S系统

TN－S接地、接零保护系统（简称TN－S系统）是指在施工用电工程中采用有专用保护零线（PE）的、电源中性点直接接地的、220/380V三相四线制低压电力系统，或称三相五线系统，该系统主要技术特点是：

(1) 电力变压器低压侧中性点直接接地，接地电阻值不大于4Ω；

(2) 电力变压器低压侧共引出5条线，其中除引出三条分别为黄、绿、红的绝缘线相线（火线）L1、L2、L3（A、B、C）外，尚须于变压器二次侧中性点（N）接地处同时引出二条零线，一条叫作工作零线（浅蓝色绝缘线）（N线），另一条叫作保护零线（PE）。其中工作零线（N线）与相线（L1、L2、L3）一起作为三相四线制工作线路使用；保护零线（PE线）只作电气设备接零保护使用，即只用于连接电气设备正常情况下不带电的金属外壳、基座等。二种零线（N和PE）不得混用，为防止无意识混用，保护零线（PE线）应采用具有绿/黄双色绝缘标志的绝缘铜线，以与工作零线和相线相区别。同时，为保证接地、接零保护系统可靠，在整个施工现场的PE线上还应作不少于3处的重复接地，且每处接地电阻值不得大于10Ω。

(二) TN－S系统图

专用变压器供电时TN－S接零保护系统示意图，如图5－10所示。

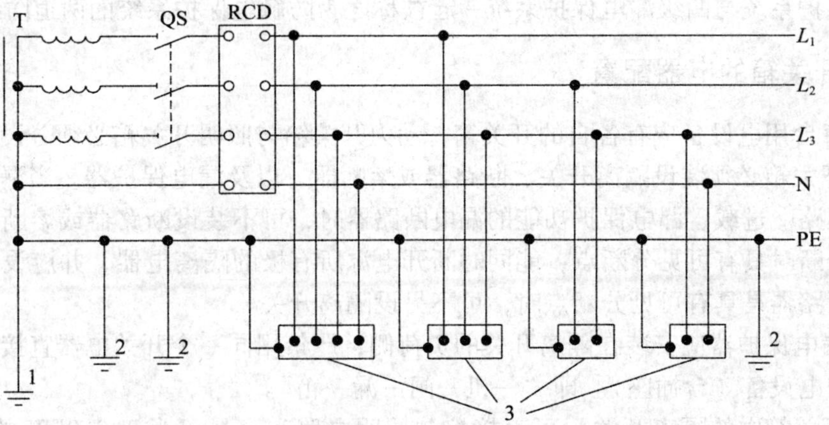

图5－10 专用变压器供电时TN－S接零保护系统示意图

1. 工作接地；2. PE线重复接地；3. 电气设备金属外壳（正常不带电的外露可导电部分）；L_1、L_2、L_3. 相线；PEN. 保护中性线；N. 工作零线；PE. 保护零线；QS. 总电源隔离开关；RCD. 总漏电保护器（兼有短路、过载、漏电保护功能的漏电断路器）；T. 变压器

三、临时用电的配电原则

建筑施工现场专用临时用电的三项基本原则：一是必须采用TN－S接地、接零保护系

统；二是必须采用三级配电系统；三是必须采用两级漏电保护和两道防线。

（一）三级配电结构

所谓三级配电是指施工现场从电源进线开始至用电设备中间应经过三级配电装置配送电力，即由总配电箱（配电室内的配电柜）、经分配电箱（负荷或者用电设备相对集中处），到开关箱（用电设备处）分三个层次逐级配送电力。而开关箱作为末级配电装置，与用电设备之间必须实行“一机一闸制”，即每一台用电设备必须有自己专用的控制开关箱，而每一个开关箱只能用于控制一台用电设备。总配电箱、分配电箱内开关电器可设若干分路，且动力与照明宜分路设置。

（二）两级漏电保护和两道防线

两级漏电保护和两道防线包括两个内容，一是设置两级漏电保护系统，二是专用保护零线（PE）的实施，二者结合形成了施工现场的防触电的两道防线。

（1）两级漏电保护是指在整个施工现场临时用电工程中，总配电箱中必须装设漏电开关，所有开关箱中也必须装设漏电开关。

（2）保护零线（PE）的实施是临时用电的第二道安全防线。

在施工现场用电工程中，采用TN－S系统，是在工作零线（N）以外又增加了一条保护零线（PE），是十分必要的。当三相火线用电量不均匀时，工作零线（N）就容易带电，而（PE）零线始终不带电，那么随着（PE）零线在施工现场的敷设和漏电保护器的使用，就形成一个覆盖整个施工现场防止人身（间接接触）触电的安全保护系统。因此TN－S接地接零保护系统与两级漏电保护系统一起被称之为防触电保护系统的两道防线。

四、开关箱的电器配置

（1）每台用电设备应有各自的开关箱，动力开关箱与照明开关箱必须分设。

（2）开关箱必须装设隔离开关、断路器或熔断器，以及漏电保护器。当漏电保护器是同时具有短路、过载、漏电保护功能的漏电断路器时，可不装设断路器或熔断器。隔离开关应采用分断时具有可见分断点，能同时断开电源所有极的隔离电器，并应设置于电源进线端。当断路器是具有可见分断点时，可不另设隔离开关。

（3）漏电保护器应安装在隔离开关的负荷侧，严禁用同一个开关电器直接控制二台及二台以上用电设备（含插座）。即“一机一闸一漏一箱”。

（4）开关箱中的隔离开关只可直接控制照明电路和容量不大于3.0kW的动力电路，但不应频繁操作。容量大于3.0kW的动力电路应采用断路器控制，操作频繁时还应附设接触器或其他启动控制装置。

（5）开关箱中各种开关电器的额定值和动作整定值应与其控制用电设备的额定值和特性相适应。

五、配电箱、开关箱的安装

（1）总配电箱应设在靠近电源的地区，分配电箱应装设在用电设备或负荷相对集中的地区。分配电箱与开关箱的距离不得超过30m，开关箱与其控制的固定式用电设备的水平距离不宜超过3m。

（2）配电箱、开关箱应装设在干燥、通风及常温场所，不得装设在有严重损伤作用的瓦斯、烟气、潮气及其他有害介质中，亦不得装设在易受外来固体物撞击、强烈震动、液体浸溅及热源烘烤场所。否则，应予清除或做防护处理。落地安装的配电箱和开关箱，设置地点应平坦并高出地面（室内宜高出地面50mm以上，室外应高出地面200mm以上。底座周围应采取封闭措施，以防止鼠、蛇类等小动物进入箱内），其附近不得堆放杂物。

（3）配电箱和开关箱应安装牢固，便于操作和维修。配电箱、开关箱周围应有足够2人同时工作的空间和通道，不得堆放任何妨碍操作、维修的物品，不得有灌木、杂草。

（4）配电箱、开关箱必须按其正常工作位置安装牢固、稳定、端正。固定式配电箱、开关箱的中心点与地面的垂直距离应为1.4～1.6m；移动式配电箱、开关箱的中心点与地面的生理距离宜为0.8～1.6m。

（5）配电箱、开关箱内的开关电器（含插座），应按其规定的位置紧固在电器安装板上，不得歪斜和松动。箱内安装的接触器、隔离刀开关、断路器等电气设备，应无破损，动作灵活，接触良好可靠，触头无烧蚀现象的合格电器。各种开关、电器的额定电流值应与其控制用电设备额定值相配合。

（6）配电箱、开关箱的进、出线口应配置固定线卡，进出线应加绝缘护套并成束卡固在箱体上，不得与箱体直接接触。移动式配电箱、开关箱的进、出线应采用橡皮护套绝缘电缆，不得有接头。

（7）配电箱、开关箱应采取防雨、防尘措施，用后应将门加锁，防止他人误操作。

第六章

机械基础知识

第一节　机械识图的一般知识

一、投影及视图

（一）投影的概念

物体在光线的照射下，会在物体背后的平面上产生与物体几何外轮廓相似的影像，这个影像就是投影。投影分为中心投影与平行投影；平行投影又分为正投影与斜投影。由于正投影能真实地反映物体的轮廓和尺寸，在机械制图中一般采用正投影。

（二）三视图

将构件放置在多面投影体系内，按正投影法向三个互相垂直的投影面作投影，就得到机件的三个投影（见图6-1），这个投影称为构件的三视图。

在三个投影面上得到的投影分别称为正面投影（V）即称为主视图、水平面投影（H）即称为俯视图、侧面投影（W）即称为左视图。向正面（V）为了画图和读图的方便，将三个相互垂直的投影面展开成一个平面，即得到常用的三视图。如图6-1所示三视图的三个视图不是孤立的，其在尺寸上彼此相互关联，主视图反映了构件的长度和高度，俯视图反映了构件的长度和宽度，左视图反映了构件的高度和宽度，由此可得到构件三视图的关系：主视图与俯视图长对正；主视图与左视图高平齐；俯视图与左视图宽度相等。

上述的关系即是画图和读图时的要诀“长对正、高平齐、宽相等”。

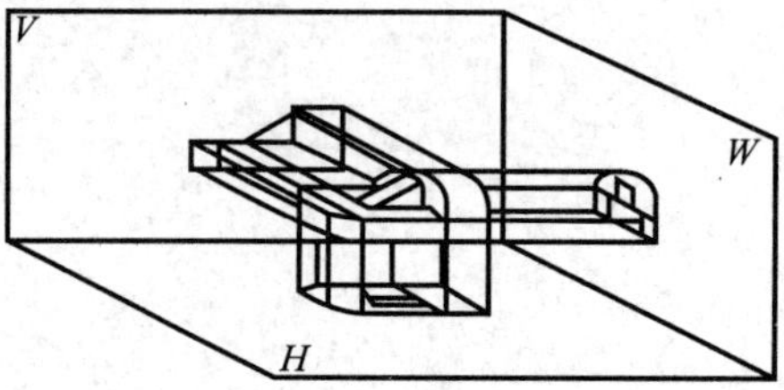

图6-1　三视图

（三）剖面图和剖视图

1. 剖面图

剖面图即利用一个假设的平面将物体的某一部分切断，仅画出被剖切平面的形状，剖面图有重合剖面图和移出剖面图两种画法，如图6－2所示。

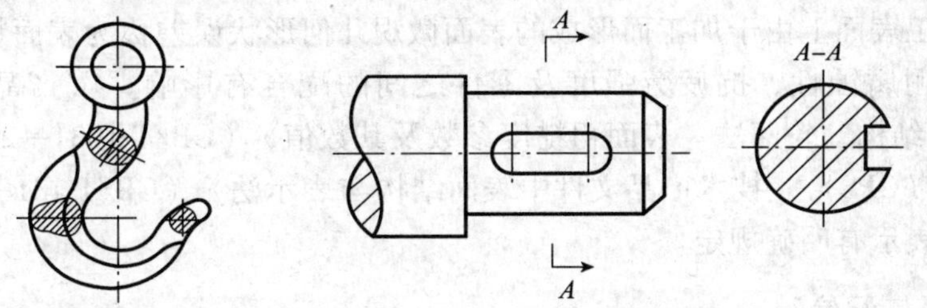

(a)重合剖面图　　(b)移出剖面图

图6－2　剖面图

2. 剖视图

剖视图即利用一个假设的平面在选定的部位将物体剖开，将构件处于观察和剖切平面之间的前面部分拿掉，而将剖切平面和其后面部分再投影，得到的图形称为剖视图，如图6－3所示，机械图中常用剖视图表示构件的内部结构。

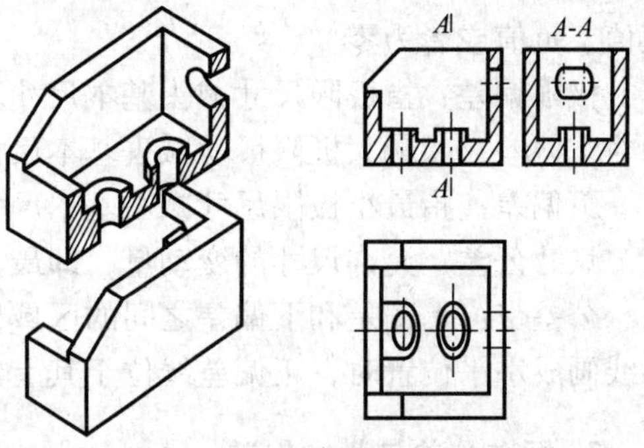

图6－3　剖视图的画法

（四）局部放大图

机件上一些细小结构在视图表达得不够清楚，或不便标注尺寸时，可将这些部分作放大后画出，这种视图称为局部放大图，如图6－4所示。局部放大图用细实线圆标明放大部位，在放大图的上方注明放大比例。如有多处放大时，需用罗马数字编号。

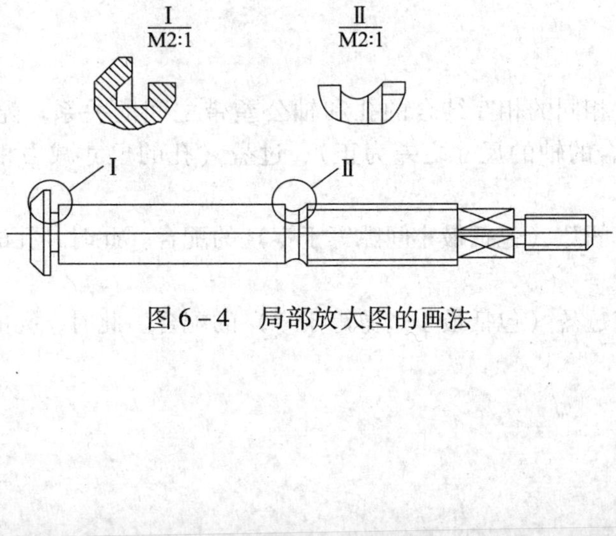

图6－4　局部放大图的画法

二、机械制图的技术要求

机械制图的基本技术要求主要有表面粗糙度、公差与配合、形状公差和位置公差、零件的材料与热处理。

（一）表面粗糙度

零件的加工表面上由于加工而形成的表面微观几何形状误差称为表面粗糙度。其对零件的耐磨性、耐腐蚀性、抗疲劳强度及零件之间的配合有影响。《产品几何技术规范（GPS） 表面结构 轮廓法 表面粗糙度参数及其数值》（GB/T 1031—2009）和《产品几何技术规范（GPS） 技术产品文件中表面结构与表示法》（GB/T 131—2006）对零件表面粗糙度的表示有明确规定。

（二）公差与配合

1. 公差与配合的基本概念

偏差：指某一实际尺寸（或极限尺寸）减去基本尺寸所得到的代数差，偏差值可以为正值、负值或者为零。

极限偏差：指极限尺寸减去基本尺寸所得到的代数差，极限偏差有上偏差和下偏差。

上偏差：指最大极限尺寸减去基本尺寸所得到的代数差。

下偏差：指最小极限尺寸减去基本尺寸所得到的代数差。

尺寸公差：允许尺寸的变动量，即最大极限尺寸与最小极限尺寸间的差值。

公差带：上偏差和下偏差之间的区域称为公差带，在公差带中零线表示基本尺寸，当零线画成水平位置时，正偏差线位于其上方，负偏差线位于其下方。

2. 标准公差与基本偏差

标准公差：在极限与配合标准中规定的任一公差。标准公差分 20 个等级，IT01、IT0、IT1 至 IT18。IT 标志标准公差，公差等级的代号用阿拉伯数字表示。其中 IT01 级最高，IT18 级最低，标准公差值由基本尺寸和公差等级确定。

基本偏差：基本偏差用以确定公差带相对于零线位置的上偏差或下偏差，一般为靠近零线的那个偏差。

3. 配合

配合：基本尺寸相同的相互结合的孔和轴公差带之间的关系。配合的种类分为间隙（孔的尺寸减去相配合的轴的尺寸之差为正）、过盈（孔的尺寸减去相配合的轴的尺寸之差为负）和过渡。

间隙配合：具有间隙（包括最小间隙等于零）的配合。此时，孔的公差带在轴的公差带之上。

过盈配合：具有过盈（包括最小过盈等于零）的配合。此时，孔的公差带在轴的公差带之下。

过渡配合：可能具有间隙或过盈的配合。此时，孔的公差带与轴的公差带相互交叠。

（三）形状公差和位置公差

形状公差：单一实际要素的形状所允许的变动量。

位置公差：关联施加要素的位置对基准允许的变动量。

三、机械图的识读

机械图分为零件图和装配图两类。

（一）零件图的识读

零件是组成机械设备的最小单元，识读零件图是机械识图的基础。

识读零件图的基本要求是：

（1）据主观图，借助其他视图，了解零件的外部几何形状和内部结构特点。

（2）根据图中标注出的零件各部尺寸，基本确定该零件的形状大小。

（3）对结构复杂的零件，要结合各视图的剖面，想象出零件的结构形状。

（二）装配图的识读

（1）首先应了解整个装配图的内容，通过标题栏了解各零件的名称及用途。

（2）了解各部件的作用（传动、支承、调整、润滑、锁紧、密封等），搞清楚其相互之间的装配关系。利用图上所标注的公差和配合，了解各零件之间的配合性质。

第二节　金属材料一般知识及钢的热处理

一、金属材料的机械性能

机器零件和工具在工作时，常受到各种不同的外力。金属构件受外力作用时，所表现的抵抗破坏的能力，称为机械性能。

机械性能一般包括有强度、硬度、塑性、韧性、弹性、刚性和抗疲劳性等。

（一）强度

金属在外力（静载荷）作用下，所表现的抵抗变形或破坏的能力，叫强度。抵抗外力的能力越大，强度就越高。强度单位是 kg/m^2。

强度按载荷作用不同又分三种：

1. 抗拉强度

外力是拉力时，材料表现出的抵抗能力叫抗拉强度。

2. 抗压强度

外力是压力时，材料表现出的抵抗能力叫抗压强度。

3. 抗弯强度

外力与材料轴线垂直，并在作用后使材料呈弯曲，这时材料的抵抗能力叫抗弯强度。

（二）硬度

金属抵抗比它硬的物体压入的能力，叫作硬度。金属被压以后，在它上面留下的压坑越小或越浅，硬度就越高。

常用的硬度有两种：

1. 布氏硬度（HB）

用一定的负荷（一般为3 000kgf），把一定大小（直径一般为10mm）的淬硬钢球压在材料表面上，然后用材料表面上球印的表面积来除负荷，所得的商为硬度值。它的单位是 kgf/mm^2，习惯上常把单位省略了。

用这种方法不能试验布氏硬度高于450的金属及金属薄片的硬度，并且不能在成品上应用，因为凹坑较大。

2. 洛氏硬度（HRC）

用一定的负荷，把淬硬钢球或120°圆锥形金刚石压入器压在材料表面上，然后用材料表面上压印的深度来计算硬度大小。洛氏硬度单位为1。

（三）弹性

材料在外力作用下产生变形，当外力去除后能恢复原状的能力称为弹性。材料在弹性范围内，外力与变形成正比。金属材料能保持弹性变形的最大应力称为“弹性极限”，用 σ_P 表示。弹性极限的值越大，说明该材料的弹性越好，即承受较大的应力，而不致产生永久变形。机械和车辆上的弹簧材料，应具有高的弹性极限，保证弹簧不发生永久变形。

（四）刚性

金属材料受力时能抵抗变形的能力称为刚性。如机床的床身、刀架、顶尖轴、主轴以及钢架桥梁、起重机的悬臂等都要求有良好的刚性。

（五）塑性

金属在外力作用下不发生破坏的永久变形的能力。金属受力时，产生塑性变形的程度越大，则塑性越好，塑性大小可用延伸率 δ 来表示。延伸率是指材料受拉力作用断裂时，伸长的长度与原有长度的百分比。

（六）韧性

金属在冲击力作用下，仍不破坏的能力，抵抗冲击的能力越大，则韧性越好。

（七）抗疲劳性

金属在长期交变外力作用下，仍不破坏的能力。衡量抗疲劳性大小的指标是疲劳强度。

不同的金属材料，具有不同的机械性能，有的强度大，有的韧性好。不同的机器零件和工具，应用不同的机械性能要求，例如对刀具的要求以硬度高为主；机器零件以强度和韧性为主。因此，只有在充分掌握材料机械性能的基础上，才能了解金属的应用范围。

二、黑色金属

工业上将金属材料分为黑色金属和有色金属两大类。黑色金属是指钢、铸铁和合金，钢又分为碳素钢和合金钢。黑色金属材料以外的金属材料称为有色金属。

（一）碳素钢

碳素钢的含碳量不大于2%。钢按含碳量的不同可分为低碳钢（C<0.25%）、中碳钢（C=0.25%～0.6%）和高碳钢（C=0.6%～1.3%）三种。它还含有少量硫、磷、硅、锰等杂质。碳是决定钢性能最主要的元素，其他杂质也有一定影响。

在碳素钢中，碳的含量增加，它的强度和硬度不断提高，而塑性、韧性不断降低，但增加太多时，反而使强度降低。

硫和磷均是碳素钢中的有害杂质。磷会使钢的塑性和韧性降低，即冷脆，所以磷的含量应限制在0.085%以下。硫的含量过大会使碳钢在加热（1 000～1 200℃）锻压时极易破裂，即热脆，所以硫的含量应限制在0.07%以下；对机械性能要求不高的钢，为了改善切削性能，含硫量可增至0.18%～0.3%。

碳素钢按用途可分类为碳素结构钢和碳素工具钢。

（二）合金钢

在钢中加入一种或数种合金元素，以获得特定性能的钢叫作合金钢。可加入钢中的合金元素有：锰（大于0.8%）、硅（大于0.5%）、铬、镍、钼、钨、钒、铝、钛、硼等，它们一般都是在熔炼过程中加入的。

加入合金元素的目的是：增加强度和硬度，并具有较高的塑性和韧性，此外还能提高耐磨、不锈、耐酸等性能，还能减少淬火时产生裂纹的现象。

（三）铸铁

铸铁是一种铁碳合金，碳含量较高，一般在2.0%以上，还含有硅、锰、硫及其他元素。

铸铁的机械性能较差，但是比钢便宜，并具有优良的铸造性，在工业上得到广泛的应用。铸铁分白口铸铁、灰口铸铁、球磨铸铁、可锻铸铁和合金铸铁等。

1. 白口铸铁

白口铸铁性质硬而脆，不能切削加工，用于承受强烈挤压和磨损的零件，如拉丝模、球磨机、轧辊等。

2. 灰口铸铁

灰口铸铁的断面呈暗灰色，它具有下列一些特点：抗拉强度小，很容易拉断，抗压强度大（与抗拉强度相比）；硬度低，性质较软，所以容易切削，塑性差，不能进行压力加工，有良好的铸造性能，就是熔点低、流动性好、冷却凝固时收缩量小。

3. 球墨铸铁

在铸铁的铁水中，加入球化剂（镁或镁合金），使铸铁中石墨成球状，经过球化处理所得到的铸铁叫作球墨铸铁。

球墨铸铁的强度很高，浇铸后的铸件其机械性能为 $\sigma_b = 45 \sim 60 kg/mm^2$。经过正火处理后，它的机械性能可进一步得到改善，并具有一定的韧性和塑性，其成本又比钢低。

球墨铸铁一般用来制曲轴、轴套及大型轧钢轧辊、齿轮等。

4. 可锻铸铁

将一定成分的白口铁铸件（含碳 2.2% ~2.8%、含硅 0.6% ~1.4%）经过长期高温退火，而获得的铸铁叫作可锻铸铁。

可锻铸铁并不能锻造，这个名称仅表示它比普通铸铁具有较高的韧性和塑性。

可锻铸铁用来制造一些形状复杂、强度和韧性要求较高的小截面铸件，如管子接头，炮上某些零件等。

三、钢的热处理

钢的热处理是利用固态金属采用适当的方式进行加热保温和冷却的方法来改变钢的内部组织，从而达到改善钢的性能的一种工艺方法。它不改变钢的化学成分和形状。但能提高零件使用性能，充分发挥钢材的潜力，延长零件的使用寿命。

常用的热处理方法有退火、正火、淬火、回火、调质和表面热处理。

（一）退火

将钢件加热到临界温度以上（不同钢号它的临界温度也不同，一般是 710 ~750℃，个别合金钢到800℃或900℃），在此温度停留一定时间，然后缓慢冷却（一般随炉冷却）的过程叫作退火。

退火的目的：

（1）降低硬度，提高塑性，便于切削加工；

（2）细化晶粒，均匀组织及成分，以改善钢的机械性能，或者为下一步淬火做好准备；

（3）消除内应力。

退火的方法有：完全退火、球化退火、去应力退火。

（二）正火

将钢件加热到临界温度以上 30 ~50℃，在此温度停留一定时间，然后放在空气中冷却的过程称为正火。正火冷却速度比退火快，加热和保温时间与退火一样。

正火主要用于普通结构钢零件，当力学性能要求不太高时，可作最终热处理，可改善低碳钢或低碳合金钢的切削加工性能；作为预备热处理消除共析钢中网状碳体，改善钢的力学性质并为以后热处理作准备。

正火实质上是退火的一种特殊形式，具有与退火相似的目的，所不同的是冷却速度比退火快，可以缩短生产周期，比较经济。

（三）淬火

将钢件加热到临界点以上某一温度，保温一段时间，然后在水、盐水或油中（个别材料在空气中）急速冷却的过程叫作淬火。

淬火的目的是提高钢件的硬度和强度。对于工具钢来说，淬火的主要目的是提高它的硬度，以保证刀具的切削性能和冲模工具及量具的耐磨性。对于中碳钢制造的机件来说，淬火是为以后的回火作好结构和性能准备，因为高强度和高韧性并不能淬火后同时得到，而是再经过回火处理后才获得的。

（四）回火

将脆硬的钢件加热到临界点以下的温度，保温一段时间，然后在空气中或油中冷却下来的过程叫作回火。

回火的目的是：

（1）消除或减少工件淬火时产生的内应力，防止工件在使用过程中的变形和开裂；

（2）通过回火提高钢的韧性，适当调整钢的强度和硬度，使工件达到要求的力学性能以满足各种工件的需要；

（3）稳定组织使工件在使用过程中不发生组织转变，从而保证工件形状和尺寸不变，保证工件的精度。

常用的回火方法有：低温回火；中温回火；高温回火。

（五）调质

淬火后高温回火，叫作调质。

调质的目的是使钢件获得很高的韧性和足够的强度，使其具有良好的综合性能。很多重要零件如主轴、丝杠、齿轮都是经过调质处理的。

调质一般是在零件机械加工以后进行，也可把锻坯或经过粗加工的光坯调质后再进行机构加工。

（六）时效

为了消除毛坯制造时产生的内应力，以防止或减少由于内应力引起变形所采用的处理方法叫作时效处理。

自然时效是将要加工的机件，先在需要加工的表面上进行粗加工，然后在露天中停放一个时期；或将机件（如丝杆）吊挂数天，使其内应力逐渐的削弱。自然时效效果好，但周期长效率低。

人工时效是将机件在低温回火后，精加工之前，加热到 100 ~ 160℃，保持 10 ~ 40h，然后慢慢冷却。人工时效效率高，但要花一定费用。

（七）表面热处理

表面热处理是通过改变钢件表层的化学成分，从而改变表层组织和性能的热处理方法，它和一般热处理方法不同。

1. 钢的渗碳

钢件表面渗入碳原子的过程叫作渗碳。渗碳用于低碳钢和低合金钢（0.1% ~ 0.25%），含碳量高于 0.3% 的钢很少用。

钢件经过渗碳并淬火以后具有高的表面硬度（HRC = 60 ~ 65）和耐磨性，而中心仍保持高的韧性。一些受冲击的耐磨零件，如轴、齿轮、凸轮、活塞销等零件大都有进行渗碳。

2. 钢的渗氮

钢件表面渗入氮原子的过程叫渗氮。渗氮多用于含铝、铬、钼等元素中的碳合金钢。

钢件经过渗氮后，能提高表层的硬度、耐磨性、耐腐蚀性和疲劳强度。重要的螺栓、螺帽、销钉等零件常用这种方法。

3. 钢的氰化

钢件表面同时渗入碳原子和氮原子的过程叫作氰化。氰化不但适用于中碳钢、低碳钢或合金钢，还可用于高速钢刀具。经过氰化的钢件表面硬度和耐磨性都可提高。

（八）发黑处理

将金属零件放在很浓的碱和氧化剂溶液中加热氧化，使金属表面生产一层带有磁性的四氧化三铁薄膜的过程叫作发黑处理。

发黑处理属于氧化处理方法的一种，它的主要目的是使金属表面防锈，增加金属表面美观和光泽，消除淬火过程中的应力作用。

发黑处理主要应用于碳素钢和低碳合金工具钢。由于材料和其他因素的影响，发黑层薄膜颜色有蓝黑色、黑色、红棕色、棕褐色等不同颜色，其组织较致密，厚度为 0.6 ~ 0.8μm。

第三节　机械零件一般知识

一、键及键联接

键是用来连接轴和轴上的转动件的。用键连接的零件是可以拆卸的。连接时，键安装在轴的键座和零件的键槽中。键有斜键、平键、半圆键和花键四种。

键是标准件，根据键在联接时的松紧状态不同，可分为松键联接和紧键联接两类。

常用的松键联接有平键、半圆键、花键联接。

松键联接以键的两侧面为工作面，故键宽与键槽需紧密配合，而键的顶面与轴上零件之间有一定的间隙。因此松键联接时轴与轴上零件联接时的对中性好，特别在高速精密传动中应用更多。但松键联接不能承受轴向力，所以轴上零件需要轴向固定时，则需应用其他固定方法。

1. 平键联接

平键分为普通平键、导向平键和滑键三种。

（1）普通平键：如图 6－5 所示，这种键应用最广。根据端部结构不同，分为圆头（A 型）、方头（B 型）和单圆头（C 型）三种。A 型平键用于端铣刀加工的轴槽，常用于轴的中部。B 型平键用于盘铣刀加工的轴槽，常用于轴端或轴的中部。C 型平键一般用于轴端的联接。

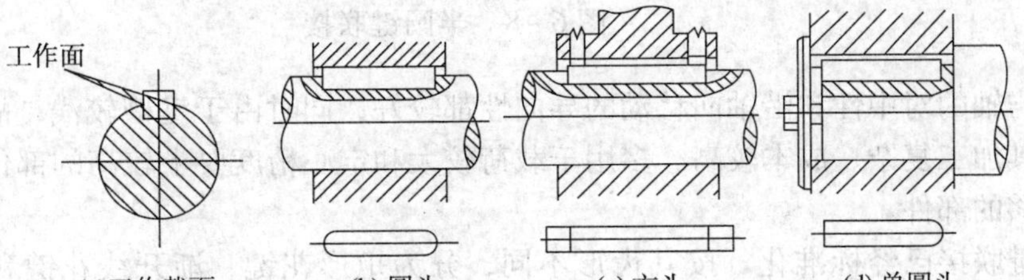

图 6－5　平键的种类

（2）导向平键和滑键：当轴上零件在工作过程中需作轴向移动时，则需采用由导向平键或滑键组成的动联接。导向平键用螺钉固定在轴上的键槽中，工作时键对轴上滑动零件起导向作用，其端部有圆头（A 型）和平头（B 型）两种，如图 6－6 所示。当零件滑移距离较大时，宜采用滑键，滑键是将键固定在轮毂上，并与轮毂一起在轴上的键槽中滑动，如图 6－7 所示。

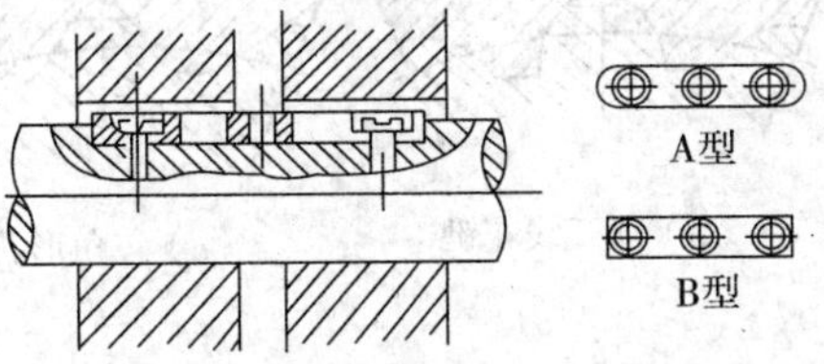

图 6－6　导向平键联接

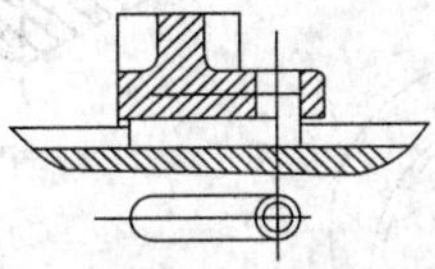

图 6－7　滑键联接（键槽已截短）

2. 半圆键联接

如图 6－8 所示，半圆键呈半圆形，轴槽也是相应的半圆形，轮毂槽开通。半圆键能绕槽底圆弧摆动，这样能自动适应轮毂的装配。半圆键工作时靠其侧面来传递转矩。这种键联接的优点是工艺性较好，装配方便；缺点是轴上键槽较深，对轴的强度削弱较大，主要用于轻载或辅助性联接中，尤其适用于锥形轴与轮毂的联接。半圆键的标准为 GB/T 1099. 1—2003。

3. 花键联接

如图 6－9 所示，花键联接是由带键齿的花键轴和带键齿的轮毂所组成。应用特点是工作时依靠键齿的侧面来传递转矩，由于联接的键齿较多，因此能传递较大的载荷，且轴

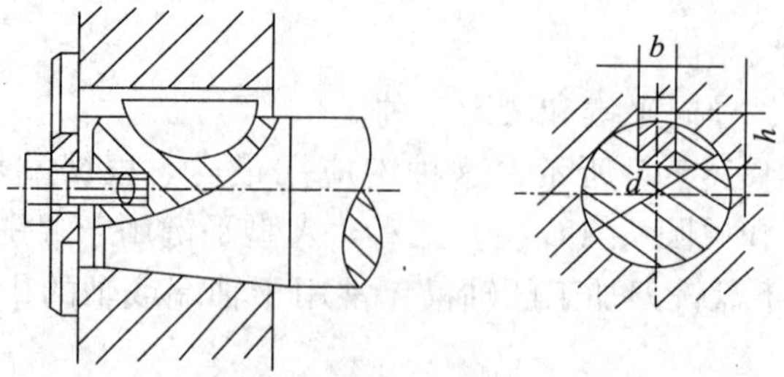

图6-8　半圆键联接

上零件与轴的对中性和沿轴向移动的导向性都较好；同时由于键槽较浅，故对轴的削弱较小。但其加工复杂、成本较高、多用于载荷较大和定心精度要求较高的部件或轮毂经常做轴向滑移的部件。

花键联接已经标准化。按其齿形不同，分为矩形花键、渐开线花键和三角形花键三种，其中以矩形花键应用最广。

（1）矩形花键：它的齿侧面为两平行平面，如图6-9（a）所示。

（2）渐开线花键：它的齿形为压力角30°（或45°）的渐开线，如图6-9（b）所示。

（3）三角形花键联接：内花键齿形为直线齿形，外花键齿形为压力角45°的渐开线，如图6-9（c）所示。

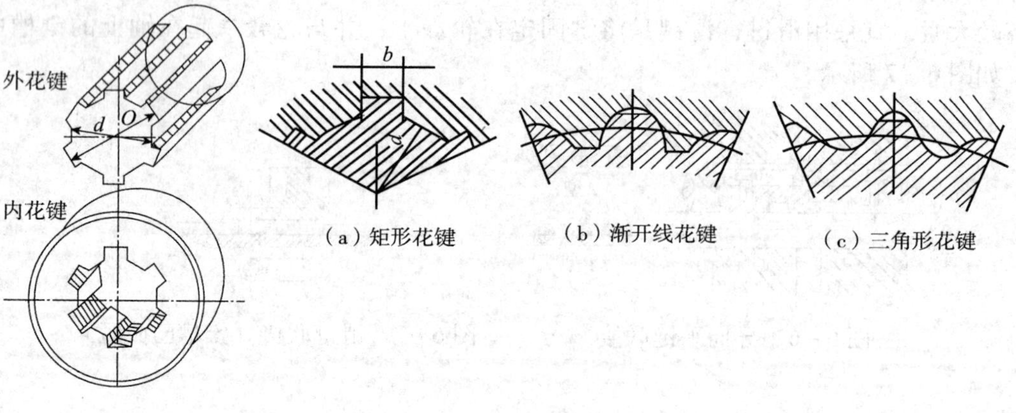

图6-9　花键联接

二、销及销连接

销主要有圆柱形和圆锥形两种，其他形式是由这两种演化而来的。普通圆柱销分A、B、C、D四种型号，适用于不常拆卸的零件定位；普通圆锥销分A、B两种型号，A型精度高，圆锥销适用于经常拆卸的零件定位。

销联接的主要功用是：定位、传递运动和动力，以及作为安全装置中的过载剪断零件。

（一）作定位零件

固定零件间的相互位置。起这种作用的圆柱销或圆锥销，通常称为定位销。

图 6－10 为应用圆锥销实现定位的示例，因为圆锥销具有 1∶50 的锥度，具有可靠的自锁性，可以在同一销孔中经多次装拆而不影响被联接零件的相互位置精度。定位销一般不承受载荷或只承受很小的载荷，直径可按结构要求来确定。使用的数目不得少于两个。销在每一联接件内的长度约为销直径的 1～2 倍。

（二）传递横向力和转矩

使用圆柱销或圆锥销可传递不大的横向力或转矩，如图 6－11 所示。圆柱孔需铰制，依靠过盈配合而联接紧固。

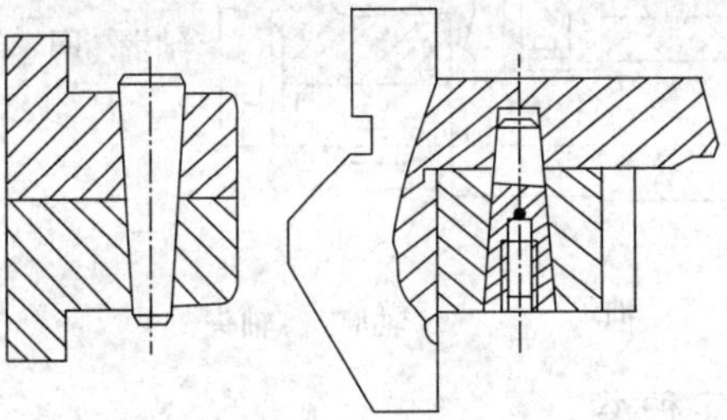

（a）（b）

图 6－10　销定位

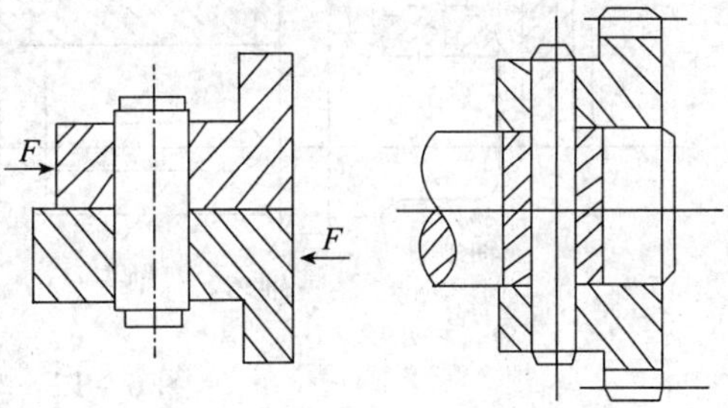

（a）（b）

图 6－11　销传动

（三）作安全装置中的被切断零件

在传递横向力或转矩过载时，销就会被剪断，从而保护了联接件，这种销称为安全销。安全销可用于传动装置的过载保护，如安全联轴器等过载时的被剪断零件。

三、轴及轴向固定、轴向定位

（一）轴的分类

轴按荷载性质不同可以分为心轴、转轴和传动轴三种。

（1）心轴的应用特点是用来支撑传动的零件，只受弯曲作用而不传递动力。

（2）转轴的应用特点是既支撑转动的零件又传递动力，转轴本身是转动的，同时承受弯曲和扭转两种作用。

（3）传动轴的应用特点是传递动力，只受扭转作用而不受弯曲，或者弯曲作用很小。

（二）在考虑轴的结构时，应满足三方面的要求

（1）轴的受力合理，以利于提高轴的强度和刚度；

（2）安装在轴上的零件，要能牢固而可靠的相对固定（轴向、周向固定）；

（3）轴上结构应便于加工、便于装拆和调整，并尽量减少应力集中。

（三）轴向固定、轴向定位

1. 轴向固定

轴向固定的目的是保证零件在轴上有确定的轴向位置，防止零件做轴向移动，并能承受轴向力。常见的轴向固定形式有：轴肩、轴环、弹性挡圈、螺母、套筒、轴端挡圈、圆锥面和紧定螺钉等，如图 6－12 所示。

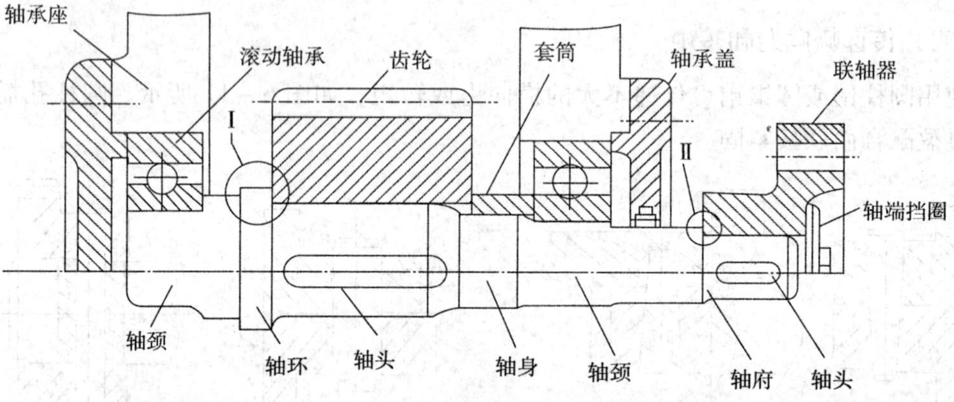

图 6－12　轴向固定种类

2. 轴向定位和固定

轴向定位和固定目的是为了保证零件传递转矩和防止零件与轴产生相对转动。实际使用时，常采用键、花键、销、紧定螺钉、过盈配合、非圆轴等结构均可起到周向定位和固定的作用。

四、轴承

支承轴颈的部分叫轴承，任何一种轴都要由轴承支承起来才能工作，因此轴承在建筑机械中是重要的部件。其功用是支承轴及轴上零件，保持轴的旋转精度和减少轴与支承间的摩擦和磨损。机械性能的好坏，寿命的长短，常取决于轴承的选择是否正确。

（一）轴承的分类

轴承按照工作时摩擦性质不同，可分为滑动轴承和滚动轴承。

1. 滑动轴承

滑动轴承由轴承座、轴瓦和并紧螺帽组成。主轴在轴瓦中旋转，产生滑动摩擦。

2. 滚动轴承

在高速旋转的机器上，为减少摩擦和磨损，可以采用滚动轴承，滚动轴承有滚珠和滚柱两种。

滑动轴承和滚动轴承见图 6－13。滑动轴承适用于高速、高精度、重载和有较大冲击的场合，也应用于不重要的低速机器中。滚动轴承具有摩擦阻力小，易起动，适用范围广，轴向尺寸小，润滑和维修方便，应用广泛。

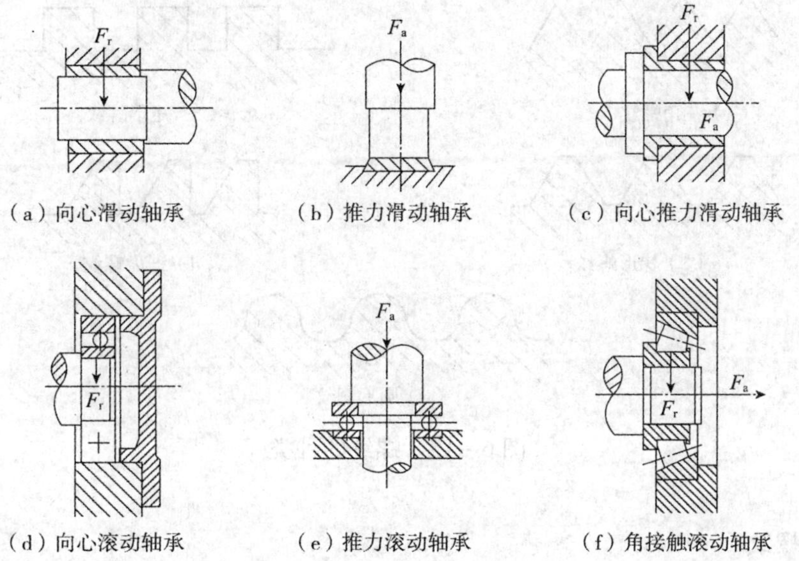

图 6－13　轴承的种类

（二）滚动轴承的基本构造

如图 6－14 所示，滚动轴承一般由内圈、外圈、滚动体和保持架组成。内外圈上通常制有沟槽，其作用是限制滚动体轴向位移和降低滚动体与内外圈间的接触应力。内外圈分别与轴颈和轴承座配合，通常是内圈随轴颈转动而外圈固定不动，但也有外圈转动而内圈固定不动，当内圈、外圈相对转动时，滚动体就在滚道内滚动。保持架的作用是使滚动体等距分布，并减少滚动体间的摩擦和磨损。

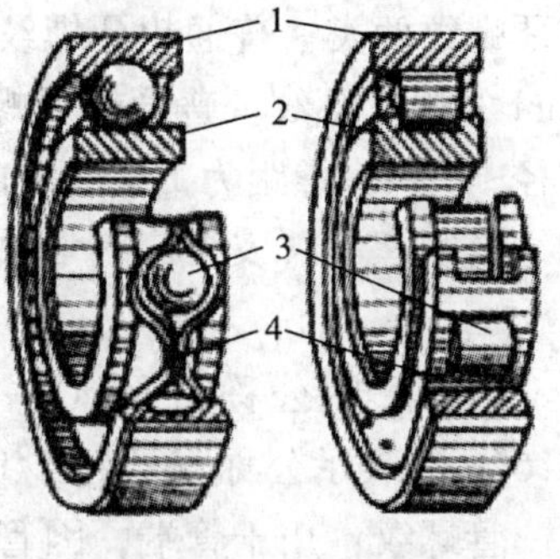

图 6－14　滚动轴承

1. 内圈；2. 外圈

3. 滚动体；4. 保持架

滚动轴承具有摩擦阻力小，起动灵敏，效率高等特点；可用预紧的方法提高支承刚度与旋转精度；润滑简便和有互换性等优点，主要缺点是抗冲击能力较差；高速时出现噪声和轴承径向尺寸大；与滑动轴承相比，寿命较低。

五、螺纹

螺纹应用得非常广泛。螺纹的主要作用是把两个（或更多）零件连接起来，称为连接螺纹。用来传递动力用的称为传动螺纹。螺纹分为左旋螺纹和右旋螺纹，一般为右旋螺纹。

(一) 螺纹的种类

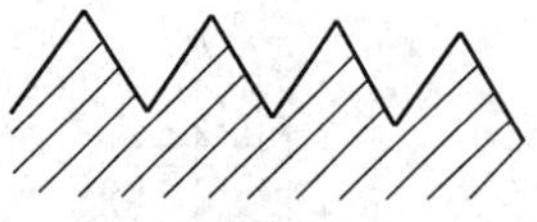

(a) 三角螺纹

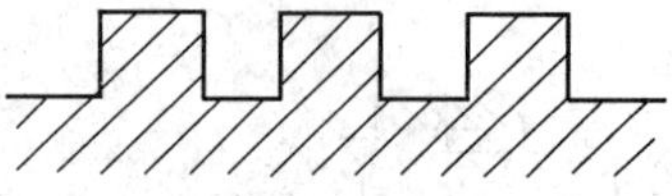

(b) 矩形螺纹

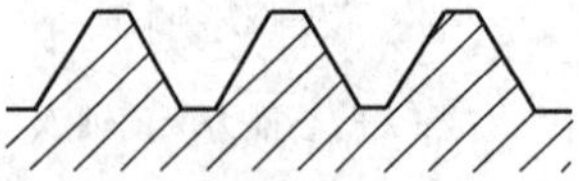

(c) 梯形螺纹

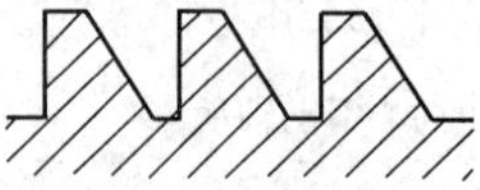

(d) 锯齿螺纹

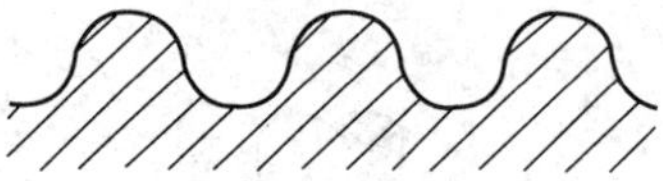

(e) 圆形螺纹

图 6-15 螺纹的种类

1. 三角螺纹

如图 6-15 (a) 所示，三角形螺纹有以下几种：

公制螺纹：牙形为正三角形，牙形角为 60°。以螺距的大小分为普通粗牙螺纹和普通细牙螺纹两类。普通粗牙螺纹用字母 M 表示，如 M16×2 表示公称直径为 16mm，螺距为 2mm 的粗牙螺纹。普通细牙螺纹用字母及公称尺径×螺距表示，如 M10×1.25，表示公称直径 10mm，螺距为 1.25mm 的细牙螺纹。公制螺纹应用最广泛。

英制螺纹（又叫英寸制螺纹）：只用于制造国外进口的一些机器的配件上。牙型角为 55°。

习惯上用公称直径（单位为英寸）及每英寸牙数表示，尺寸单位采用代号。如 7/16″×14表示公称直径为7/16 英寸的粗牙（每英寸 14 牙）的英制螺纹。

管螺纹：用于管端，因管壁较薄，不宜采用普通尺寸的螺纹，它的公称直径是管子的内径（以英寸计），如：G3/4″—2 左，表示公称直径 3/4″的管螺纹，精度 2 级，左旋（右旋不标）。

2. 矩形螺纹

牙型一般是正方形，牙厚为螺距的一半，效率较高，对中准确性较差。

3. 梯形螺纹

牙型为等腰梯形。广泛应用于传力螺旋传动中，加工工艺性好，牙根强度高，但螺纹负对中性精度差。

4. 锯齿型螺纹

牙型为不等边梯形。效率较矩形螺纹略低，而强度较大，多用于单相传力的起重螺旋等。

5. 圆螺纹

螺纹的外轮廓是半圆形。

（二）常用的螺纹连接件

1. 螺栓与螺钉

按其用途可分为连拉紧固用的、紧定用的、堵塞用的和特殊用的等。其中，连拉紧固用得最多，一般按其头部形状可分为：六方头、四方头、圆柱头、半圆头、带榫的、方颈的螺栓与螺钉等。

2. 螺母或称螺帽

主要是配合螺栓、螺钉等作连接固定用。其形状有：六方、四方、带槽的、蝶形的等。

3. 垫圈

（1）光垫圈：起隔离零件表面、分散零件表面压力的作用。

（2）弹簧垫圈：防止螺母或其他连接架回松。

（3）止退垫圈：能承受反向回转力矩，有单耳、双耳、外舌、内舌、圆螺母等止退垫圈。

（4）特殊垫圈：能起各种特殊作用的垫圈，如球面垫圈、锥面垫圈、开口垫圈等。

（5）弹性挡圈：主要用作防止零件的轴向位移。用在轴上或孔内，防止滚动轴承、齿轮等轴向位移，通常称为卡簧。

（三）螺纹联接的基本类型

螺纹联接是利用螺纹零件构成可拆卸的固定联接。螺纹联接具有结构简单、紧固可靠、装拆迅速方便的特点，因此应用极为广泛。

螺纹联接的基本类型有螺栓联接、双头螺柱联接、螺钉联接和紧定螺钉联接四种，它们的特点和应用见表 6－1。

表 6－1　螺纹联接的基本类型及特点和应用

类型	螺栓联接	双头螺柱联接	螺钉联接	紧定螺钉联接
特点和应用	螺栓穿过被联接件的通孔，与螺母组合使用，结构简单、装拆方便，适用于被联接件厚度不大且能够从两面进行装配的场合	将螺柱上螺纹较短的一端旋入并紧定在被联接件之一的螺纹孔中，不再拆下，适用于被联接件之一较厚不宜制作通孔及需经常拆卸，联接紧固或紧密程度要求较高的场合	螺钉穿过较薄被联接件的通孔，直接旋入较厚被联接件的螺纹孔中，不用螺母，结构紧凑，适用于被联接件之一较厚，受力不大，且不经常装拆，联接紧固或紧密程度要求不太高的场合	利用螺钉的末端顶住另一被联接件的凹坑中，以固定两零件的相对位置，可传递不大的横向力或转矩

上述连接件都被国家纳入标准制造，种类的形状与尺寸都有相应的规定。

六、高强度螺栓

（一）定义

普通螺栓的材料一般是 Q235 制造，性能等级一般为 4.4 级、4.8 级、5.6 级和 8.8 级。

螺栓的性能等级在 8.8 级以上者，称为高强度螺栓。高强度螺栓的材料一般是 45 号钢、35CrMoA 或其他优质材料，制成后进行热处理，提高了强度。高强度螺栓可承受的载荷比同规格的普通螺栓要大。图 6 – 16 为常见的高强度外六角螺栓、高强度 T 形槽螺栓、扭剪型高强度螺栓。

（a）高强度外六角螺栓　（b）高强度T形槽螺栓　（c）扭剪型高强度螺栓

图 6 – 16　高强度螺栓

（二）高强度螺栓的受力特点

普通螺栓连接靠栓杆抗剪和孔壁承压来传递剪力，拧紧螺帽时产生预拉力很小，其影响可以忽略不计。而高强度螺栓施加预拉力和靠摩擦力传递外力，螺栓联接施加很大预拉力，使联接构件间产生挤压力，从而使垂直于螺杆方向有很大摩擦力，而且预拉力、抗滑移系数和钢材种类都直接影响高强螺栓的承载力。

高强度螺栓连接具有施工简单、受力性能好、可拆换、耐疲劳，以及在动力荷载作用下不致松动等优点。

高强度螺栓实际上有摩擦型和承压型两种。

摩擦型高强度螺栓承受剪力的准则是设计荷载引起的剪力不超过摩擦力。

承压型高强度螺栓则是以杆身不被剪坏或板件不被压坏为设计准则。

（三）高强度螺栓使用

（1）螺栓、螺母、垫圈均应附有质量证明书。

（2）高强度螺栓应按规格分类存放，并防雨、防潮，保持洁净、干燥状态。

（3）必须按批号，同批内配套使用，不得混放、混用。

（4）遇有螺栓、螺母不配套，螺纹损伤时，不得使用。

（5）螺栓、螺母、垫圈有下列情况为不合格品，禁止使用：

来源（制造厂）不明者；机械性能不明者；扭矩系数 k 不明者；有裂纹、伤痕 、毛刺、弯曲、铁锈、螺纹磨损、油污、被水淋湿过或有缺陷者；未附带性能试验报告者；与其他批号螺栓混合者；长度不够的螺栓，即拧紧后螺栓头露不出螺母端面者（一般取伸出螺母端面的长度以2～3扣螺纹为宜)。

（四）高强度螺栓安装

（1）安装时组件摩擦面应保持干燥，不应在雨中作业。

（2）安装时禁止锤击打入螺栓以防止螺栓丝扣受损。

（3）使用活动扳手的扳口尺寸应与螺母的尺寸相符，不应使用小扳手上加套管。高空中作业应使用死扳手，如用活扳手时用用绳子拴牢，人要系好安全带。

（4）安装时高强螺栓应自由穿入孔内，不得强行敲打。扭剪型高强度螺栓的垫圈安在螺母一侧，垫圈孔有倒角的一侧应和螺母接触，不得装反（大六角头、高强度螺栓的垫圈应安装在螺栓头一侧和螺母一侧，垫圈孔有倒角一侧应和螺栓头接触，不得装反)。螺栓不能自由穿入时，不得用气割扩孔。

（5）螺栓穿入方向宜一致，穿入高强度螺栓用扳手紧固后，再卸下临时螺栓，以高强度螺栓替换。

（6）高强度螺栓的紧固必须分两次进行，第一次为初拧。初拧紧固到螺栓标准轴力(即设计预拉力）的60%～80%，初拧的扭矩值不得小于终拧扭矩值的30%。第二次紧固为终拧，终拧时扭剪型高强度螺栓应将梅花卡头拧掉。如为螺栓群，所有螺栓受力应均匀，初拧、终拧都应按一定顺序进行。

七、传动

（一）传动的定义

将能量由原动机传送到工作机的一套装置称为传动装置，这个过程称为传动。传动能进行能量的分配，改变运动的状态和改变运动的速度。

（二）传动的分类

1. 带传动

（1）带传动是用带做中间挠性件而靠摩擦力工作的一种传动。带剖面形状有平长方形，三角形和圆形的，分别叫平形带、三角带和圆形带。平形带是利用底面与带轮之间的摩擦来传递动力，三角带则靠两斜面与带轮之间的摩擦力来传递动力，圆形带传递动力较小，只用于小功率的机器和仪器上。

（2）在带传动中，由于传动带长期受到拉力的作用，将会产生永久变形，使带的长度增加，因而造成张紧能力减小，张紧变为松弛和传动能力降低。为了保持带在传动中的能力，所以带传动要有张紧装置。常用的张紧方法有调整中心距、使用张紧轮。

（3）带与带轮接触的弧长所对应的中心角称为带轮的包角。包角越大，接触的弧长就越长，接触面之间所产生的摩擦力总和就越大，从而能保证传动。一般使用时包角$\angle\alpha \geqslant 120°$。

（4）带传动具有过载保护功能。

2. 齿轮传动

齿轮传动在建筑机械中应用比较广泛，它是利用齿轮间齿与齿的压力来传动的，两个齿轮互相配合在一起工作，称为齿轮的啮合。齿轮传动属刚性传动。

（1）采用齿轮传动时，因啮合传动是个比较复杂的运动过程，对其要求是：

1）传动要平稳。要求齿轮在传动过程中，任何瞬时的传动比保持恒定不变。以保持传动的平稳性，避免或减少传动中的噪声、冲击和振动。

2）承载能力强　要求齿轮的尺寸小，重量轻，而承受载荷的能力大。即要求强度高，耐磨性好，寿命长。

（2）齿轮传动的分类：齿轮类型很多，各种齿轮形状不同，最常见的有：圆柱形齿轮、圆锥形齿轮、涡轮蜗杆等几种。

（3）齿轮的传动比：主动齿轮与从动齿轮的转速（角速度）之比称为齿传动的传动比。表示方法：

$$i = n_1/n_2 = z_2/z_1 \tag{6-1}$$

式中，i——齿轮的传动比；

z_1——主动齿轮的齿数；

z_2——从动齿轮的齿数；

n_1——主动齿轮的转速；

n_2——从动齿轮的转速。

（4）齿轮的失效：齿轮的传动中，在载荷的作用下，如果发生折断，齿面损坏等现象，则齿就失去了正常工作能力，称为齿轮的失效。它的失效形式有轮齿的点蚀；齿面磨损；齿面度胶合；轮齿折断；塑性变形。

3. 涡轮蜗杆传动

涡轮蜗杆传动多用于空间两交叉在90°的传动。涡轮实际上是一个斜齿轮，而蜗杆是一种梯形螺纹。这种传动中，涡轮通常为从动件，而涡杆为主动件。

涡轮蜗杆传动的传动比：

$$i = n_1/n_2 = z_2/z_1$$

式中，i——涡轮蜗杆传动的传动比；

n_1——涡杆的转速；

n_2——涡轮的转速；

z_1——涡杆的头数（即有几根螺旋线）；

z_2——涡轮的齿数。

八、链传动

（一）链传动的类型

链传动是以链条为中间传动件的啮合传动。如图6－17所示链传动由主动链轮、从动链轮和绕在链轮上并与链轮啮合的链条组成。

按照用途不同，链可分为起重链、牵引链和传动链三大类。起重链主要用于起重机械中提起重物，其工作速度 $v \leqslant 0.25\text{m/s}$；牵引链主要用于链式输送机中移动重物，其工作速度 $v \leqslant 4\text{m/s}$；传动链用于一般机械中传递运动和动力，通常工作速度 $v \leqslant 15\text{m/s}$。

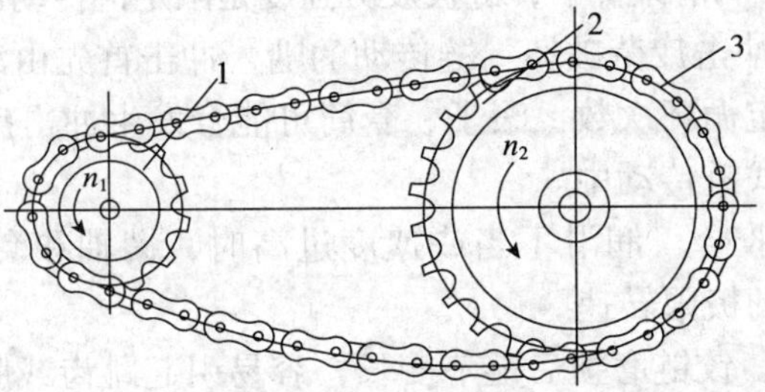

图 6－17　链传动

1. 主动轮；2. 从动轮；3. 链条

传动链有齿形链和滚子链两种。齿形链是利用特定齿形的链片和链轮相啮合来实现传动的，如图 6－18 所示。齿形链传动平稳，噪声很小，故又称无声链传动。齿形链允许的工作速度可达 40m/s，但制造成本高，重量大，故多用于高速或运动精度要求较高的场合。本章重点讨论应用最广泛的套筒滚子链传动。

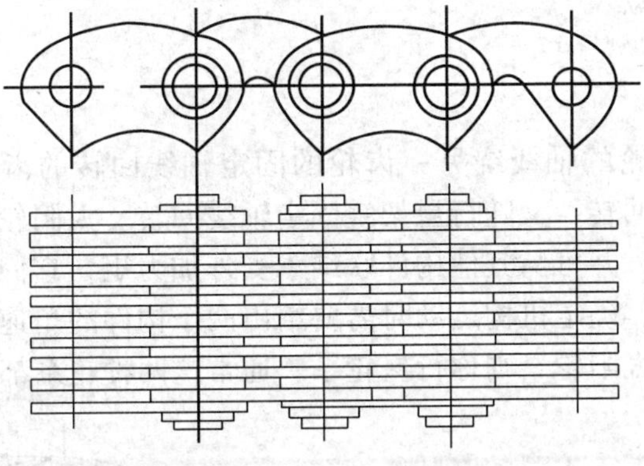

图 6－18　齿形链

（二）链传动的特点

（1）和带传动相比。链传动能保持平均传动比不变；传动效率高；张紧力小，因此作用在轴上的压力较小；能在低速重载和高温条件下及尘土飞扬的不良环境中工作。

（2）和齿轮传动相比。链传动可用于中心距较大的场合且制造精度较低。

（3）只能传递平行轴之间的同向运动，不能保持恒定的瞬时传动比，运动平稳性差，工作时有噪声。

（4）通常链传动传递的功率 $P \leqslant 100\text{kW}$，中心距 $a \leqslant 5 \sim 6\text{m}$，传动比 $i \leqslant 8$，线速度 $v \leqslant 15\text{m/s}$，广泛应用于农业机械、建筑工程机械、轻纺机械、石油机械等各种机械传动中。

（三）失效形式

链传动的失效形式主要有以下几种：

（1）链板疲劳破坏。链在松边拉力和紧边拉力的反复作用下，经过一定的循环次数，链板会发生疲劳破坏。正常润滑条件下，链板疲劳强度是限定链传动承载能力的主要因素。

（2）滚子、套筒的冲击疲劳破坏。链传动的啮入冲击首先由滚子和套筒承受。在反复多次的冲击下，经过一定循环次数，滚子、套筒可能会发生冲击疲劳破坏。这种失效形式多发生于中、高速闭合式链传动中。

（3）销轴与套筒的胶合。润滑不当或速度过高时，销轴和套筒的工作表面会发生胶合。胶合限定了链传动的极限转速。

（4）链条铰链磨损。铰链磨损后链节变长，容易引起跳齿或脱链。开式传动、环境条件恶劣或润滑密封不良时，极易引起铰链磨损，从而急剧降低链条的使用寿命。

（5）过载拉断。这种拉断常发生于低速重载的传动中。

（6）在一定的使用寿命下，从一种失效形式出发，可得出一个极限功率表达式。为了清楚，常用线图表示。为在正常润滑条件下，对应各种失效形式的极限功率曲线。图中阴影部分为实际上使用的区域。若润滑密封不良及工况恶劣时，磨损将很严重，其极限功率会大幅度下降。

九、行星齿轮传动

（一）概念

一个或一个以上齿轮的轴线绕另一齿轮的固定轴线回转的齿轮传动（见图6－19）。行星轮既绕自身的轴线回转，又随行星架绕固定轴线回转。太阳轮、行星架和内齿轮都可绕共同的固定轴线回转，并可与其他构件联结承受外加力矩，它们是这种轮系的三个基本件。三者如果都不固定，确定机构运动时需要给出两个构件的角速度，这种传动称差动轮系；如果固定内齿轮或太阳轮，则称行星轮系。通常这两种轮系都称行星齿轮传动。

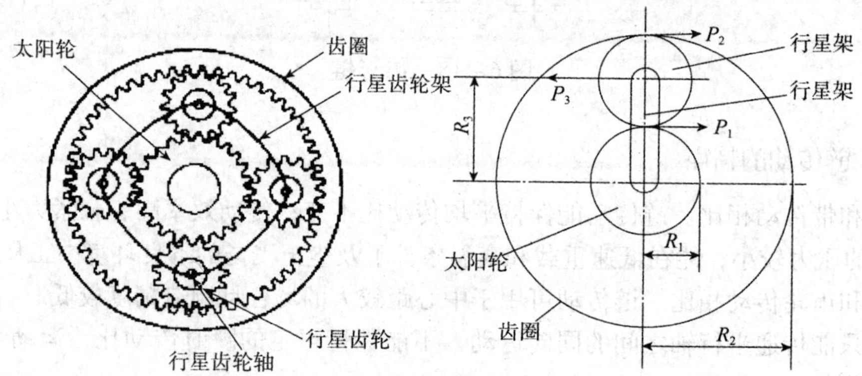

图6－19　行星齿轮

（二）特点和类型

行星齿轮传动的主要特点是体积小，承载能力大，工作平稳；但大功率高速行星齿轮传动结构较复杂，要求制造精度高。行星齿轮传动中有些类型效率高，但传动比不大。另一些类型则传动比可以很大，但效率较低，用它们作减速器时，其效率随传动比的增大而减小；作增速器时则有可能产生自锁。常见行星齿轮传动的类型和性能见常见行星齿轮传动的类型和性能表。差动轮系可以把两个给定运动合成起来，也可把一个给定运动按照要求分解成两个基本件的运动。汽车差速器就是分解运动的例子。行星齿轮传动应用广泛，并可与无级变速器、液力耦合器和液力变矩器等联合使用，进一步扩大使用范围。

（三）传动比

行星齿轮传动的传动比为将行星架固定、行星轮系转化为定轴轮系时齿轮和间的传动比；[w1]、[w2]、[w3] 分别为和的角速度；为在、间外啮合齿轮的对数，为偶数时传动比为正值当这三者中任意二值和各轮齿数已知时，即可应用上式求出另一角速度。

设计

选择齿轮齿数时需要考虑的因素是满足指定的传动比；几个行星轮需装到相应的合理位置；行星轮间各齿顶圆要有一定间隙。此外，还应保证安装以后三个基本件的回转轴线重合，如图 6－19 中内啮合齿轮的中心距必须等于外啮合齿轮的中心距。

行星齿轮传动的齿轮强度计算主要考虑轮齿的接触强度和弯曲强度，可分解为相啮合的几对齿轮副分别计算。在结构设计中主要考虑的是几个行星轮分担的载荷均匀，故应采用均载机构，例如采用基本件“浮动”的均载机构、弹性件的均载机构和杠杆联动均载机构等。

十、摆线针轮传动

摆线针轮减速机是一种应用行星式传动原理，采用摆线针齿啮合的新颖传动装置（见图 6－20）。摆线针轮减速机全部传动装置可分为：输入部分、减速部分、输出部分三部分。在输入轴上装有一个错位 180°的双偏心套，在偏心套上装有两个称为转臂的滚柱轴承，形成 H 机构、两个摆线轮的中心孔即为偏心套上转臂轴承的滚道，并由摆线轮与针齿轮上一组环形排列的针齿相啮合，以组成齿差为一齿的内啮合减速机构（为了减小摩擦，在速比小的减速机中，针齿上带有针齿套）。

当输入轴带着偏心套转动一周时，由于摆线轮上齿廓曲线的特点及其受针齿轮上针齿限制之故，摆线针轮减速机的运动成为既有公转又有自转的平面运动，在输入轴正转周时，偏心套亦转动一周，摆线轮于相反方向转过一个齿从而得到减速，再借助输出机构，将摆线轮的低速自转运动通过销轴，传递给输出轴，从而获得较低的输出转速。

（一）用途

摆线针轮减速机采用摆线针齿啮合、行星式传动原理，所以通常也叫行星摆线减速机，行星摆线针轮减速机可以广泛地应用于石油、环保、化工、水泥、输送、纺织、制

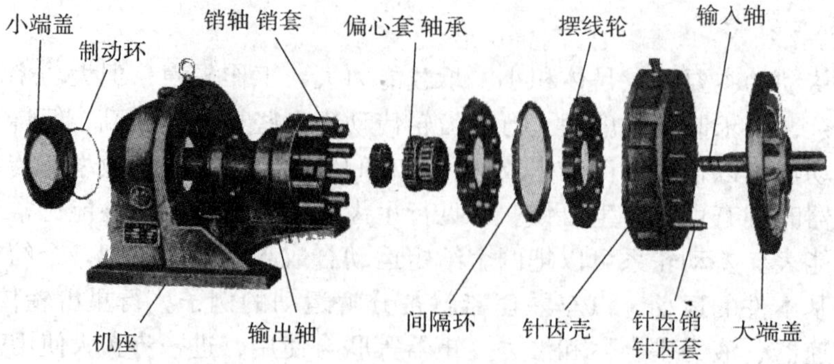

图 6-20　摆线针轮减速机装配图

药、食品、印刷、起重、矿山、冶金、建筑、发电等行业，作为驱动或减速装置，该机分为卧式、立式、双轴型和直联型等装配方式。其独特的平稳结构在许多情况下可替代普通圆柱齿轮减速机及涡轮蜗杆减速机，因此，行星摆线针轮减速机在各个行业和领域被广泛地使用，受到广大用户的普遍欢迎。

（二）使用条件

（1）摆线针轮减速机允许使用在连续工作制的场合，同时允许正、反两个方向运转。

（2）输入轴的转速额定转数为 1500r/min，在输入功率大于 18.5kW 时建议采用 960r/min的 6 极电机配套使用。

（3）卧式安装摆线针轮减速机的工作位置均为水平位置。在安装时最大的水平倾斜角一般小于 15°。在超过 15°时应采用其他措施保证润滑充足和防止漏油。

（4）摆线针轮减速机的输出轴不能受较大的轴向力和径向力，在有较大轴向力和径向力时须采取其他措施。

第七章 液压传动知识

第一节 液压传动的意义

当今建筑机械中使用液压系统十分广泛。尽管还有电气、气动或机械系统可供选择利用，但是液压系统已越来越多地被应用。例如在上回转自升式塔式起重机上，利用液压系统将塔机上部顶起或降下，从而引入或引出塔身标准节，实现塔机的升节或降节。

为什么使用液压系统？原因很多，部分原因是由于液压系统在动力传递中具有用途广、效率高和操作简单的特点。液压系统的任务就是将动力从一种形式转变成另一种形式。

第二节 液压传动的定义和工作原理

一部完整的机器一般主要由原动机、传动机构和工作机三部分组成，由于原动机的功率和转速变化范围有限，为了适应工作机的工作力矩（转矩）和工作速度（转速）变化范围较宽的要求，以及其他操纵性能（如停车、换向等）的要求，在原动机和工作机之间设置了传动机构（或称传动装置）。传动机构通常分为机械传动、电气传动和流体传动机构。流体传动机构是以流体为工作介质进行能量转换、传递和控制的传动，包括液体传动和气体传动。液体传动是以液体为工作介质的流体传动，包括液力传动和液压传动。

液压传动是主要利用液体压力能的传动。

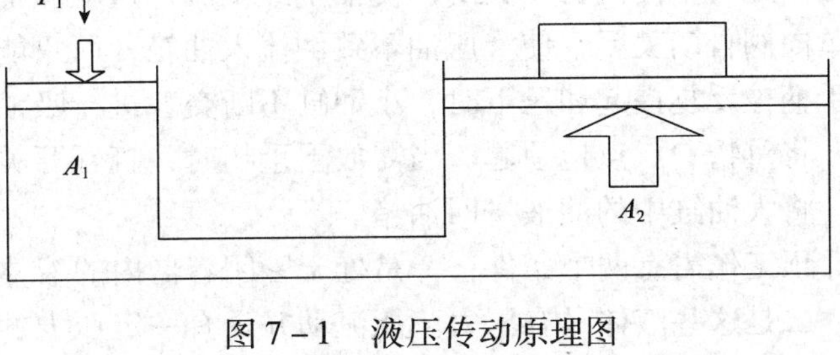

图 7－1　液压传动原理图

一、帕斯卡定律和基本方程式

加在密闭液体任一部分的压强，必然按其原来的大小，由液体向各个方向传递。这就是帕斯卡定律。

在帕斯卡定律中，压强和作用力之间有两个重要关系，它们是以下两项等式：

$$P = F/A \tag{7-1}$$

$$F = P \cdot A \tag{7-2}$$

式中，F——作用力；

P——压强；

A——面积。

液压传动机正是根据这一原理制成。下面就用一个简单的装置说明其工作原理。

如图 7-1 所示，A_1、A_2 为两个直径不同的液压缸，底部用管道连接，缸内充满液体。设液压缸 A_1 中的活塞面积 $S_1 = 10\text{cm}^2$，油缸 A_2 中的活塞面积 $S_2 = 100\text{cm}^2$。当在液压缸 A_1 的活塞上加力 $F_1 = 10\text{kN}$ 时，液压缸 A_1 中的液体单位面积受压强为：$F_1/S_1 = 1\text{kN/cm}^2$。

根据帕斯卡定律，液压缸 A_2 中的活塞上也受到 1kN/cm^2 的压强，即 $F_1/S_1 = F_2/S_2$，这样液压缸 A_2 中的活塞上会产生 100kN 的向上推力 F_2。由这个例子可以看出，加在液压缸 A_1 活塞上的力，由于密闭在两个连通液压缸中的液体的作用，被传递到液压缸 A_2 的活塞上，并且这个力得到了放大，这就是液压传动的工作原理。

有一点需要说明：如果液压缸 A_2 的活塞上没有负载，则在液压缸 A_1 的活塞上也无法施加 10kN 的外力。这是液压传动中一条很重要的原理：液压系统的压力取决于外部负载。

二、液压传动装置的工作原理与组成

液压传动是指利用密闭工作容积内液体压力能的传动。油压千斤顶就是一个简单的液压传动的实例。

图 7-2 是油压千斤顶的结构图，为明了起见，用符号表示其有关零部件，画出它的液压系统，如图 7-2（b）所示。油压千斤顶的小油缸、大油缸、油箱以及它们之间的连接通道构成一个密闭的容器，里面充满着液压油。在开关关闭的情况下，当提起手柄时，小油缸的柱塞上移使其工作容积增大形成真空，油箱里的油便在大气压作用下通过滤网和单向阀进入小油缸，压下手柄时，小油缸的柱塞下移，挤压其下腔的油液，这部分压力油便顶开单向阀进入大油缸，推动大柱塞从而顶起重物。再提起手柄时，大油缸内的压力油将力图倒流入小油缸，此时单向阀自动关闭，使油不致倒流，这就保证了重物不致自动落下；压下手柄时，单向阀自动关闭，使液压油不致倒流入油箱，而只能进入大油缸以将重物顶起。这样，当手柄被反复提起和压下时，小油缸不断交替进行吸油和排油过程，压力油不断进入大油缸，将重物一点点地顶起。当需放下重物时，打开开关，大油缸的柱塞便在重物作用下下移，将大油缸中的油液挤回油箱。

可见，油压千斤顶工作需有两个条件：一是处于密闭容器内的液体由于大小油缸工作容积的变化而流动。二是这些液体具有压力。能流动并具有一定压力的液体能做功，我们说它有压力能。油压千斤顶就是利用油液的压力能将手柄上的力和手柄的移动转变为顶起重物的力和重物在此力作用下的升起。小油缸的作用是将手动的机械能转换为油液的压力能，大油缸则将油液的压力能转换为顶起重物的机械能。

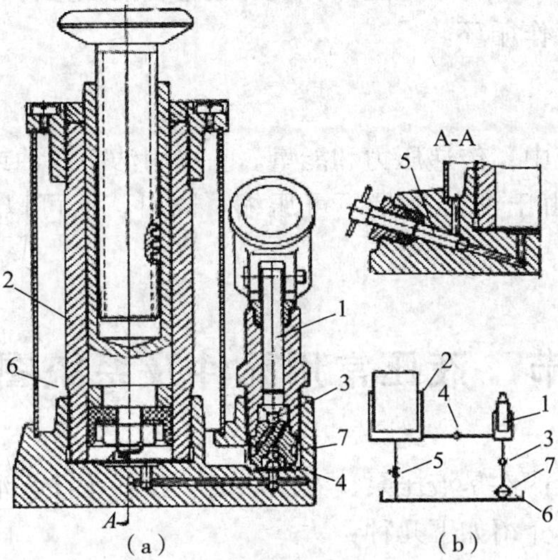

图 7－2　液压千斤顶结构与原理图

1. 小油缸；2. 大油缸；3、4. 单向阀；5. 泄油阀；6. 油箱；7. 滤油

三、液压传动系统的组成

一个能完成能量传递的液压系统由五部分组成：

(一) 动力部分

动力部分将机械能转换为压力能，为液压传动系统提供工作动力。动力部分的元件是液压泵，其职能是将机械能转换为液体的压力能，它是液压系统的动力元件。以上例子中油压千斤顶的小油缸即起泵的作用。

(二) 工作部分

工作部分即执行元件，其职能是将液体的压力能转换为机械能。执行元件包括液压缸和液压马达，液压缸带动负荷做往复运动；液压马达带动负荷做旋转运动。上例中图 7－2 中大油缸就是油压千斤顶的执行元件。

(三) 控制部分

控制部分即控制调节装置。按照液压传动系统工作的需要，对系统的压力、执行机构的运动速度、运动方向及动作顺序进行控制。这部分的元件有溢流阀、节流阀、换向阀、平衡阀及液压锁等。在液压系统中各种阀用以控制和调节各部分液体的压力、流量和方向，以满足机械的工作要求，完成一定的工作循环。上例中油压千斤顶的单向阀和开关就是控制液流方向的。开关还可控制液流流量，从而控制重物下降的快慢。

（四）辅助装置

辅助装置包括油箱、滤油器、油管及管接头、密封件、冷却器、蓄能器等。设计液压系统就是根据机械的工作要求合理地选择和设计上述各液压元件，并将它们合理地组合在一起，使之完成一定的工作循环。

（五）工作介质

工作介质充满在系统中，传递压力和能量。一般用洁净的油或水做工作介质。大部分液压系统使用油，这是由于油几乎是不可压缩。同时，油可以在液压系统中起润滑剂作用。

第三节　液压常用元件及系统图实例

液压系统中的主要元器件是液压泵、液压油缸、控制元件、油管和管接头、油箱和液压油滤清器等。现只简单介绍如下几种：

一、液压泵

液压泵按构造可分为：齿轮式液压泵、柱塞式液压泵和叶片式液压泵。塔机上的液压系统主要采用齿轮式液压泵和柱塞式液压泵，以齿轮式液压泵应用较为普遍。

二、液压油缸

液压油缸简称液压缸；是液压系统中的执行元件。从功能上来看，液压缸与液压马达同是把工作油流的压力能转变为机械能的转换装置。不同之点在于，液压马达用于旋转运动，而液压缸则以压力能转换为直线运动。液压缸的特点是：构造简单，工作可靠。

三、控制元件

在塔机液压系统中采用多种不同控制元件来操纵和控制工作油液的流向、压力和流量。根据控制职能的不同，液压控制阀可分为：

（一）方向控制阀

方向控制阀用来控制液压系统中油液的流向，操纵执行元件的运动（如动作、停止和改变运动方向）。按其功用，可分为单向阀和换向阀两大类。

单向阀又称止逆阀或止回阀。其功用是保证油液只能朝一个方向流动，不能更改方向。

换向阀又称分配阀或换向滑阀。其职能是控制液压油液的流动方向，通过改变滑阀在阀体中的位置来接通不同的油路，使油液改变流向，从而改换执行元件的运动方向。

（二）压力控制阀

这种阀可根据调定的工作油流的压力而动作，其职能是控制和保护液压系统不被高压所损坏。属于压力控制阀类的控制元件有：安全阀、溢流阀、限压阀和平衡阀等。

（三）流量控制阀

流量控制阀包括节流阀、限速阀和分流集流阀等，主要用以调节液压系统中的油液流量，使执行元件以一定速度运动。

液压系统由许多元件组成，如果用各元件的结构图来表达整个液压系统，则绘制起来非常复杂，而且往往难以将其原理表达清楚，因而实践中常以各种符号表示元件的职能、将各元件的符号用通路联接起来组成液压系统图以表示液压传动及控制系统的原理。图 7－2（b）就是油压千斤顶的系统图。

第四节　液压传动的特点

任何一部完整的机器都有动力部分和工作装置，能量从动力部分到工作装置的传递的形式，如前所述可分为机械传动、电力传动、液压传动和气压传动四大类。

一、液压传动的主要优点

与其他各种传动形式相比，液压传动的主要优点是：

（1）易于大幅度减速，从而可获得较大的力和扭矩，并能实现较大范围的无级变速，使整个传动简化。易于实现直线往复运动，以直接驱动工作装置。各液压元件间可用管路连接，故安装位置自由度多，便于机械的总体布置。

（2）能容量大，即较小重量和尺寸的液压件可传递较大的功率。例如，液压泵与同功率的电机相比外形尺寸为后者的 12% ~13%，重量为后者的 10% ~20%。这样，再加上前述优点就可以使整个机械的重量大大减轻。由于液压元件的结构紧凑、重量轻，而且液压油具有一定的吸振能力，所以液压系统的惯量小、启动快、工作平稳，易于实现快速而无冲击地变速与换向，应用于机械车辆上，可减少变速时的功率损失。

（3）液压系统易于实现安全保护，同时液压传动比机械传动操作简便、省力，因而可提高机械生产率和作业质量。

（4）液压传动的工作介质本身就是润滑油，可使各液压元件自行润滑，因而简化了机械的维护保养，并利于延长元件的使用寿命。

（5）液压元件易于实现标准化、系列化、通用化，便于组织专业性大批量生产，从而可提高生产率、提高产品质量、降低成本。

（6）与电、气配合，可设计出性能好、自动化程度高的传动及控制系统。

二、液压传动的缺点

事物都是一分为二的，在比较各种传动方式时，也要看到液压传动的缺点。

（1）液压油的泄漏难以避免，外漏会污染环境并造成液压油的浪费，内漏会降低传动效率，并影响传动的平稳性和准确性，因而液压传动不适用于要求定比传动的场合。当前液压传动比机械传动的效率低，这是许多机械传动还不能被液压传动取代的主要原因。

（2）液压油的黏度随温度变化而变化，从而影响传动机构的工作性能，因此在低温及高温条件下，均不宜采用液压传动。

（3）由于液体流动中压力损失大，故不适用于远距离传动。

（4）零件加工质量要求高，因而目前液压元件成本较高。

第五节　液压油的使用常识

一、液体的黏度

液体在外力作用下流动时，液体内各层的运动速度不同。液体分子间的相互作用力在液体间产生内部摩擦力，以阻止液层间的相对滑动，这就是液体的黏性。液体的黏性大小用黏度表示。

液体的黏度是选择液压油的重要指标之一，液体黏度大小要影响到液压系统的效率和寿命。液体黏度过大，内部摩擦力大，系统动作减慢，工作温度升高，系统的效率降低，且液压油易氧化变质。若液体黏体度过小，则会引起液压系统的外部泄漏和内部泄漏，使系统的效率降低。

二、温度对液压油影响

液压油的黏度随温度的变化而改变。工作温度高，黏度降低；工作温度低，黏度高。因此，除按机械使用说明正确选用液压油外，在高寒地区或高温地区作业时，应按当地的工作温度对液压油的牌号进行相应的调整，以保证液压系统的工作效率和液压油的使用寿命。

三、液压油的失效形式

液压系统中，液压油既是传递压力和能量的介质，又担负液压元件的润滑和液压系统散热等多项职能。经过一定时间的使用后液压油则会因各种原因而失效，失效的形式主要有以下几种：

（1）污染：密封件磨损产生的橡胶及金属微粒和外部粉尘都会对液压油造成污染，使液压油的洁净度变差，当污染严重进，会磨损液压件、损坏液压密封件。

（2）氧化变质：液压油与空气接触后发生化学反应，油液的物理和化学性能都要发生变化。油液的颜色逐渐变深，黏度增大，酸值升高，这就是油液的氧化变质。一般液压油都有较强抗氧化性，但工作温度过高及油液中的金属微粒都会加快液压油的氧化变质。

（3）乳化变质：液压油中混入一定量的水，经搅动后油液会变成乳白色的液体，这就是液压油的乳化变质。

四、液压油的合理选择及使用

液压油应按机械制造厂家在产品使用手册中指定的规格选用。如确实需要代用，应选择与之黏度、黏度指数、抗氧化安定性等技术指标接近的油品代用。

使用中应注意：

（1）注液压油的容器应保持洁净（最好专用）。

（2）定期清洁液压油滤清器。

（3）定期检查液压油油质。

（4）液压油油量不足需添加时，应选用同一厂家、同一规格的油品加入。不得将不同厂家，不同规格的油品混用。

（5）更换液压油时，应将液压系统中的旧油放净，用少量干净油将系统清洗干净后再加入新油。

第八章

钢结构知识

第一节　钢结构常用钢材

为保证钢结构的承载能力和防止在一定条件下出现脆性破坏，应根据结构的重要性、荷载特征（是否直接承受动荷载）、结构形式、应力状态、连接方式（焊接或非焊接结构）、钢材厚度和工作环境（是否低温工作）等因素综合考虑，选用合适的钢材牌号和材性。

钢结构的钢材宜采用 Q235、Q345、Q390 和 Q420，其质量应分别符合现行国家标准《碳素结构钢》（GB/T 700—2006）和《低合金高强度结构钢》（GB/T 1591—2008）的规定。当采用其他牌号的钢材时，也应符合相应有关标准的规定和要求。

钢结构采用的钢材应具有抗拉强度、伸长率、屈服强度和硫、磷含量的合格保证，对焊接结构尚应具有碳当量的合格保证。焊接塔机钢结构以及重要的非焊接钢结构采用的钢材还应具有冷弯试验的合格保证。钢结构的钢材，其拉伸性能应有明显的屈服台阶，实际供货钢材的屈强比不应大于 0. 85，伸长率应大于 20%。

一、起重设备中常用的钢材及其性能

表 8－1　钢材的强度设计值

钢材		屈服强度/（N/mm^2）	抗拉强度/（N/mm^2）	
牌号	厚度或直径/mm		厚度/mm	
Q235	≤16	235	≤16	370～500
	＞16～40	225	＞16～40	
	＞40～60	215	＞40～60	
	＞60～100	215	＞60～100	
	＞100～150	195	＞100～150	
	＞150～200	185	＞150～200	

续表

钢材		屈服强度/（N/mm^2）	抗拉强度/（N/mm^2）	
牌号	厚度或直径/mm		厚度/mm	
Q345	≤16	≥345	≤100	470～630
	>16～40	≥335		
	>40～63	≥325		
	>63～80	≥325		
	>80～100	≥305		
	>100～150	≥285	>100～150	450～600
Q390	≤16	≥390	≤100	490～650
	>16～40	≥370		
	>40～63	≥350		
	>63～80	≥330		
	>80～100	≥330		
	>100～150	≥310	>100～150	470～620
Q420	≤16	≥420	≤100	520～680
	>16～40	≥400		
	>40～63	≥380		
	>63～80	≥360		
	>80～100	≥360		
	>100～150	≥340	>100～150	500～650

二、对属于下列情况之一的钢材，应进行抽样复验

（1）国外进口钢材；
（2）钢材混批；
（3）板厚等于或大于 40 mm，且设计有 Z 向性能要求的厚板；
（4）建筑结构安全等级为一级，大跨度钢结构中主要受力构件所采用的钢材；
（5）设计有复验要求的钢材；
（6）对质量有疑义的钢材。

第二节　钢结构的焊接联结

一、起重设备钢结构焊接的一般要求

（1）焊工应经过考试取得上岗资格证才能担任相应的焊接工作，对关键焊缝、重要焊

缝应由有相应资质的焊工进行焊接。

（2）焊接前应检查并确认焊接设备及辅助工具等是否处于合格状态。

（3）焊接工作宜在室内进行，当零部件表面潮湿或暴露于雨雪条件下，不得进行焊接作业。

（4）关键焊缝、重要焊缝或碳素结构钢板厚度大于 50 mm、低合金结构钢板厚度大于 40 mm，其焊接规程应通过工艺评定确认。

（5）焊条、焊剂和药芯焊丝必须按产品说明书的规定进行烘干，焊丝宜采用镀铜焊丝，非镀铜焊丝使用前应除去浮锈和油污。

（6）焊工施焊应按规定的工艺和焊接作业指导书进行操作，对关键焊缝、重要焊缝的焊接还应填写施焊记录，并在规定位置做出焊工标识。

（7）焊接工艺评定报告和关键焊缝、重要焊缝的施焊记录保存期不少于 5 年。

二、焊材的选择

起重机械钢结构件钢材应按图样的要求选用。常用钢材与所需焊条、焊丝、焊剂的选配可参照表 8－2。

钢材的屈服强度大于 420 MPa 或工艺上有特殊要求者，应通过焊接工艺评定后按有关标准确定匹配的焊接材料（见表 8－2）。

表 8－2（a）　常用钢材与焊条（焊丝）的选配

钢材	焊条	备注
Q235	E4301	—
	E4303	—
	E4315	重要构件
	E4316	重要构件
Q295	E4303	—
	E4315	重要构件
	E4316	重要构件
Q345	E5001	—
	E5003	—
	E5015	重要构件
	E5016	重要构件
Q390	E5001	—
	E5003	—
	E5015	重要构件
	E5016	重要构件
Q420	E5515	—
	E5516	重要构件
	E5518	重要构件

表8－2（b）

钢材	埋弧焊用焊剂—焊丝	气体保护焊用焊丝	备注
Q235、Q295	F4A2－H08、F4A2－H08A	ER49－1、ER50－6	H08仅用于构造焊缝
Q345	F4A0－H10Mn2 F5A2－H10Mn2	ER50－6 ER50－7	

表8－2（c）

钢材	埋弧焊用焊剂—焊丝	气体保护焊用焊丝	备注
Q390	F5A2－H10Mn2 F55A2－H08MnMoA	ER55－G	H08仅用于构造焊缝
Q420	F55A2－H08MnMoA	ER55－G	

表8－3　常见焊接材料产品标准

标准号	标准名称
GB/T 5117—2012	非合金钢及细晶粒钢焊条
GB/T 5118—2012	热强钢焊条
GB/T 14957—1994	熔化焊用钢丝
GB/T 8110—2008	气体保护电弧焊用碳钢、低合金钢焊丝
GB/T 10045—2001	碳钢药芯焊丝
GB/T 17493—2008	低合金钢药芯焊丝
GB/T 5293—1999	埋弧焊用碳钢焊丝和焊剂
GB/T 12470—2003	埋弧焊用低合金钢焊丝和焊剂
GB/T 10432.3—2010	储能焊用无头焊钉
GB/T 10433—2002	电弧螺柱焊用圆柱头焊钉

用于重要焊缝的焊接材料，或对质量合格证明文件有疑义的焊接材料，应进行抽样复验，复验时焊丝宜按五个批（相当炉批）取一组试验，焊条宜按三个批（相当炉批）取一组试验。

用于焊接切割的气体应符合《钢结构焊接规范》（GB 50661—2011）和表8－4所列常见焊接切割用气体标准的规定。

表8－4　常见焊接切割用气体标准

标准号	标准名称
GB/T 4842—2006	氩
GB/T 6052—2011	工业液体二氧化碳
HG/T 2537—1993	焊接用二氧化碳

续表

标准号	标准名称
GB 16912—2008	深度冷冻法生产氧气及相关气体安全技术规程
GB 6819—2004	溶解乙炔
HG/T 3661.1—1999	焊接切割用燃气—丙烯
HG/T 3661.2—1999	焊接切割用燃气—丙烷
GB/T 13097—2007	工业用环氧氯丙烷
HG/T 3728—2004	焊接用混合气体氩—二氧化碳

第三节　钢结构的螺栓连接

普通螺栓、高强度大六角头螺栓连接副、扭剪型高强度螺栓连接副应符合表 8－5 所列现行国家标准的规定。

表 8－5　钢结构连接用紧固件标准

标准号	标准名称
GB/T 5780—2000	六角头螺栓 C 级
GB/T 5781—2000	六角头螺栓全螺纹 C 级
GB/T 5782—2000	六角头螺栓
GB/T 5783—2000	六角头螺栓 全螺纹
GB/T 1228—2006	钢结构用高强度大六角头螺栓
GB/T 1229—2006	钢结构用高强度大六角螺母
GB/T 1230—2006	钢结构用高强度垫圈
GB/T 1231—2006	钢结构用高强度大六角头螺栓、大六角螺母、垫圈技术条件
GB/T 3632—2008	钢结构用扭剪型高强度螺栓连接副
GB/T 3098.1—2010	紧固件机械性能螺栓、螺钉和螺柱

高强度大六角头螺栓连接副和扭剪型高强度螺栓连接副应分别有扭矩系数和紧固轴力（预拉力）的出厂合格检验报告，并随箱带。

普通螺栓作为永久性连接螺栓时，当设计文件要求或对其质量有疑义时，应进行螺栓实物最小拉力载荷复验，复验时每一规格螺栓抽查 8 个。

表 8－6　高强度紧固件的推荐材料及适用规格

类别	性能等级	推荐材料	材料标准号	适用规格
螺栓	12.9	35CrMo. 40Cr. 42CrMo	GB 3077	所有规格

续表

类别	性能等级	推荐材料	材料标准号	适用规格
螺栓	10.9	20MnTiB	GB 3077	≤M24
		35VB	GB 1231	≤M30
		40Cr	GB 3077	所有规格
		45	GB 699	≤M22
	9.8 8.8	45	GB 699	≤M22
		35	GB 699	≤M16
		40Cr、40B	GB 3077	所有规格
螺母	12	35CrMo. 40Cr. 42CrMo.	GB 3077	
	10	45，35	GB 699	
		15MnVB	GB 3077	
		40Cr	GB 3077	
	9 8	35	GB 699	
		45	GB 699	
		40Cr	GB 3077	
垫圈	300HV	45，35	GB 699	所有规格

高强度螺栓、螺母、垫圈的性能等级使用组合应按以下的规定执行（见表8－7）。

表8－7　高强度螺栓、螺母、垫圈的性能等级

螺栓性能等级	12.9	10.9	9.8	8.8	
螺母性能等级	12	10	9	9	8
垫圈性能等级	300 HV				
适用规格范围	所有规格		≤M16	＞M16 ≤M39	所有规格

第四节　钢结构的涂装材料

一、涂装前的表面处理

所有用于设备制造的钢铁原材料，涂漆前均需进行表面除锈处理。

所有需要进行涂装的钢铁原材料或制件表面，在涂漆前必须将铁锈、氧化皮、油脂、灰尘、泥土、盐和污物等清除干净。

除锈前，应先用有机溶剂、碱液、乳化剂、蒸汽等除去钢铁表面的油脂、污垢。

钢铁表面除锈方法、除锈等级及适用范围见表8－8。表中Sa及St各等级的除锈要求及评定方法按《涂覆涂料前钢材表面处理 表面清洁度的目视评定 第1部分：未涂覆过的钢材表面和全面清除原有涂层后的钢材表面的锈蚀等级和处理等级》（GB/T 8923.1—2011）的规定。

焊接件在组装焊接后需要进行热处理的，应将除锈工序放在热处理之后进行（见表8－8）。

表8－8 钢铁表面除锈方法、除锈等级及适用范围

除锈方法	除锈等级 GB/T 8923	适用范围
喷射或抛射除锈	Sa2	辅助部件或辅助设备及用于轻度腐蚀性环境中的钢铁制件表面； 与混凝土接触或埋入其中的钢铁制件表面
	Sa2 1/2	主要部件或主要设备及用于腐蚀性较强的环境中的钢铁制件表面； 长期在潮湿、潮热、烟雾等环境下作业的钢铁制件表面； 与高温接触并且需要涂耐热漆的钢铁制件表面
	Sa3	与液体介质或腐蚀性介质接触的表面，如油箱、减速机箱、水箱等内表面
手工或动力工具除锈	St2	与高温接触但不需要涂耐热漆的钢铁制件
	St3	受设备限制，无法进行喷丸除锈的特大钢铁构件； 钢铁构件形状特殊无法进行喷丸除锈的部位
酸洗除锈	—	设备上的各类钢制管道；不能喷丸的薄板件（壁厚小于5 mm）； 结构复杂的中、小型零件

二、起重设备常用的涂料

钢结构防腐涂料、稀释剂和固化剂，应按设计文件和相关现行国家标准选用，其品种、规格、性能等应符合设计文件及相关现行国家标准的要求。

表8－9 起重设备常用的涂料

类别	推荐品种	厚度要求
底漆	铁红醇酸底漆、铁红环氧酯底漆、硅酸锌防锈漆、磷酸锌底漆、环氧富锌底漆等	各种涂料的涂层厚度（干膜），根据涂料配套漆系确定
中间漆	环氧云母氧化铁漆，环氧中间漆、磷酸锌底漆等	
面漆	醇酸磁漆、氯化橡胶面漆、聚氨酯面漆、丙烯酸磁漆、醇酸铝粉漆、环氧面漆等	
耐油漆	过氯乙烯油箱漆、环氧耐油漆、聚氨酯耐油漆，硝基内用磁漆（底、面漆应配套，且涂层不易太厚）等	
耐高温漆	无机硅酸锌底漆、有机硅耐热漆、醇酸铝粉漆、各色硼钡漆等	
耐潮湿漆	氯化橡胶漆、焦油环氧沥青防锈漆等	

三、机器产品特殊部位的涂装要求

（1）铆接件相互接触的表面，在连接前必须涂以厚度为 30 ~ 40 μm 的底漆。所用涂料品种应是涂料配套漆系中的漆种。搭接边缘应用油漆、腻子或黏合剂封闭。在加工或焊接过程中损坏的漆面，应重新进行表面处理和涂装。

（2）不封闭的箱形梁、箱形结构的内表面、各类安全罩的内表面等，无特殊要求的，一般须涂 60 ~ 80μm 厚的底漆，封闭的箱形梁、箱形结构的内表面不涂漆。

（3）装配后不能靠近、无法涂装的部位，应在装配前完成涂漆。

（4）有涂漆要求的有色金属表面，应根据不同情况，选用相适应的底漆、面漆。如锌表面应选用磷化底漆或磷酸锌底漆等。面漆（或中间漆）要与底漆配套。

（5）高强度螺栓联接件结合面，应根据摩擦系数的不同或按图样要求，在喷砂后涂高固体份、高锌粉含量（80%）的无机富锌底漆，厚度为 60μm。或者涂刷两层过氯乙烯可剥清漆（两层之间贴一层纱布）加以保护，联接前再将可剥清漆剥除。必要时，表面还应使用薄铁皮加以覆盖。

（6）属下列情况之一的，不进行涂装。

1）产品或部件与混凝土接触或埋入混凝土中的部位、紧贴耐火材料的部位；

2）机械加工的配合面、工作面、摩擦面；

3）配管的各种阀、泵及法兰表面；

4）不锈钢制件表面；

5）钢丝绳、地脚螺栓及其底板；

6）电镀表面、无特殊要求的有色金属表面；

7）非金属制件表面；

8）电动机等外购机电配套件表面。

第九章 吊装知识

第一节 物体重心的判断

在生产施工中构件的吊装、大型设备整体翻转以及各种物体的运输吊装，都遵循和运用物体重力与外力平衡的规律进行作业，否则由于吊点选择不当，起吊时物体就会失去平衡，造成发生翻倒或滑脱事故。因此，在起重作业中，确定被吊物体的重心位置是重要的基础环节。

一、重心位置确定

物体的重心位置，质量均匀分布的物体（均匀物体），重心的位置只跟物体的形状有关。有规则形状的物体，它的重心就在几何中心上，例如，均匀细直棒的中心在棒的中点，均匀球体的重心在球心，均匀圆柱的重心在轴线的中点。不规则物体的重心，可以用悬挂法来确定。物体的重心，不一定在物体上，如圆环形、月亮形等。

质量分布不均匀的物体，重心的位置除跟物体的形状有关外，还跟物体内质量的分布有关。载重汽车的重心随着装货多少和装载位置而变化，起重机的重心随着提升物体的重量和高度而变化。

过重心的一条直线或切面把物体或图形分成两份，则两份的体积或面积不一定相等。不是所有过重心的直线或切面都平分物体或图形的面积或体积，例如过正三角形重心是平行一边的一条直线把三角形分成面积比为4:5的两部分。关于这一点，可以用物理学的杠杆原理解释：分成的两块图形的重心分别到三角形重心的距离相当于杠杆的两个力臂，而两图形的面积相当于杠杆的两个力。因为重心相当于两个图形的面积“集中”成的一点。如以上的例子，分割成的两个图形重心分别到三角形重心的距离正好等于5:4。

二、其他图形重心

下述几何体都是均匀的，线段指细棒，平面图形指薄板。

三角形的重心就是三边中线的交点。

线段的重心就是线段的中点。

平行四边形的重心就是其两条对角线的交点，也是两对对边中点连线的交点。

圆的重心就是圆心，球的重心就是球心。

锥体的重心是顶点与底面重心连线的四等分点上最接近底面的一个。

四面体的重心同时也是每个定点与对面重心连线的交点，也是每条棱与对棱中点确定平面的交点。

三、如何寻找重心

下面是一些寻找形状不规则或质量不均匀物体重心的方法。

1. 悬挂法

只适用于薄板（不一定均匀）。首先找一根细绳，在物体上找一点，用绳悬挂，划出物体静止后的重力线，同理再找一点悬挂，两条重力线的交点就是物体重心。

2. 支撑法

只适用于细棒（不一定均匀）。用一个支点支撑物体，不断变化位置，越稳定的位置，越接近重心。

一种可能的变通方式是用两个支点支撑，然后施加较小的力使两个支点靠近，因为离重心近的支点摩擦力会大，所以物体会随之移动，使另一个支点更接近重心，如此可以找到重心的近似位置。

3. 针顶法

同样只适用于薄板。用一根细针顶住板子的下面，当板子能够保持平衡，那么针顶的位置接近重心。

与支撑法同理，可用3根细针互相接近的方法，找到重心位置的范围，不过这就没有支撑法的变通方式那样方便了。

4. 用铅垂线找重心（任意一图形，质地均匀）

用绳子找其一端点悬挂，后用铅垂线挂在此端点上（描下来）。而后用同样的方法作另一条线。两线交点即其重心。

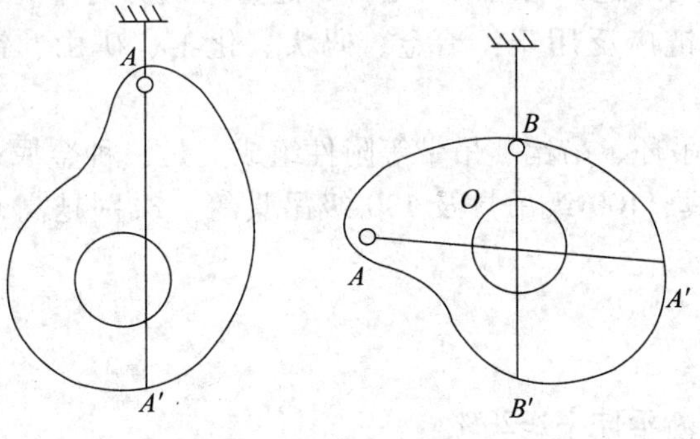

图9-1 悬挂法求重心

四、以下几何形状物体重心的确定

长方形物体的重心位置在其对角线的交点上；圆柱形物体的重心在其中间横截面的圆心上；三角形物体的重心在其三条中心线的交点上。下面为部分重心实例图（见图9－2）：

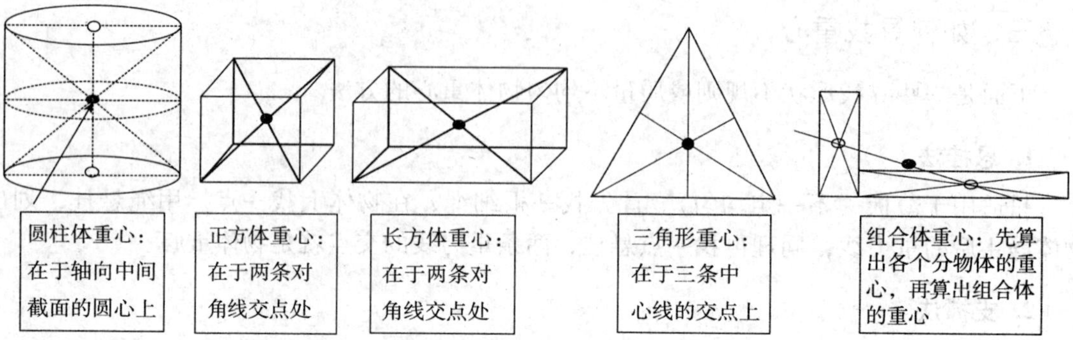

图9－2　部分重心实例图

第二节　起重吊具的种类与选择

在起重作业中，工件的捆绑吊挂不正确会使工件变形损伤，甚至因吊索断裂或脱钩致重物坠落造成人身伤害及设备损坏的重大事故。所以起重机装拆工必须熟悉起重吊挂知识，在作业中与起重挂钩工密切协作才能安全、高效、优质地完成起重运输任务。

一、吊具的种类

1. 链式吊具

吊链通常是指用于悬挂或起重的环链。有锰钢材质吊链，圆环吊链，合金钢吊链，防护吊链，护栏吊链，起重吊链，船用吊链之分，起重吊链分为单腿吊链、双腿吊链、三腿吊链及四腿吊链等。吊链广泛用于：冶金、码头、化工、矿山、钢铁、电力、石油、港口、建筑机械等行业。

链式吊具由吊链和吊环、吊钩、吊带等附件组成，是一种金属吊索具，按承载能力分为60级吊具，80级吊具，100级吊具及120级吊具等。级别越高，同样规格的链条承载能力越高。

优点：

（1）承载能力高。

（2）安全性好，破断延伸率≥20%。

（3）组合形式多样，通用性、互换性强。

（4）长短可调、易于存放。

（5）使用寿命长。

（6）使用温度范围大。

（7）易于检测，方便快捷。

缺点：

（1）价格较吊带、钢丝绳偏高。

（2）自重偏大。

吊点：吊点是指固定在物体表面，用于起吊重物的吊点，按固定形式分为螺栓型、焊接型两种。

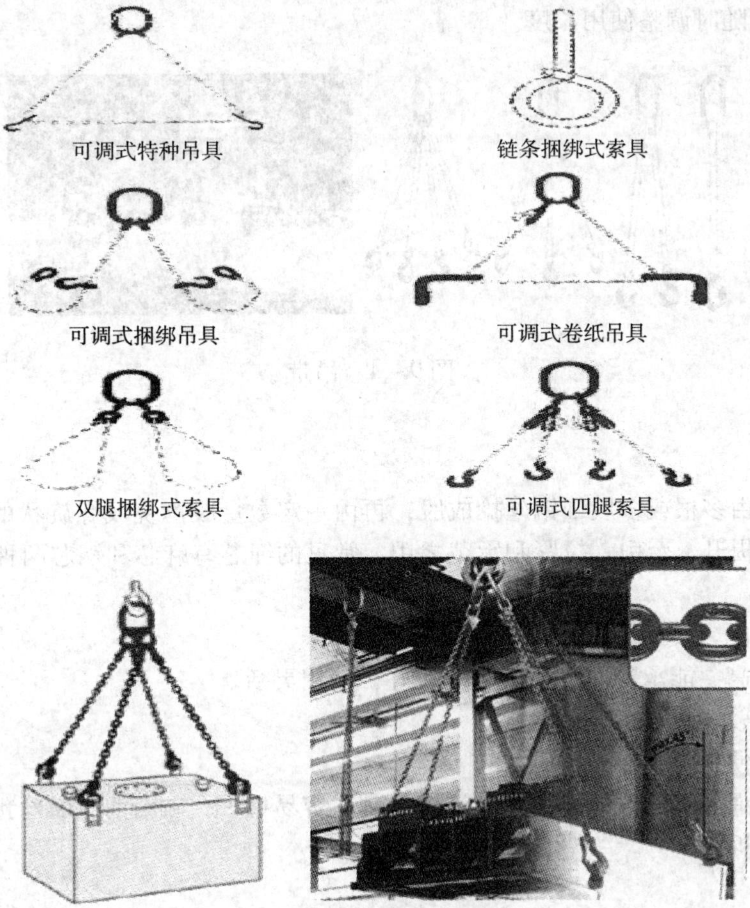

图9－3　吊链

2. 吊带

吊带可按材料分成多种，主要有合成纤维吊带。

合成纤维吊装带采用高强度聚酯（耐酸不耐碱）、或聚丙烯（耐酸碱）、聚酰胺（耐碱不耐酸）工业强力长丝为原料，经工业织机编织或缠绕穿心而成。

优点：

（1）保护被吊物品，使其表面不被损坏。

（2）高强度、轻便、便于携带及可进行吊装准备工作。

（3）柔软便于操作。

（4）不腐蚀、不导电。

缺点：

（1）吊装中容易被尖角割伤。

（2）不适用于高温及高沙尘环境，使用温度≤100℃。

（3）耐磨性低。

（4）不能随时调整使用长度。

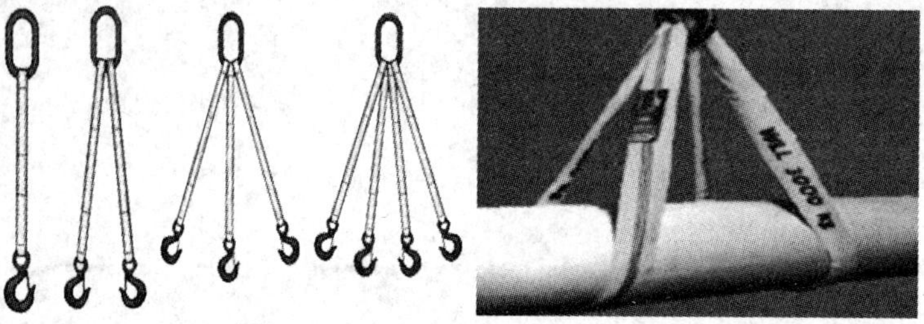

图 9－4　吊带

3. 钢丝绳

钢丝绳是由多根或多股细钢丝捻成股，再由一定数量股捻绕成螺旋状的绳。在物料搬运机械中，供提升、牵引、拉紧和承载之用。常见的绳芯有麻芯和钢芯两种。

优点：

（1）承载能力较强。

（2）强度高、能承受冲击载荷挠性较好，使用灵活。

（3）自重较轻。

（4）价格便宜。

（5）钢丝绳磨损后，外表会产生许多毛刺，容易检查；破断前有断丝预兆，且整根钢丝绳不会立即断裂。

缺点：

（1）麻芯使用温度较低，不适合于高温作业。

（2）钢丝绳刚性较大不易弯曲。起重作业选用的钢丝绳一般为点接触类型，如果配用的滑轮直径过小或直角弯折，钢丝绳容易损坏，影响安全使用和缩短使用寿命。

二、正确选用起重吊具

1. 吊索具的规格及类型选择

当选择吊索具规格时，必须把被起吊的负载、尺寸、重量、外形以及准备采用的吊装方法等共同影响的因数列入计算考虑之中，给出极限工作力的要求，同时工作环境、负载的种类也必须加以考虑。必须选择既符合负荷能力，又能满足使用方式的恰当长度的吊索具。如果多个吊索具被同时使用起吊负载时，必须选用同样类型吊索具；其中扁平吊索具的原料不能受到环境或负载影响。无论附件或软吊具是否需要，都必须慎重考虑吊索具的末段和辅助附件及起重设备相匹配。

2. 遵循好的吊装经验

在开始吊装之前计划好起吊安全操作方案。

3. 吊装时必须正确地使用吊索具连接方式

吊索具在安全方式下正确的安置、连接负载，必须安放吊索具在负载上以便负载能够均衡的作用吊索的宽度；始终不能打结或扭曲，吊索缝合部位不能放置在吊钩或起重设备上，并且总是放在吊索的直立部分，通过远离负载、吊钩和锁紧角度来防止标签的损伤。

4. 多重组合吊索具的使用注意事项

多重组合吊索的极限工作力的评估决定于组合吊索承受负载的对称性，也就是当起吊时，吊索的分支按设计分布对称均匀，具有同样垂直角度。三组合吊索，假如分支不能按设计均匀的受力，最大的强力在一个分支上，那将是设计角度邻近分支最大承受力的总和，同样的结果在四组合吊索中，如果不是刚性负载，将同样计算在内。值得注意的是：对于刚性负载，大部分重力或许被其中三支，或甚至两支承担，剩余的那支仅仅保护负载的平衡。

5. 吊装索具的保护

吊装时，吊索须远离尖锐边缘，摩擦和磨损，不论是远离负载还是起重用具，应该加强和保护吊索的恰当部分不受尖锐边缘和磨损的破坏，必要的额外加强保护补充是必需的。

6. 确保起重时注意负载平衡

在起重过程中，必须采用安全的方式使用吊索，不能让负载倾斜或从吊索中滑落；必须安排吊索在负载的重心和吊装点的直上方，让负载平衡、稳定，假如负载重心不在吊装点之下，运动中的吊索可能越过起重点，导致危险。

7. 吊索具采用的吊装方式注意

如果使用篮吊，可以保证负载安全，因为没有像锁吊那样的锁紧行为，并且吊索可以翻转穿过起重点，推荐两支吊索一起使用。吊索的肢体悬挂尽可能的垂直，有利于确保负载在分支间平等分担。当扁平吊索锁吊时，应该允许安放自然角度（120°）的状态，从而避免由于摩擦产生热，吊索既不受处于强力强制位置，也不企图制造紧的夹口，正确的安全方式采用一个吊索的双倍锁吊，双倍锁吊保证安全和预防负载从吊索中滑落。

8. 确保人员安全

在吊装过程中，密切注意，确保人员安全，必须警告在危险状态下的人员，假如需要，立即从危险地带撤出。手或身体的其他部位必须远离吊索具，防止当吊索具松弛时受到伤害。

9. 吊装过程中必须采用示范性方式起吊

必须采用示范性的吊装，吊索从松弛地拿起直到吊索拉紧，负载逐渐被提升到预定的位置，特别重要的是在篮吊或自由的拉紧时摩擦力承担负载。

10. 控制负载的旋转

如果负载趋向于倾斜，必须放下起重物，确保负载受到约束，防止负载意外的旋转得到保证。

11. 避免索具的碰撞、拖、拉、摩擦、振荡，防止索具的损坏

在吊装时，必须注意确保负载受到约束，防止意外翻转或和其他物体碰撞。避免拖、拉或振荡负载，如果那样将增加索具的受力。假如索具在承受负载，或负载在压在索具上时，不能在地面或粗糙的物体表面拖拉吊索具。

12. 索具的降落

当起吊时，负载应该在平等制约的情况下降落。

13. 正确的储藏吊索具

当吊索完成起重操作后，必须被放回，正确的储藏；假如不再使用，必须储藏吊索在干净、干燥、良好的通风条件下、室温、并且安放在架子上，远离热源、可能侵蚀外表的气体、化学品、直射太阳光或其他强的紫外线照射。优先使用储藏物品，必须检查吊索在使用过程中发生的任何损伤，不再储藏已经损坏的吊索。当起重时，吊索受到酸碱的污染，用水稀释或用相应的事先被推荐储藏的媒体去中和。必须严格依据起重吊索的材料和相关的化学性能的参考，或参照供应商的推荐。吊索在使用中变湿，或者由于清洁的原因，可以挂起来，自然晾干。

起重吊具常用钢丝绳、起重链、麻绳等绳索，不得超载使用。

第三节　物体的稳定及吊点的选择及吊装方法

在生产施工中构件的吊装、大型设备整体翻转以及各种物体的运输吊装，都遵循和运用物体重力与外力平衡的规律进行作业，否则由于吊点选择不当，起吊时物体就会失去平衡，造成发生翻倒或滑脱事故。因此，在起重作业中，确定被吊物体的重心位置是重要的基础环节。

一、物体的稳定

物体的稳定条件：对于起重作业来说，保证物体的稳定条件可从两个方面考虑：一是物体放置时应保证有可靠的稳定性，不倾倒；二是吊装运输过程中，亦应有可靠的稳定性，保证正常吊运过程不倾斜或翻转。

放置物体时，物体的重心作用线接近或超过物体支承面边缘时（倾翻临界线），物体是不稳定的。故物体的重心越低，支承面越大，物体所处的状态越稳定。

吊运物体时，为保证吊运过程中物体的稳定性，防止提升、运输中发生倾斜、摆动或翻转，应使吊钩吊点与被吊物重心在同一条铅垂线上。

二、物体吊点选择的原则

在吊装各种物体时，为避免物体的倾斜、翻转、转动，应根据物体的形状特点、重心位置，正确选择起吊点，使物体在吊运过程中有足够的稳定性，以免发生事故。

1. 试吊法选择吊点

在一般吊装工作中，多数起重作业并不需要用计算法去准确计算物体的重心位置，而是估计物件重心位置，采用低位试吊的方法来逐步找到重心，从而确定吊点的绑扎位置。

2. 有起吊耳环的物件

对于有起吊耳环的物件，应使用耳环作为连接物体的吊点，在吊装前应检查耳环是否完好，必要时可加保护性辅助吊索。

3. 长形物体吊点的选择

（1）用一个吊点时，吊点位置应在距离起吊端 0.3L（L 为物体长度）处（如图 9－5 所示）。

（2）用两个吊点时，吊点距物体两端的距离为 0.2L（如图 9－6 所示）。

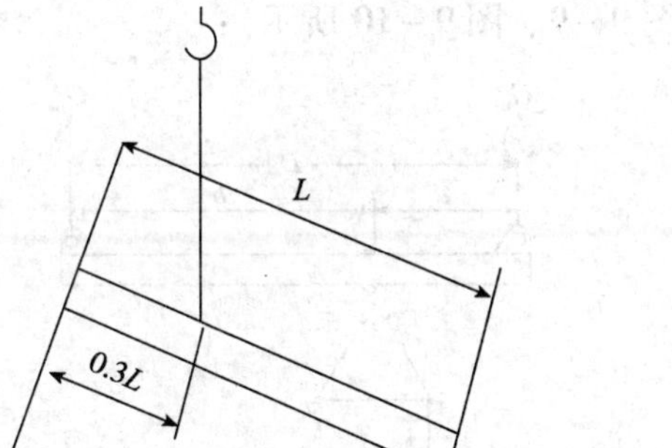

图 9－5　一个吊点

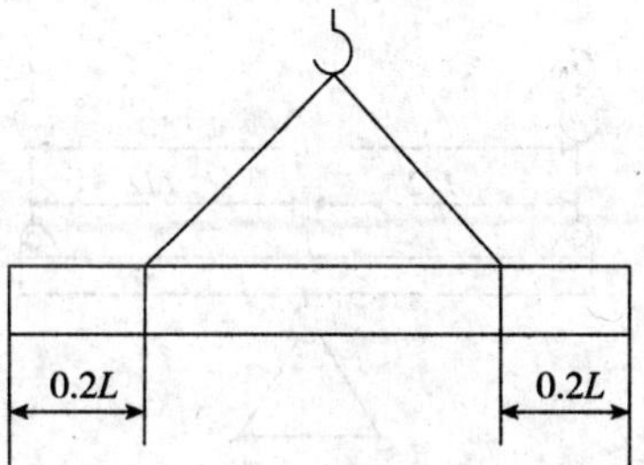

图 9－6　两个吊点

（3）用三个吊点时，其中两端的吊点距离两端的跨度为 0.13L，而中间吊点的位置应在物体中心（如图 9－7 所示）。

（4）用四个吊点时，两端的两个吊点与两端的距离为 0.095L，中间两个吊点的跨度为 0.27L（如图 9－8 所示）。

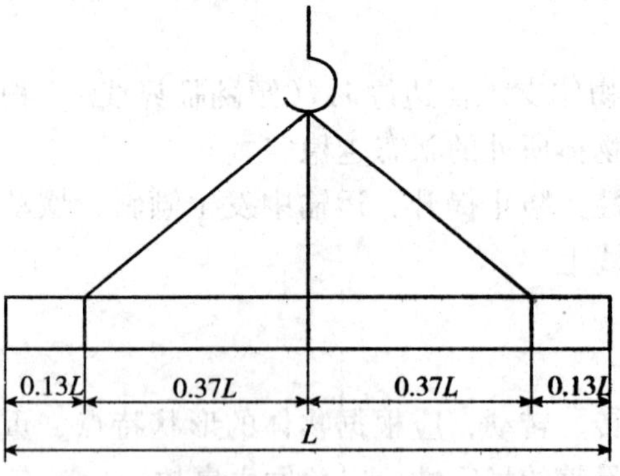

图 9－7　三个吊点

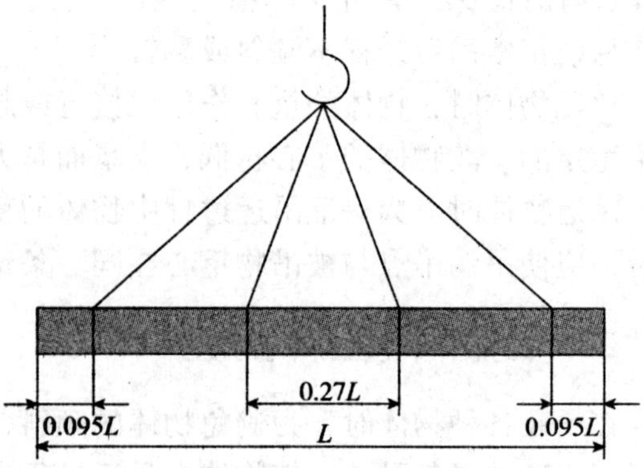

图 9－8　四个吊点

4. 方形物体吊点的选择

吊装方形物体一般采用四个吊点，四个吊点位置应选择在四边对称的位置上，吊钩吊点应与吊物重心在同一条铅垂线上，使吊物处于稳定平衡状态。

5. 机械设备安装平衡辅助吊点

在机械设备安装精度要求较高时，为保证安全顺利地装配，可采用确定主吊点后选择辅助吊点配合简易吊具调节机件平衡的吊装法。通常多采用环链手拉葫芦调节机体的水平位置。

6. 两台起重机吊同一物体时吊点的选择

物体的重量超过一台起重机的额定起重量时，通常采用两台起重机使用平衡梁吊运物体的方法。此方法应满足以下两个条件（如图 9－9、图 9－10 所示）：

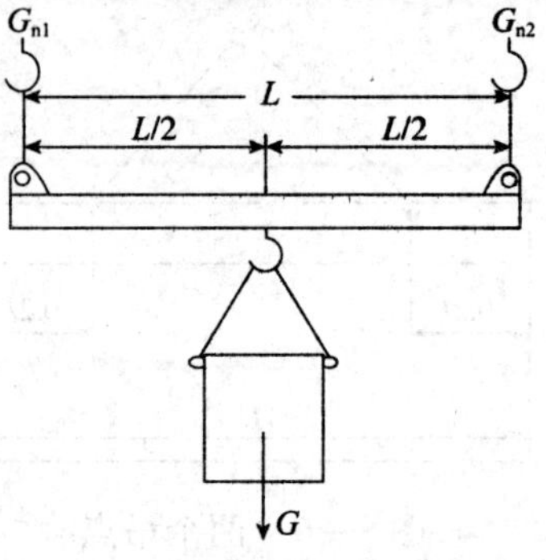

图 9－9　起重量相同时的吊点

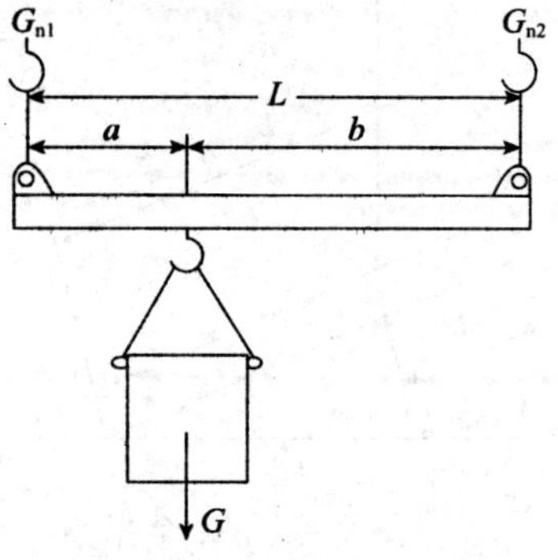

图 9－10　起重量不同时的吊点

（1）被吊装物体的重量与平衡梁重量之和应小于两台起重机额定起重量之和，并且每台起重机的起重量应留有 1.2 倍的安全系数。

（2）利用平衡梁合理分配载荷，使两台起重机均不能超载。在两台起重机同时吊运一个物体时，正确地指挥两台起重机统一动作是安全完成吊装工作的关键。

三、正确吊挂

（1）吊具的承载能力不但与所用吊索（绳或链）的规格（截面大小）、吊索分支多少，起吊方法等因素有关，而且与分支吊索之间的夹角大小有关。夹角增大，吊索受到的拉力增大，为了起重吊挂安全，两吊索间的夹角不宜超过120°（或者说，吊索与铅垂线的夹角不宜超过60°）。

（2）不宜用单根钢丝绳或麻绳来吊运重物，否则在吊物重力的作用下，这根钢丝绳或麻绳会扭转返松，甚至拉断，捆绑吊挂不得与吊物的棱角边直接接触，应该用衬垫保护。

（3）预防吊挂绳脱钩，可在吊钩上设置防脱钩装置，吊索挂在吊钩上采用钩扣的方法也可以防吊索脱钩，如图9－11所示。

（4）要保持吊物平衡，可调整吊索在吊物上的吊挂位置，或调整吊挂绳的长度，也可以用手动葫芦来调节（见图9－12）。

（5）防止吊物变形损坏，起重吊运大型精密设备和超长物件，吊物既要保持平衡又不要被吊具擦伤，并且要防止变形对此可采用平衡架（见图9－13）及临时加固的方法（见图9－14）。

图9－11　吊索的钩扣方法

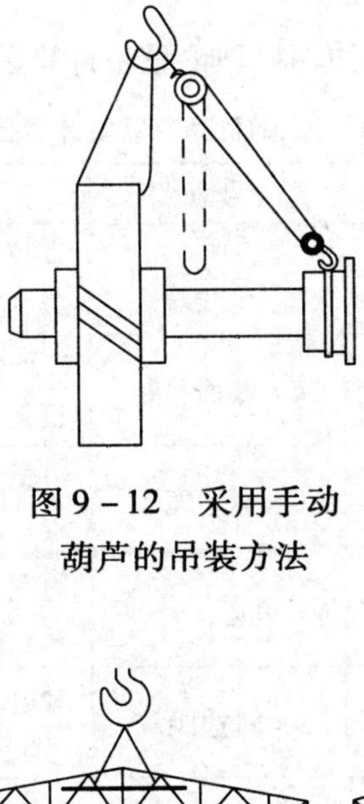

图9－12　采用手动葫芦的吊装方法

图9－13　采用平衡架的吊装方法

（a）　（b）　（c）

图9－14　采用临时加固的吊装方法

第四节　物体重量简易计算

一、金属材料理论重量计算方法（重量为公斤，长度单位为毫米）

（1）角钢：每米重量 =0.007 85×（边宽 + 边宽 - 边厚）×边厚

例题：∠40×40×4 角铁每 m 重量 =0.007 85（40+40-4）×4 =2.39 kg

（2）圆钢：每米重量 =0.006 17×直径×直径（螺纹钢和圆钢相同）

例题：直径为 100 mm 每 m 重量 =0.006 17×100×100 =61.7 kg

（3）扁钢：每米重量 =0.007 85×厚度×边宽

例题：扁钢 100×10 每 m 重量 =0.007 85×100×10 =7.85 kg

（4）管材：每米重量 =0.024 66×外径×（外径 - 壁厚）

例题：管材外径 100，壁厚 10 每米重量 =0.024 66×10×（100-10）=22.20 kg

（5）板材：每平方米重量 =7.85×厚度

例题：壁厚 10 每平方米重量 =7.85×10 =78.5 kg

二、钢材理论重量计算

钢的密度为：7 850kg/m^3，各种钢材理论重量计算公式（见表 9-1）：

表 9-1　钢材理论重量计算公式

名称/单位	计算公式	符号意义	计算举例
圆钢、盘条/（kg/m）	$W=0.006\ 17\times d\times d$	d = 直径	直径 100 mm 的圆钢，求每米重量。每米重量 =0.006 17×100^2 =61.7 kg
螺纹钢/（kg/m）	$W=0.006\ 17\times d\times d$	d = 断面直径	断面直径为 12 mm 的螺纹钢，求每米重量。每米重量 =0.006 17×12^2 =0.89 kg
方钢/（kg/m）	$W=0.007\ 85\times a\times a$	a = 边宽	边宽 20 mm 的方钢，求每米重量。每米重量 =0.007 85×20^2 =3.14 kg
扁钢/（kg/m）	$W=0.007\ 85\times b\times d$	b = 边宽；d = 厚	边宽 40 mm，厚 5 mm 的扁钢，求每米重量。每米重量 =0.007 85×40×5 =1.57 kg
六角钢/（kg/m）	$W=0.006\ 798\times s\times s$	s = 对边距离	对边距离 50 mm 的六角钢，求每米重量。每米重量 =0.006 798×502 =17 kg
八角钢/（kg/m）	$W=0.006\ 5\times s\times s$	s = 对边距离	对边距离 80 mm 的八角钢，求每米重量。每米重量 =0.006 5×802 =41.62 kg
等边角钢/（kg/m）	$W=0.007\ 85\times[d(2b-d)+0.215(R^2-2r^2)]$	b = 边宽；d = 边厚；R = 内弧半径；r = 端弧半径	求 20mm×4mm 等边角钢的每米重量。从冶金产品目录中查出 4mm×20mm 等边角钢的 R 为 3.5，r 为 1.2，则每米重量 =0.007 85×［4×（2×20-4）+0.215×（3.52-2×1.22）］=1.15kg

续表

名称/单位	计算公式	符号意义	计算举例
不等边角钢/(kg/m)	$W=0.00785\times[d(B+b-d)+0.215(R^2-2r^2)]$	B=长边宽；b=短边宽；d=边厚；R=内弧半径；r=端弧半径	求30mm×20mm×4mm不等边角钢的每米重量。从冶金产品目录中查出30×20×4不等边角钢的R为3.5，r为1.2，则每米重量=0.007 85×［4×(30+20−4)+0.215×(3.52−2×1.22)］=1.46 kg
槽钢/(kg/m)	$W=0.00785\times[hd+2t(b-d)+0.349(R^2-r^2)]$	h=高；b=腿长；d=腰厚；t=平均腿厚；R=内弧半径；r=端弧半径	求80mm×43mm×5mm的槽钢的每米重量。从冶金产品目录中查出该槽钢t为8，R为8，r为4，则每米重量=0.007 85×［80×5+2×8×(43−5)+0.349×(82−42)］=8.04 kg
工字钢/(kg/m)	$W=0.00785\times[hd+2t(b-d)+0.615(R^2-r^2)]$	h=高；b=腿长；d=腰厚；t=平均腿厚；R=内弧半径；r=端弧半径	求250mm×118mm×10mm的工字钢每米重量。从金属材料手册中查出该工字钢t为13，R为10，r为5，则每米重量=0.007 85×［250×10+2×13×(118−10)+0.615×(102−52)］=42.03 kg
钢板/(kg/m^2)	$W=7.85\times d$	d=厚	厚度4mm的钢板，求每平方米重量。每平方米重量=7.85×4=31.4kg
钢管（包括无缝钢管及焊接钢管）/(kg/m)	$W=0.02466\times S(D-S)$	D=外径；S=壁厚	外径为60mm壁厚4mm的无缝钢管，求每米重量。每米重量=0.024 66×4×(60−4)=5kg

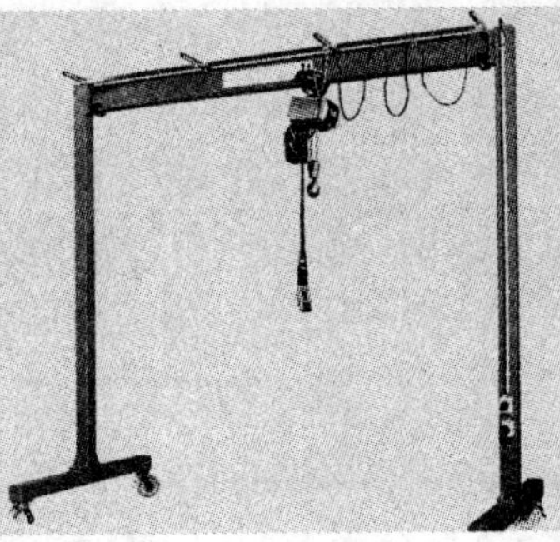

专业技术知识篇

第十章

门式起重机分类

第一节　门式起重机分类

门式起重机是桥式类型起重机中的一种，具有门型框架，承载主梁下安装两条支腿，支腿支撑在地面的轨道上或地基上，主梁的两端可以有外伸悬臂梁。由于其外观像一个门框，所以被称为门式起重机，俗称龙门吊。广泛用于港口露天货场，进行货物的装卸、堆存作业；铁路的维修作业及地铁施工中。门式起重机的取物装置为吊钩、抓斗或电磁吸盘（起重电磁铁），或同时用其中两种。它具有构造简单、操作方便、易于维修、起重量大和不占地面作业面积等特点。

门式起重机的分类有：

（1）按主梁可分为单主梁门式起重机（见图 10－1）、双梁门式起重机（见图 10－2）。

（2）按门架结构形式可分为无悬臂门式起重机、单悬臂门式起重机、双悬臂门式起重机。

（3）按取物装置可分为：吊钩门式起重机、抓斗门式起重机、电磁门式起重机、两用门式起重机、三用门式起重机。

（4）按操纵方式可分为：司机室操纵、地面有线操纵、无线遥控操纵、多点操纵。

（5）吊钩门式起重机按小车数量可分为：单小车吊钩门式起重机、双小车吊钩门式起重机、多小车吊钩门式起重机。

在建筑施工中，门式起重机主要用于地铁施工现场或沉井作业现场。

门式起重机的型式种类按其主梁型式、取物装置及小车配置等特征，见表 10－1。

表 10－1　门式起重机的型式种类

序号	主梁型式	名称	小车特征	代号
1	双梁	吊钩门式起重机	单小车	MG
2			双小车	ME
3		抓斗门式起重机	单小车	MZ
4		电磁门式起重机		MC
5		抓斗吊钩门式起重机		MN
6		抓斗电磁门式起重机		MP
7		三用门式起重机		MS

续表

序号	主梁型式	名称	小车特征	代号
8	单主梁	吊钩门式起重机	单小车	MDG
9			双小车	MDE
10		抓斗门式起重机	单小车	MDZ
11		电磁门式起重机		MDC
12		抓斗吊钩门式起重机		MDN
13		抓斗电磁门式起重机		MDP
14		三用门式起重机		MDS

注：序号 5、6、12、13 的名称，也可称两用门式起重机。

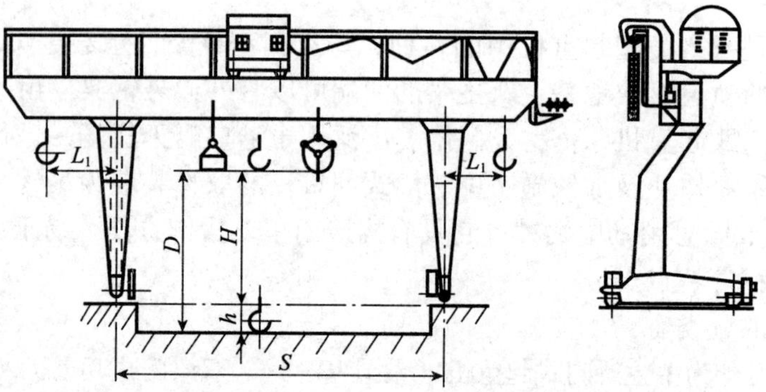

图 10－1　单主梁门式起重机

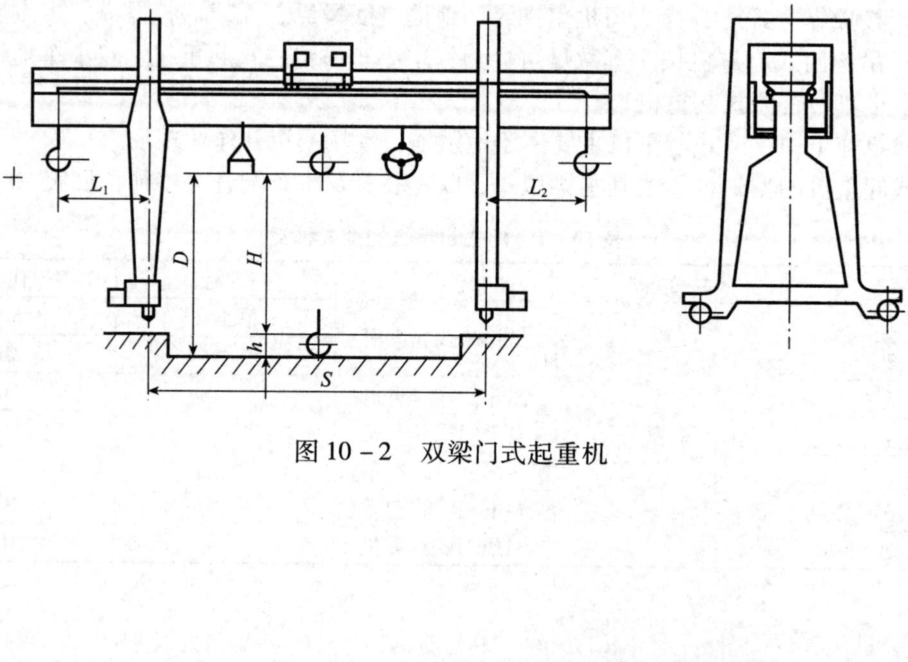

图 10－2　双梁门式起重机

第二节 部分门式起重机分类图片

图 10-3 无悬臂门式起重机

图 10-4 单悬臂门式起重机

图 10-5 双悬臂门式起重机

图 10-6 双梁吊钩门式起重机

图 10-7 电动葫芦抓斗门式起重机

图 10-8 电磁门式起重机

第十一章

门式起重机的主要技术参数和使用性能

第一节　门式起重机的主要技术参数

门式起重机的主要技术参数是门式起重机工作性能的指标，也是选择起重机械的基本技术依据，其主要技术参数包括：额定起重量、跨度、轨距、起升高度、各机构的工作速度及工作级别等。为了保证门式起重机的合理使用、安全运行，防止事故的发生，门式起重机装拆工必须掌握门式起重机的技术参数。

一、额定起重量

（1）对于固定式吊具的起重机，其额定起重量是指吊挂在起重机固定吊具上重物的最大质量；对于可分式吊具起重机，其额定起重量是指可分吊具的质量与吊挂在起重机可分吊具上重物的最大质量之和。

（2）对于双小车或多小车不联合作业的起重机，其额定起重量是指单小车所能吊起的最大起重量。

（3）对于双小车或多小车联合作业的起重机，当抬吊重量不大于单个小车最大起重量时，其额定起重量是指单小车所能吊起的最大起重量；当抬吊重量大于单个小车最大起重量时，其额定起重量是指联合作业时所能抬吊的最大起重量。

（4）起重机额定起重量用 G_n 表示，单位为吨（t），优先采用表 11－1 所给定的数值。

表 11－1　起重机额定起重量　　单位：t

取物装置			起重机的起重量系列
吊钩	单小车	单主梁	3.2；5；6.3；8；10；12.5；16；20；25；32；40；50
		双梁	3.2；5；6.3；8；10；12.5；16；20；25；32；40；50；63；80；100；125；140；160；200；250；280；320
	双小车	等量	2.5＋2.5；3.2＋3.2；4＋4；5＋5；6.3＋6.3；8＋8；10＋10；12.5＋12.5；16＋16；20＋20；25＋25；32＋32；40＋40；50＋50；63＋63；80＋80；100＋100；125＋125；140＋140；160＋160
		不等量	小车的起重量应符合单小车起重机起重量系列，总起重量不超过 320

续表

取物装置		起重机的起重量系列
吊钩	多小车	各小车的起重量应符合单小车起重机起重量系列，总起重量不超过 320
抓斗		3.2；5；6.3；8；10；12.5；16；20；25；32；40；50
电磁		3.2；5；6.3；8；10；12.5；16；20；25；32；40；50

注 1：当设有主、副钩时，起重量的匹配一般为 3:1～5:1，并用分子分母形式表示，如：80/20t；50/10t 等。

2：吊钩门式起重机双小车、多小车的起重量限定方式应在合同中约定，总起重量应符合单小车的起重量系列。

二、跨度和轨距

（1）跨度。跨度是指门式起重机大车运行轨道中心线之间的水平距离，用 S 表示，单位为米（m）。起重机的跨度应优先采用表 11－2 中所给定的数值。

表 11－2　起重机的跨度　　单位：m

起重量 G_n/t	跨度 S									
≤50	10	14	18	22	26	30	35	40	50	60
＞50～125	—	—	18	22	26	30	35	40	50	60
＞125～320		—	18	22	26	30	35	40	50	60

注：跨度超过表中给定值时，按每 10m 一档延伸。

（2）起重机设有悬臂时，有效悬臂的长度如表 11－3 所示。

表 11－3　起重机的有效悬臂　　单位：m

跨度 S	有效悬臂长度 L_1 或 L_2
10～14	3.5
18～26	3～6
30～35	5～10
40～50	6～15

（3）轨距。轨距是指门式起重机的小车运行轨道两条钢轨中心线之间的水平距离，用 k 表示，单位为米（m）。

三、起升高度

起升高度是指门式起重机取物装置上下移动极限位置之间的距离，用 H 表示，单位为米（m）。下极限位置通常以工作场地的地面为准。如使用吊钩时，其上极限位置以钩口中心为准来测量；使用抓斗时以抓斗最低点为准。其起升范围一般不超过表 11－4 的规定：

表 11-4　起重机抓斗的起升范围　　单位：m

起重量 G_n/t	跨度 S	吊钩起重机起升高度 H	起升范围 D			
			抓斗起重机		电磁起重机	
			起升高度 H	下降深度 h	起升高度 H	下降深度 h
≤50	10~26	12	8	4	10	2
	30~60		10	2		
>50~125	18~60	14	—	—	—	—
>125~320	18~60	16	—	—	—	—

注 1：有范围的起升高度，其具体值视起重机系列设计的通用方法而定，与起重量有关。

2：表中所列为起升范围常用值（必要时，经供需双方协商，也可超出此限），用户在订货时应提出实际需要的起升高度和下降深度，其实际值通常从 6m 开始，每增加 2m 为一档，取偶数。

四、工作速度

工作速度是指起重机各机构（起升、运行等）的运行速度，用 v 表示，单位为米/分（m/min）。门式起重机的工作速度根据工作要求而定：一般用途的门式起重机采用中等的工作速度，这样可以驱动电机功率不会过大；吊运轻件时，要求提高生产效率，可以取较高的工作速度；吊运重件时，要求工作平稳，作业效率放在次要位置，可以取交底的工作速度。

起重机各机构工作速度的名义值，一般宜在下列系数中选取：

0.63；0.8；1.0；1.25；1.6；2.0；2.5；3.2；4.0；5.0；6.3；8.0；10；12.5；16；20；25；32；40；50；56；63。

应优先采用表 11-5 和表 11-6 中所推荐的数值，吊钩起重机的速度列于表 11-5，抓斗、二用、三用及电磁起重机的速度列于表 11-6。

表 11-5　　单位：m/min

起重量/t	类别	工作级别	主钩起升速度	副钩起升速度	小车运行速度	起重机运行速度
≤50	高速	M7	6.3~16	10~20	40~63	50~63
	中速	M4~M6	5~12.5	8~16	32~50	32~50
	低速	M1~M3	2.5~8	6.3~12.5	10~25	10~20
>50~125	高速	M6	5~10	8~16	32~40	32~50
	中速	M4~M5	2.5~8	6.3~12.5	25~32	16~25
	低速	M1~M3	1.25~4	4~12.5	10~16	10~16
>125~320	中速	M4~M5	1.25~4	2.5~10	20~25	10~20
	低速	M1~M3	0.63~2	2~8	10~16	6~12

注 1：在同一范围内的各种速度，具体值的大小应与起重量成反比，与工作级别和工作行程成正比。

2：地面有线操纵起重机运行的速度按低速类别取值。

表 11-6 单位：m/min

起重机类别	起升速度	小车运行速度	起重机运行速度
抓斗门式起重机	25～50	40～50	32～50
二用门式起重机	25～50		
电磁门式起重机	16～32		
三用门式起重机	6.3～16		

五、工作级别

起重机的工作级别的大小高低是由两种能力所决定的，即起重机利用等级和起重机的载荷状态。起重机利用等级是指起重机的使用频繁程度；起重机的载荷状态是指起重机承受载荷的大小。起重机工作级别用符号 A 表示，按《起重机设计规范》（GB/T 3811—2008）的规定，起重机的工作级别范围：A1～A8，如表 11-7 所示：

表 11-7 起重机整机工作级别

载荷状态	载荷谱系数 K_ρ	使用等级									
		U_0	U_1	U_2	U_3	U_4	U_5	U_6	U_7	U_8	U_9
Q1	$0.00 < K_\rho \leqslant 0.125$	A1	A1	A1	A2	A3	A4	A5	A6	A7	A8
Q2	$0.125 < K_\rho \leqslant 0.250$	A1	A1	A2	A3	A4	A5	A6	A7	A8	A8
Q3	$0.250 < K_\rho \leqslant 0.500$	A1	A2	A3	A4	A5	A6	A7	A8	A8	A8
Q4	$0.500 < K_\rho \leqslant 1.000$	A2	A3	A4	A5	A6	A7	A8	A8	A8	A8

第二节 使用性能

（1）门式起重机的起重能力应能达到额定起重量。

（2）对吊钩起重机，起吊物品在下降制动时的制动距离（机构控制器处在下降速度的最低档稳定运行，拉回零位后，从制动器断电至重物停止时的下滑距离）不大于 1min 内稳定起升距离的 1/65。

（3）对吊钩起重机，当起升机构的工作级别高于 M_4，且额定起升速度等于或高于 5m/min 时要求制动平稳，应采用电气制动方法，保证在（0.2～1.0）G_n 范围内下降时，制动前的电动机转速降至同步转速的 1/3 以下，该速度应能稳定运行。

（4）抓斗所抓取的物料特性应符合抓斗设计和合同约定的规定。抓斗的抓满率不应小于 90%。

（5）起重电磁铁的吸重能力不应小于其额定值，但也不应是所属机构过载。

（6）起重机的静态刚性（额定起重量和小车自重在主梁跨中或有效悬臂长度位置产生的垂直静挠度 f 或 f_1 与起重机跨度 S 或有效悬臂长度 L_1 的比）应考虑定位精度的需要。

推荐选取下述范围中的一个值：

1）对低定位精度要求的起重机，或具有无级调速控制特性的起重机，采用低起升速度和低加速度能达到可接受定位精度的起重机：$f \leqslant S/500$；

2）使用简单控制系统能达到中等定位精度特性的起重机：$f \leqslant S/750$；

3）需要高定位精度特性的起重机：$f \leqslant S/1000$；

4）有悬臂的起重机：$f \leqslant L_1/500$。

注：起重机静态刚性指标应在合同中注明。

（7）起重机的动态刚性一般不作规定。当用户从起重机使用条件考虑对此有要求时，由供需双方商定。

（8）起重机做静载试验时，应能承受1.25倍额定起重量的试验载荷，其主梁和悬臂不应产生永久变形。静载试验后的主梁和悬臂，当空载小车处于支腿支点位置（无悬臂时在极限位置）时，上拱最高点应在跨度中部$S/10$范围内，其值不应小于$0.7S/1000$；悬臂端的上翘度不应小于$0.7L/350$。试验后进行目测检查，各受力金属结构件应无裂纹、永久变形、无油漆剥落或对起重机的性能与安全有影响的损坏，各连接处也应无松动或损坏。

（9）起重机做动载试验时，应能承受1.1倍额定起重量的试验载荷。试验过程中各部件应能完成其功能试验，制动器等安全装置动作灵敏可靠。试验后进行目测检查，各机构或结构的构件不应有损坏，连接处也不应出现损坏或松动。

（10）起重机静载试验、动载试验的载荷超载倍数有特殊要求时，可由供需双方在订货合同中约定。

（11）起重机和小车运行速度的运行偏差为设计值的±10%（慢速时允许误差为名义值的±25%），起升速度的允许偏差为设计值的±10%，下降速度的允许偏差为设计值的-5%～25%。

（12）起重机的起升范围不应小于名义值的97%。

（13）吊具左右极限位置的允许偏差为±100mm。

第十二章

门式起重机的基本构造与组成

门式起重机主要由门架钢结构、大车运行机构、起升机构、小车运行机构和电气部分等部件组成。

第一节　门架钢结构

门式起重机的钢结构是指门式起重机的门架为双梁桁架式门式起重机的门架。它主要由马鞍、主梁、支腿、下横梁和悬臂梁五部分组成。此五部分均为受力构件，为便于生产制作、运输与安装，各构件之间多采用螺栓连接（见图 12－1）。

一、单主梁门式起重机

单主梁门式起重机具有结构简单、制造安装方便、自重轻的特点，多为偏轨箱形梁结构。一般在起重量≤50t，跨度≤30m 的条件下采用。常见类型有 L 型与 C 型：L 型制造安装方便，受力情况好，自重较轻，但货物过腿空间小。C 型的支腿与下横梁为一体，制造不太方便，但具有货物过腿空间大的优点，因自重大，一般常用在铁路货场。

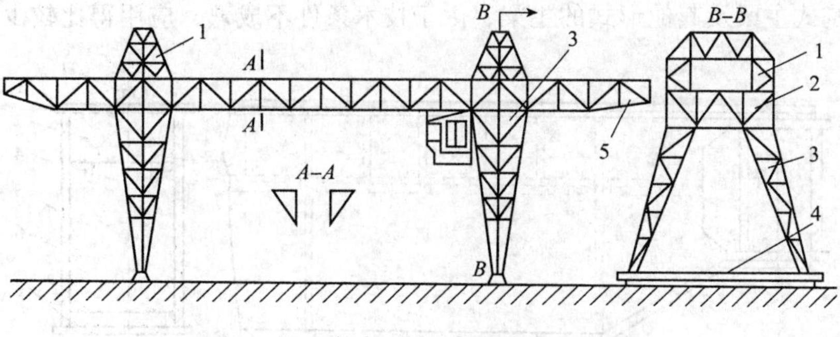

图 12－1　桁架式门式起重机钢结构

1. 马鞍；2. 主梁；3. 支腿；4. 下横梁；5. 悬臂梁

二、双梁门式起重机

双梁门式起重机具有承载能力强、跨度大、整体稳定性好、整体刚度大的优点，但自重较大，造价高。

(1) 箱形主梁的双梁门式起重机：其主梁一般为偏轨箱形梁，支腿多设上拱架（见图 12－2），支腿形成超静定框架，解决了小车及货物过腿问题。与桁架式双梁门式起重机比较，它的制造工艺简单，运输安装方便、可靠，整体刚度好，但自重较大。

(2) 桁架形主梁的双梁门式起重机：主梁为桁架结构的双梁门式起重机，具有结构自重轻的特点。但是它的制造工艺差，运输不方便，安装困难，整体刚度不好。因此很少采用桁架式结构。

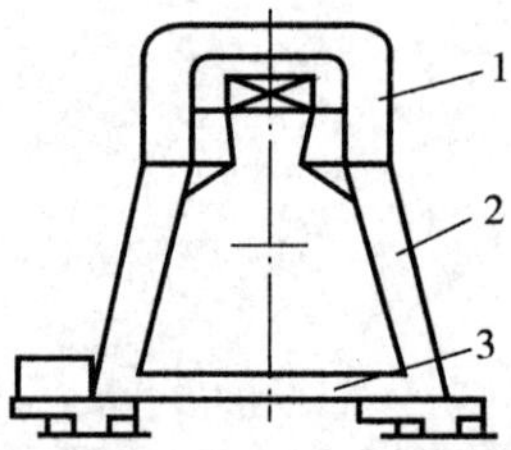

图 12－2　支腿

1. 上供架；2. 支腿；3. 下横梁

三、主梁的构造及特性

(1) 主梁根据其截面形状主要有正轨箱形结构（见图 12－3）、偏轨箱形结构、偏轨空腹箱形结构、单主梁箱形结构、空腹桁架式结构、四桁架式结构、三角形桁架结构、单腹板梁结构、曲腹板梁结构、预应力箱形梁结构及管形单梁结构等。

正规箱形结构具有制造工艺简单、工时少、通用性强（适用于 5～80t 的起重机）、机构安装检修方便等优点，被广泛应用。但这种主梁自重较大，容易产生下挠变形，箱体内部施焊条件差，在大跨度、高速运行的起重机中架设水平刚度差。

为了避免箱形主梁的缺点，空腹桁架主梁和空腹箱形主梁在大起重量起重机上得到推广应用。

桁架结构式主梁具有自重轻，刚度大的优点，尤其在小起重量、大跨度的情况下，更显示出它的优点。桁架结构动力刚性好，自重较箱形结构轻，但是与箱形结构的主梁相比，桁架结构主梁的制造工时多、外形尺寸大、疲劳强度较低。

单腹板式主梁虽有自重轻、制造简便的优点，但因刚度和稳定性差，上部焊缝易开裂，已极少生产。

管形结构式主梁及其他形式的主梁，由于技术条件不成熟，应用得比较少。

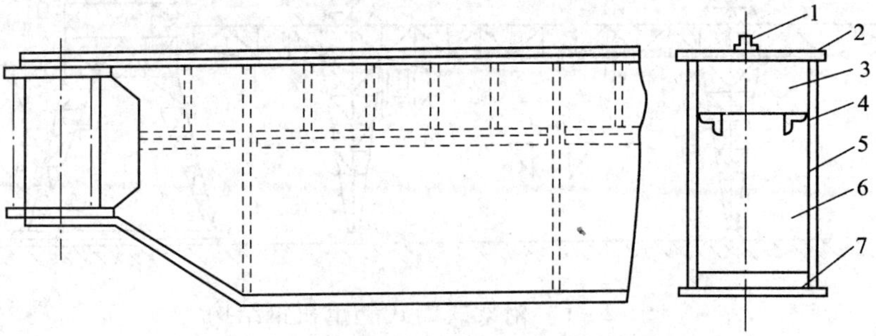

图 12－3　箱形主梁构造图

1. 小车轨道；2. 上翼缘板（上盖板）；3. 小肋板；
4. 角钢；5. 腹板；6. 大肋板；7. 下翼缘板（下盖板）

（2）主梁的外形。门式起重机主梁的外形，如图 12－4 所示。

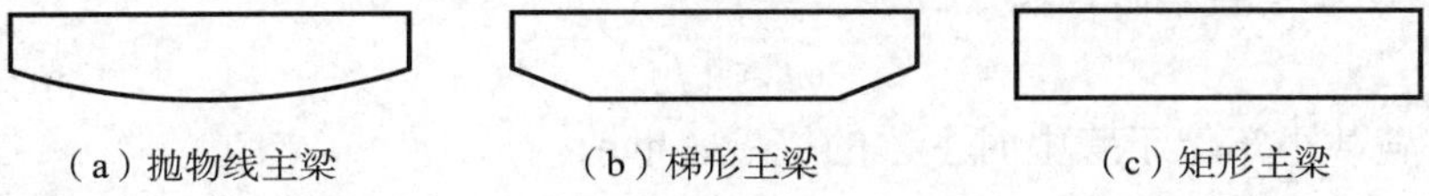

图 12－4　主梁的外形

按强度理论，主梁最合理的外形是抛物线，如图 12－4（a）所示。这种形状的主梁在自重和动负荷作用下所产生的弯曲力矩的分布最合理，在其任何截面上的应力都相等，具有等强度和节约材料的优点，但是抛物线形主梁制造困难。矩形主梁制造最容易，如图 12－4（c）所示，但自重大，浪费材料。梯形主梁，如图 12－4（b）所示，综合了上述两种主梁的优点，所以得到广泛应用。

四、主梁的主要性能参数

（1）上拱度。

由于小车在主梁上运行，吊上重物后，必然使主梁产生下挠变形，如果没有上拱度以抵消这种变形，就会使小车的运行总是处于“爬坡”或“下滑”等非常不理想的运行状态。“爬坡”使小车运行阻力增大，甚至造成小车电动机过载而烧坏；“下滑”使小车运行不稳，影响安全作业。所以主梁上必须有上拱度。

根据《通用门式起重机》（GB/T 14406—2011）的要求，静载试验后的主梁和悬臂，当空载小车处于支腿支点位置（无悬臂时在极限位置）时，上拱最高点应在跨度中部 $S/10$ 范围内，其值不应小于 $0.7S/1000$；悬臂端的上翘度不应小于 $0.7L/350$。上拱度、上翘度应在无日照温度的影响下用经纬仪测量。

（2）双梁门架对角线差 $|D_1-D_2|\leqslant 5$mm，（见图 12－5），此值允许未组装支腿前测量。

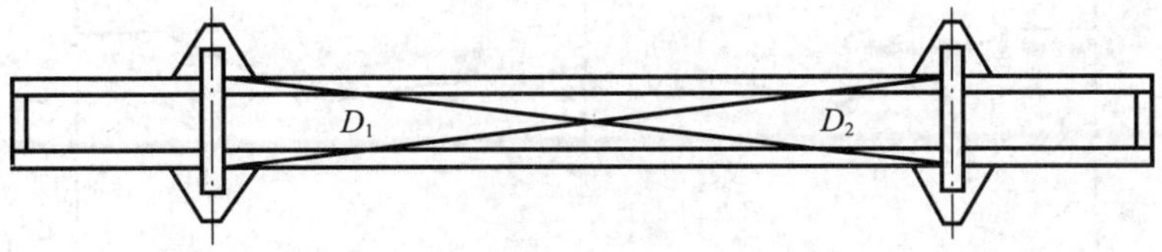

图 12－5　双梁门架对角线差

（3）主梁的水平弯曲。

对于正轨箱形梁及半偏轨箱形梁，应不大于 $S_3/2000$（S_3 为两端始于第一个大筋板的实测长度，在离上翼缘板约 100mm 的大筋板处测量），最大不得超过 20mm，当 $G_n\leqslant 50$t 时，只能向走台侧凸曲。

对偏轨箱形梁、单腹板梁及桁架最大不得超过 15mm，且还应满足后面相关要求。

（4）允许下挠度。

主梁是一种弹性结构物，在吊重作用下会产生弹性下挠。为补偿这种下挠而制成的预拱度，随着使用时间的增长会逐渐减少，以致消失。为防止主梁迅速下挠变形而产生小车爬坡现象，设计规定主梁必须满足的刚度条件是：

$$F \leqslant [f] \tag{12-1}$$

式中，F——满载小车位于跨中时主梁的挠度，mm；

$[f]$——主梁的允许挠度，mm。

门式起重机允许挠度值（见表 12-1）。

表 12-1　门式起重机允许挠度值

结构类别	$[f]$	结构类别	$[f]$
工作平台梁和电动葫芦悬挂轨道梁	$(\frac{1}{400} \sim \frac{1}{500})\ S$	普通桥式起重机和龙门超重机主梁	$\frac{1}{800}S$
吊车梁	$(\frac{1}{500} \sim \frac{1}{750})\ S$	重级工作的起重机和冶金桥式起重机主梁	$\frac{1}{1\ 000}S$
电动单梁起重机主梁	$\frac{1}{700}S$	起重机的伸臂和悬臂起重机	$(\frac{1}{300} \sim \frac{1}{350})\ L$

注：S—梁或起重机的跨度；L—悬臂的有效长度。

（5）主梁的弹性变形。

起重机在吊起和卸去负荷前后，主梁挠度的变化值 E 称为弹性变形，或称为静挠度（见图 12-6）。

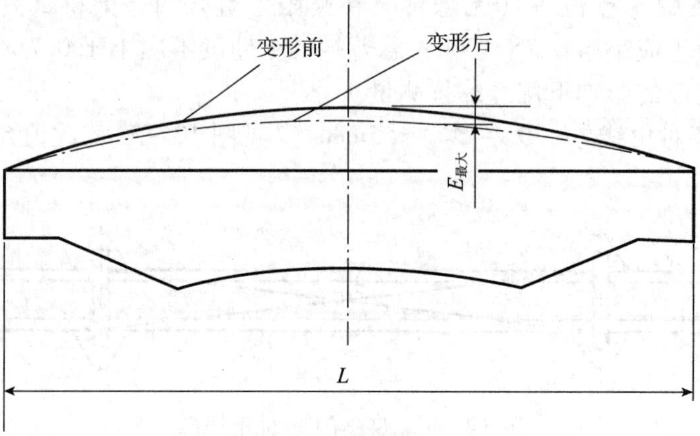

图 12-6　主梁的弹性变形

第二节　大车机构

门式起重机的大车运行机构是由电动机、减速器、制动器、传动轴、联轴器和车轮等组成。按驱动方式，大车运行机构分为驱动和集中驱动两种形式。

一、分别驱动

分别驱动是在起重机上装设两套相同的但又互不联系的驱动装置。每套装置都包括电动机、制动器、减速器、车轮等（见图 12－7）。

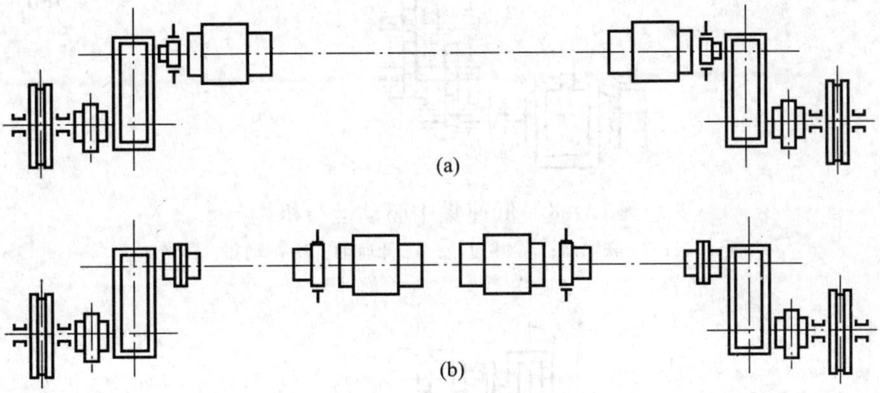

图 12－7　门式起重机分别驱动运行机构

分别驱动方式的优点是，机构自重轻，分组性好，安装和维护保养都很方便。有的分别驱动运行机构还采用了“三合一”的方式，即将电动机、制动器及减速器合成一个整体，使其体积小、重量轻、结构紧凑等优点更为显著。“三合一”方式的缺点是行走部分的振动比较剧烈，对传动机构和金属结构有不良影响，不利于安全。

二、集中驱动

集中驱动是指只用一台电动机，通过传动装置同时驱动两侧主动轮的传动方式。按传动轴的布置方式，集中驱动又分为低速集中驱动、中速集中驱动和高速集中驱动三种。

（一）低速集中驱动

采用低速传动轴的集中驱动方式（见图 12－8）。这种传动方式，系在跨中央布置有电动机与减速器，减速器输入轴分两侧经低速传动轴带动车轮。这种传动方式目前采用较普遍，其优点是轴转速较低，一般是（50～100）r/min，因此比较安全。缺点是由于传动轴的扭矩大，轴、轴承、联轴器和轴承座尺寸比较大，因而整个传动机件的重量也相应增大。故仅适用于起重量 5～10t 的起重机。

（二）中速集中驱动

中速传动轴的集中驱动方式（见图 12－9）。这种传动方式是电动机通过减速器和中速传动轴，带动两侧的开式齿轮，开式齿轮传动的大齿轮与车轮固定在一起，从而驱动车轮。这种传动方式仅用于减速比很大及旧式的桁架结构的半封闭、半启开式的传动机构中。其优点是：轴转速较高，一般在（150～200）r/min，因而传动轴扭矩较小，可减小轴的直径和支撑的尺寸，传动机件的重量也就相应减小，轮组构造简单，安装拆卸方便。

缺点是有开式齿轮驱动不易维护，寿命较短，现很少采用。

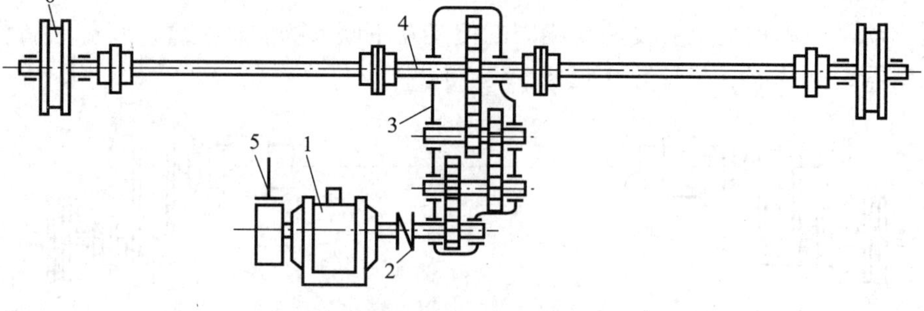

图 12-8　低速集中驱动运行机构

1. 电动机；2. 联轴器；3. 减速器；4. 低速轴；5. 制动器；6. 车轮

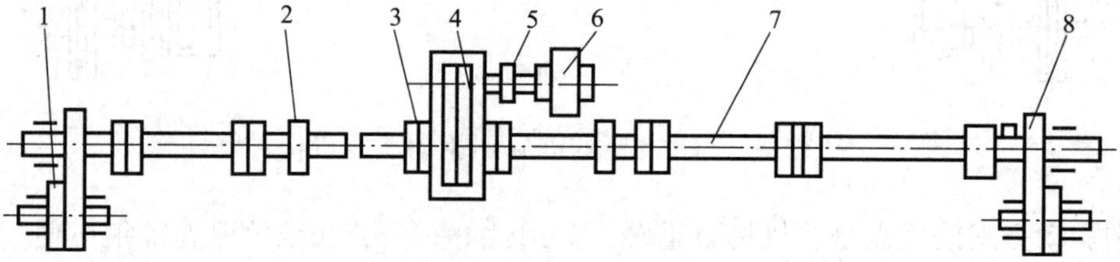

图 12-9　中速集中驱动运行机构

1. 车轮；2. 轴承座；3. 联轴器；4. 减速器；

5. 制动器；6. 电动机；7. 中速轴；8. 开式齿轮

（三）高速集中驱动

高速传动轴的集中驱动方式（如图 12-10 所示）。这种传动方式是电动机通过传动轴与减速器相连，车轮通过联轴器与减速器相连，制动器安装在电动机轴上，传动轴转数高达（700~1500）r/min。其优点是：传递扭矩小，传动轴及其零部件尺寸小、重量轻。缺点是加工装配精度要求高，每米轴长径向跳动不得大于 0.5mm，且传动转数太高，振动剧烈，故采用不多。

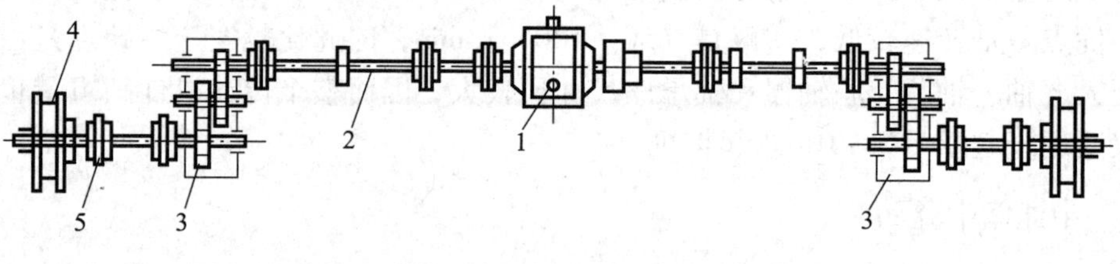

图 12-10　高速集中驱动运行机构

1. 电动机；2. 高速轴；3. 减速器；4. 车轮；5. 联轴器

三、轨道的种类和选择

起重机轨道大量采用铁路钢轨，轨顶是凸的，其断面形状如图 12－11（a）所示。重型起重机的大小车轨道，承受轮压较大时，常采用起重机专用钢轨，轨顶也是凸的，但曲率半径较铁路钢轨大，其断面形状如图 12－11（b）所示。还有少数起重机轨道采用方形钢轨，其断面形状如图 12－11（c）所示。

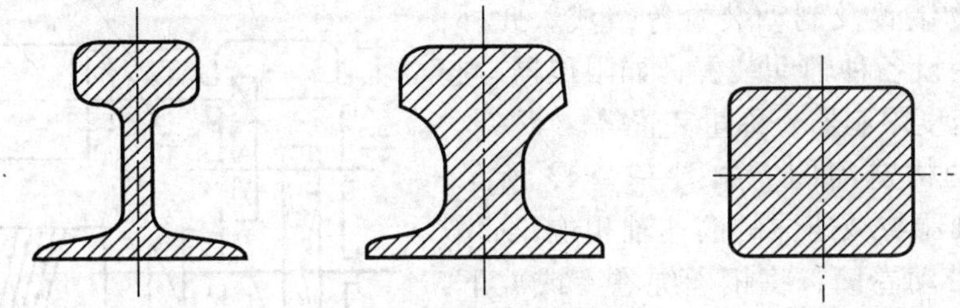

图 12－11　轨道的截面形状

也有用扁钢作起重机轨道的，这种轨道顶是平的，底面较窄，只宜支撑在钢结构上，不能铺在混凝土基础上。

选用钢轨可参考表 12－2。

表 12－2　钢轨的选用

车轮直径/mm	200	300	400	500	600	700	800	900
起重机轨道	—	—	—	—	—	QU70	QU70	Q80
铁路轨道	P15	P18	P24	P38	P38	P43	P43	P50
方　钢	40	50	60	80	80	90	90	100

四、钢轨的固定方式

起重机轨道在桥架上的固定方式有焊接图 12－2（a）、压板式固定图 12－2（b）和螺栓连接图 12－2（c）等几种。压板式固定是国内最常用的固定方法，每两块压板之间的距离约为 700mm，采用压板便于装配，但拆卸麻烦，只能用扁铲铲除，不宜用气割，螺栓连接适用于重级或超重级的起重机。如图 12－2（d）所示是把大车轨道固定于起重机轨道梁上的方法。

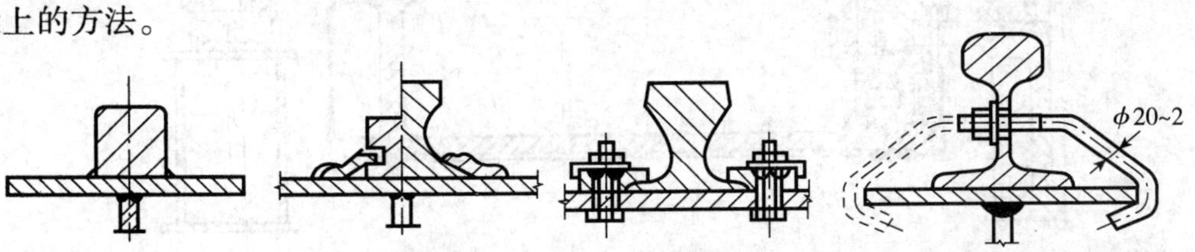

图 12－12　起重机钢轨的固定

第三节　起升机构

起升机构是用来实现货物升降的，是最基本的机构。起升机构主要由驱动装置、传动装置、卷绕装置、取物装置及制动装置等组成。此外，根据需要还可装设各种辅助装置，如限位器、起重量限制器、速度限制器、称量装置等。

起升机构的构造简图，如图 12－13 所示，电动机通过联轴器与减速器的高速轴相连，而减速器的低速轴带动卷筒，将钢丝绳卷上或放下，经过吊钩组，使吊钩上升或下降。

其中联轴器为齿轮联轴器，通常将齿轮联轴器制成两个半齿轮联轴器，中间用一段轴连起来，这根轴称为浮动轴或补偿轴。制动器一般为常闭式的，装有电磁铁或电动推杆作为制动的松闸装置与电动机电气联锁。减速器一般采用封闭式的标准两级圆柱齿轮减速器。

卷筒安装在转轴上，卷筒轴一端支承在双列调心球轴承上，另一端与减速器低速轴通过特种联轴器连接，如图 12－14 所示，制成在减速器轴的内腔和轴承座中。

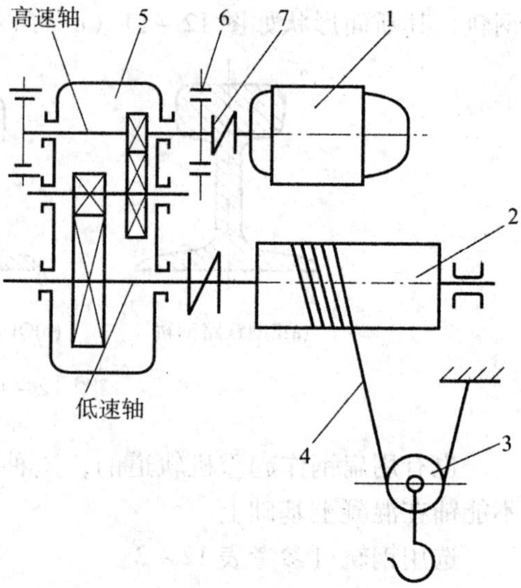

图 12－13　起升机构简图

1. 电动机；2. 卷筒；3. 吊钩组；4. 钢丝绳；5. 减速器；6. 制动器；7. 联轴器

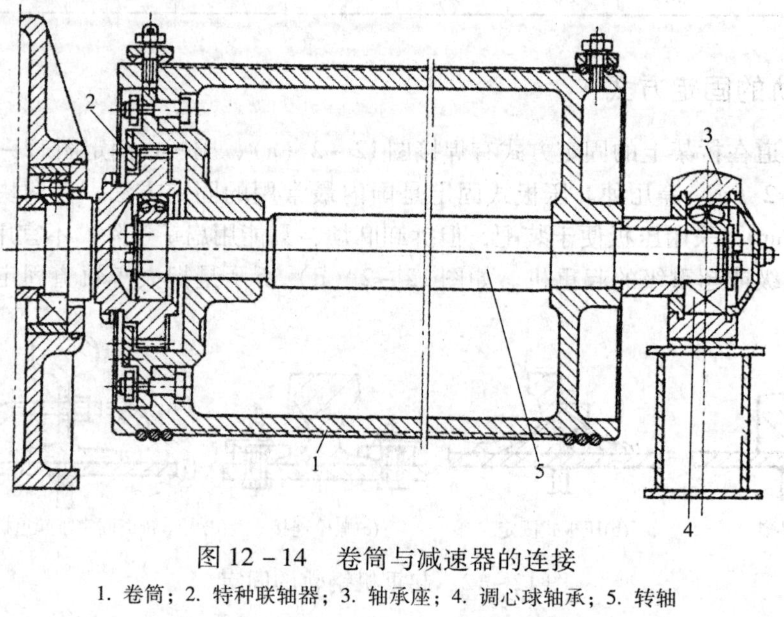

图 12－14　卷筒与减速器的连接

1. 卷筒；2. 特种联轴器；3. 轴承座；4. 调心球轴承；5. 转轴

卷筒安装的另一种形式，如图 12－15 所示，将卷筒直接刚性地装在减速器轴上，为了消除小车架受载变形的影响，减速器被支承在铰轴上，卷筒的轴承采用自位轴承，允许轴向游动。这种结构简单，维修方便，具有自动调整减速器低速轴与卷筒同心的作用。

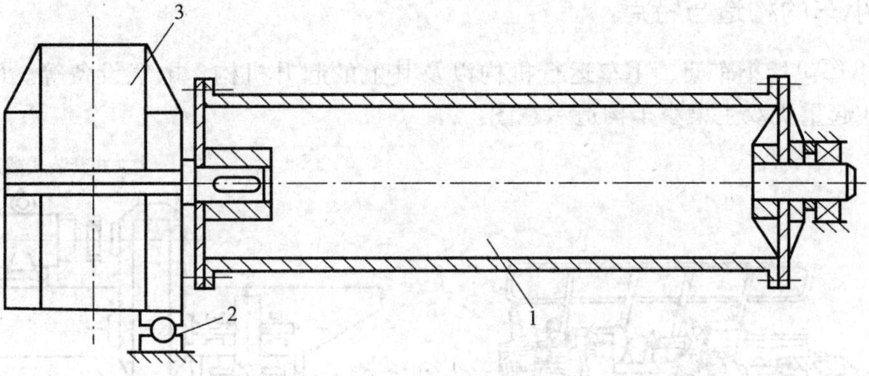

图 12－15　卷筒与减速器的刚性连接

1. 卷筒；2. 铰轴；3. 减速器

在起重量超过 10t 的门式起重机上，通常设主、副两套起升机构。主起升机构的起重量大，副起升机构的起重量小，但速度较主起升机构快些。副起升机构主要用来起吊较轻的货物或做辅助性工作，从而提高工作效率，图 12－16 为主、副钩的起升机构简图。

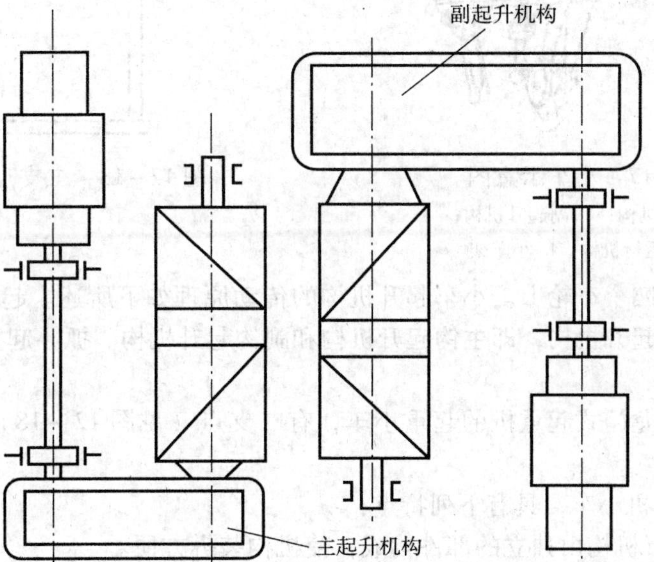

图 12－16　主、副钩的起升机构简图

第四节　小车机构

一、小车的构造与特点

（1）小车包括小车架、小车运行机构以及其上的起升机构、电气设备等。图 12－17 是通用门式起重机双主梁小车构造示意图。

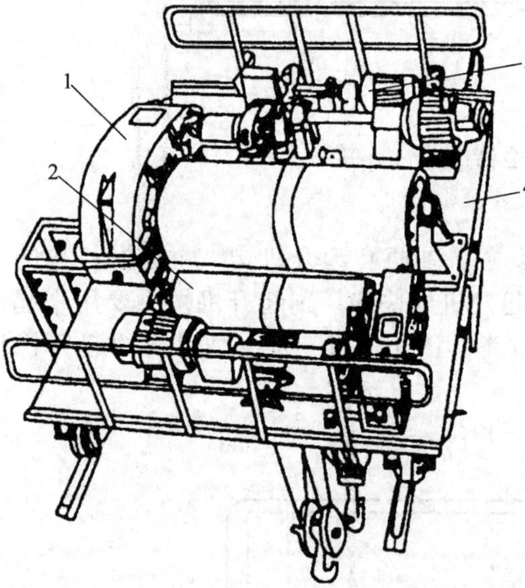

图 12－17　小车示意图

1. 主起升机构；2. 副起升机构；
3. 小车运行机构；4. 小车架

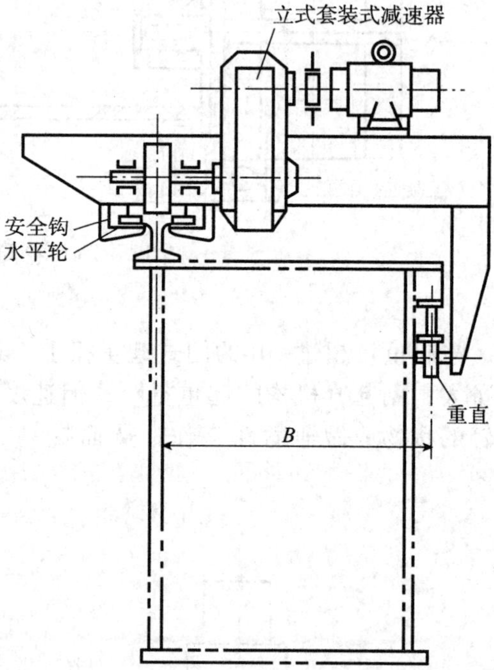

图 12－18　二支点起重小车

小车架支撑在四个车轮上。小车起升机构的传动原理如下所述。起重量大于 15t 的龙门式起重机有两套起升机构，即主钩起升机构和副钩起升机构。抓斗起重机同样有两套起升机构。

单主梁桥式、龙门式起重机的起重小车，有二支点（见图 12－18）和三支点（见图 12－19）两种。

（2）门式起重机小车，具有下列特点：

1）起升和运行机构由独立的部件构成，使机构装拆方便。

2）设计机构和小车架由于遵循标准化、通用化和系列化原则，保证了零部件的互换性，从而大大降低了制造和使用维护费用。

3）小车架采用钢板焊接，在车架上焊有底板（垫板），电动机、减速器、制动器和可拆卸的轴承座等均安装在底板上。

4）起升机构和运行机构采用减速器式传动装置，仅在起重量较大、传动比高时，低速级才采用一级开式齿轮，而高速级仍采用减速器传动。

5）所有回转机构中都采用滚动轴承。卷筒和车轮安装在转轴上和转动的心轴上。它与减速器的输出轴端用联轴器相连接。因此，拆卸联轴器后，车轮可与其轴承箱一起从轨道上推出，减速器也可以单独拆装。

6）小车运行机构大多使用制动性能良好的电动液压推杆制动器；对要求制动平稳和容易得到直流电源的地方，还可应用直流电磁铁制动器。

7）在制造起重机时，由于零件的热处理得到了广泛的应用，从而大大地提高了零件表面的耐磨性，延长了它们的使用寿命。

8）起重机小车除有起升、运行机构和小车架外，还必须有必要的安全保护装置：如栏杆、扫轨板、限位开关、撞尺和缓冲器等。

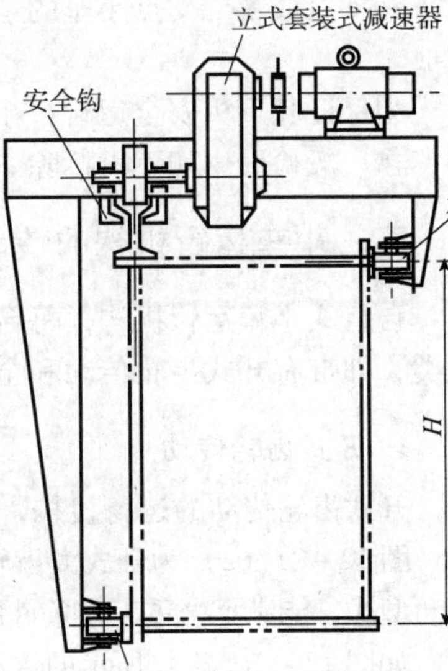

图 12－19　三支点起重小车

二、小车运行机构

小车运行机构的种类、构造与传动原理：

按驱动方式分，小车运行机构有牵引式和自行式两种。

牵引式小车运行机构驱动部件，是安装在桥架或某一固定位置上，因此小车自重较轻，但绳索磨损较快，效率较低，适用于坡度运行及减轻自重有重大价值的场所。

自行式小车运行机构由电动机、联轴器、制动器、传动轴、减速器、车轮组组成，应用范围较广。

图 12－20 为小车运行机构简图。其传动原理是：电动机通过减速器和传动轴驱动车轮，使小车在主梁轨道上运行。为了补偿由于小车架变形或装配误差等原因造成的减速器轴与电动机轴及车轮轴之间的角度偏差，电动机与减速器轴之间用一个全齿联轴器连接，车轮与减速器之间用两个半齿联轴器与一根传动轴连接。

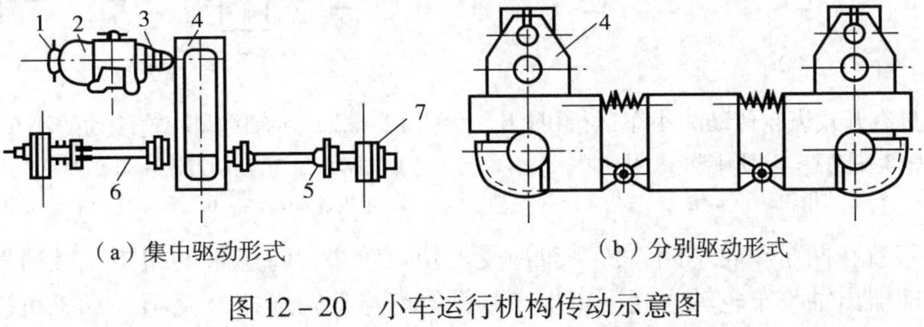

（a）集中驱动形式　　（b）分别驱动形式

图 12－20　小车运行机构传动示意图

1. 制动器；2. 电动机；3. 高速轴联轴器；4. 立式减速器；5. 低速轴联轴器；6. 传动轴；7. 车轮组

三支点或者二支点小车的运行机构基本相同，都是由电动机、制动器、减速器和车轮组成。

为保证起重机安全运行，小车上应设置限位开关和缓冲器。在车轮与轨道间装有安全钩，在一般检修中切不可拆除。起重机在室外工作的，小车还应设有防雨罩。

三、小车运行机构的传动形式

自行式小车运行机构，每台小车上装有四个车轮，半数为主动轮。其传动型式分为两大类，即带有开式齿轮传动和全部为闭式齿轮传动。

1. 开式齿轮传动

开式齿轮传动的运行机构，高速级封闭在箱壳内，用油浴润滑；低速级的采用开式齿轮。图 12－21（a）为开式大齿轮做成齿圈式，并与车轮一起绕固定的车轮心轴旋转。这种传动型式，能满足繁重工作条件的要求，具有足够的可靠性；缺点是车轮不便装拆检修。

如图 12－21（b）所示的传动型，大齿轮与车轮装在一根转轴上，结构简单，检修车轮与轴承很方便；缺点是大齿轮的支点距离较大，不利于齿轮的正常啮合。

开式齿轮传动的最大缺点是齿轮的磨损严重，因此，一般用途的门式起重机小车运行机构，大多采用闭式齿轮传动型式。

2. 闭式齿轮传动

闭式齿轮传动型式如图 12－22 所示。

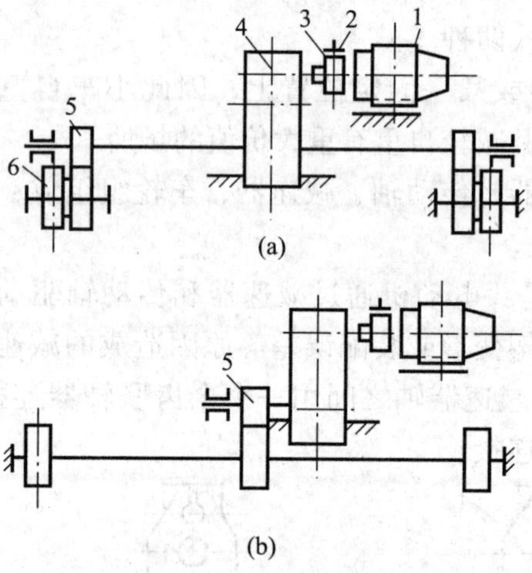

图 12－21　具有开式齿轮传动的小车运行机构

1. 电动机；2. 制动器；3. 联轴器；4. 减速器；5. 开式齿轮；6. 车轮

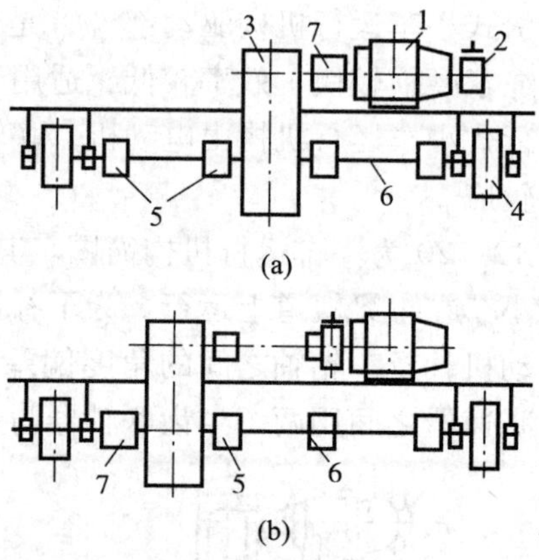

图 12－22　具有闭式齿轮传动的小车运行机构

1. 电动机；2. 制动器；3. 联轴器；4. 减速器；5. 半齿轮联轴器；6. 浮动轴；7. 全齿轮联轴器

减速器布置在两个车轮中间，传动轴所受的扭矩较小，每边轴的扭矩是减速器出轴扭矩的一半。减速器出轴与车轮轴之间采用半齿联轴器和浮动轴连接（两根浮动轴可以等长，也可以不等长），或用一个全齿联轴器和一根浮动轴连接。这种型式的优点是，允许的安装偏差较大，安装方便，装拆分组性好。起重量10t以上的门式起重机小车都采用这种型式。其缺点是，由于机构中车轮轴承帮联轴器较多，运行机构显得复杂和笨重，制造成本较高。

图12-22（a）、（b）两种型式的不同点，主要在电动机与减速器入轴的连接方式上。图12-22（a）为电动机与减速器入轴直接连接，图12-22（b）则在电动机与减速器入轴中间加了一根浮动轴，对加工、安装不准确和小车架变形的补偿作用较大，有利于机构的运转。因此，如小车轨距稍宽，应尽量选用图12-22（b）的。

在小车运行机构中，考虑到制动时高速浮动轴能起一部分缓冲的作用，制动器的位置多装在靠电动机出轴端的半联轴器上，也可以将制动轮单独装在电动机另一个出轴端上。

第五节　电气部分

门式起重机的电器部分是由电器设备和电气线路组成的。

一、电器设备

门式起重机的主要电器设备包括：供电装置、保护箱、电动机、控制屏、各机构控制器、电阻器及限位和安全开关等。

保护箱内装有由开关、交流接触器、过电流继电器、熔断器和信号灯等组成的配电盘。

电动机是各工作机构的驱动装置。

控制屏上装有起失压保护作用的零压继电器，保护电动机的过电流继电器、控制电动机转子电路工作的反接接触器、加速接触器等电器元件，与主令控制器相配合，用于操纵大功率电动机的起动、调速、换向、制动和停车等。

各机构的控制器主要采用凸轮控制器和主令控制器，用以控制各机构电动机的起动、调速、换向、制动和停车。

电阻器串接在电动机转子回路中的电阻，是用来限制电动机的起动电流和调节电动机的转速。

限位和安全开关是限制各机构的工作范围，起安全保护作用。

二、供电装置

由于搬运物料的需要，门式起重机的小车与大车之间和大车与地面必须有相对运动，这就要求其需要采用移动式供电装置。移动式供电装置可以归纳为硬滑线供电和软滑线供电两种方式。

起重机大车供电，是由固定在车间的角钢滑触线和安装在起重机上的集电托所组成，小车供电滑线目前几乎全部采用电缆。

选用硬滑线或软电缆时，应注意两个问题。一是电压损失，二是发热。对硬滑线，由于阻抗大，电压损失是主要的，在满足电压损失要求情况下，发热往往是允许的。对电缆而言，满足电压损失要求时，还一定要校验发热情况。因为过热会加速绝缘老化，降低电缆的使用寿命。

常用几种硬滑线的发热允许负荷电流见表 12－3。

表 12－3　硬滑线发热允许负荷电流

导电材料	$\Phi16$ 圆钢	$L50\times50\times5$	$L75\times75\times6$
发热允许电流/A	100	330	600

（一）大车导电器

大车导电器由集电拖、支板、瓷瓶、小轴、支架及引入导线等元件组成。从引入电流的容量来分有 100A、300A、600A 等几种。如图 12－23 所示。

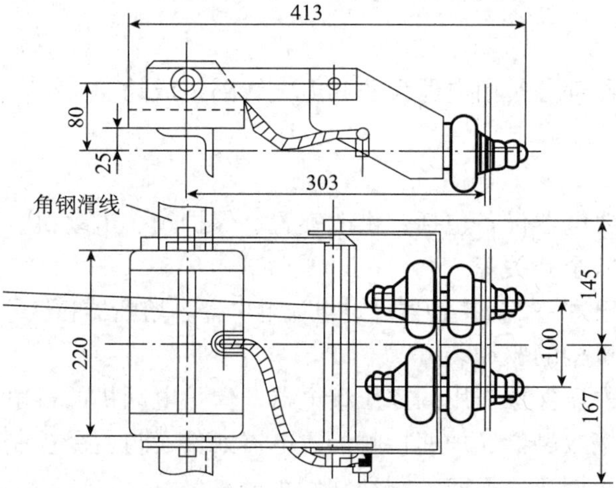

图 12－23　大车导电器

（1）大车导电器的特点。该电器上、下、左、右位移调整量较大。由于集电拖较重，压在供电的滑触线上，使之产生较大的正压力，由于滑触线上灰尘较多，移动时容易在集电拖下产生火花，因此在重要的场合或供电电流较大时，宜采用双集电拖。

（2）在尖峰电流时，起重机供电滑触线的电压损失要满足起重机设计要求。

（二）小车导电装置

起重机小车供电采用软电缆供电，其优点是减轻了导电装置的重量，消除了裸露的带电体，防止工作人员触电。软电缆直接和用电设备连接，大大提高了供电的可靠性。

由于软电缆供电装置的导向部件不同，目前有异型钢轨道小车供电装置、工字钢轨道小车导电装置以及电缆拖车等几种方式。

1. 工字钢轨道的电缆导电装置

如图 12－24 所示，它由工字钢、挡头滑轮小车、接线盒、钢丝绳等组成。

电缆滑车之间的间距为 3.5m，电缆指数大于 5 根，电缆最多有效总芯数为 26 ~ 30

个。工字钢的上翼缘由支柱上的角钢来固定，滑轮小车跨在工字钢上，随起重机小车而移动。当滑轮小车全部退回至极限位置时，由滑轮小车两端的挡头相互顶住，使它们有次序地排成一列，避免电缆拥挤压折。

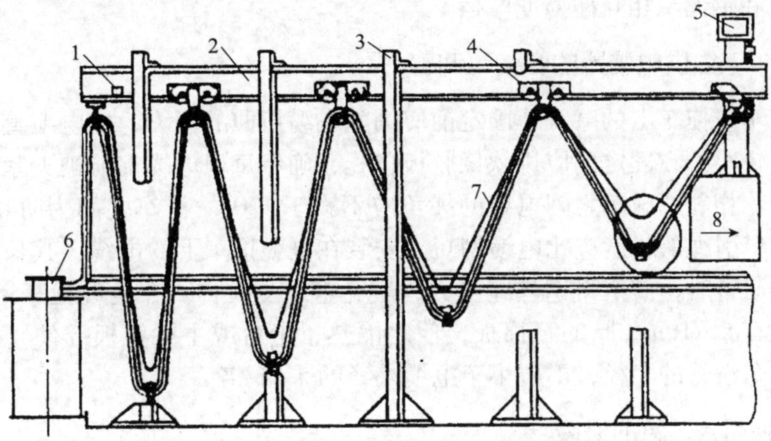

图 12-24　工字钢轨道电缆导电装置

1. 挡头；2. 工字钢；3. 支柱；4. 滑轮小车；5、6. 接线盒；7. 钢丝绳；8. 小车

2. 异型钢轨道的电缆导电装置

由于异型钢（□63×63、□40×40）较工字钢轻，目前桥式起重机多采用这种导电装置。

3. 滚动式电缆拖车导电装置

上述两种导电装置属于悬挂式，在受热辐射影响较大或经常受侧向作用力的使用场所缺点较明显。这种情况下应采用滚动式电缆拖车装置（见图 12-25）。电缆从跨度中部走台上的接线盒接出来，分为两半后分别从下面沿电缆拖车移动的方向左右分开，经过有槽的电缆卷筒转到电缆拖车上面，再经过拖车从两路汇合到小车上的接线盒。小车移动时，就带动电缆拖车在轨道上运行。这种供电装置较前两种节省电缆，且能减小热辐射的影响。

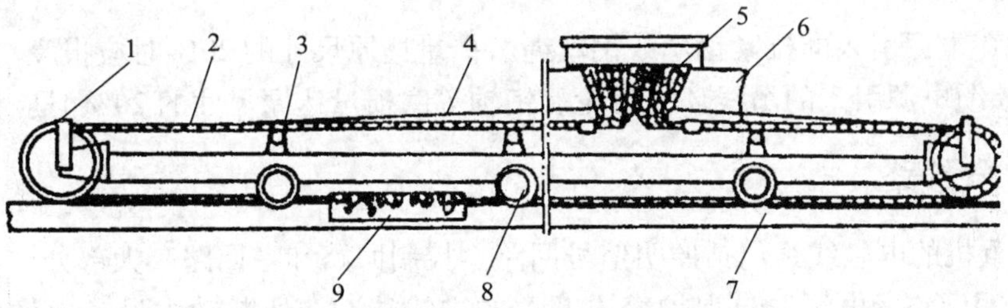

图 12-25　电缆拖车导电装置

1. 电缆卷筒；2. 电缆；3. 拖辊；4. 钢丝绳；5. 小车上接线盒；
6. 小车；7. 电缆车轨电缆道；8. 车轮；9. 走台上接线盒

（三）小车供电卷筒

小车供电卷筒主要是给电磁门式起重机电磁吸盘供电用的，要求和起升机构同步，防止工作时电缆和钢丝绳相互碰撞或摩擦。

（四）小车电缆供电装置的安装与调整

安装在滑车或拖车上的电缆，固定前应消除电缆扭曲的应力，按电缆直径大小依次排列整齐，直径较小的在固定前应用软橡胶板包扎，确保每根电缆都能被夹紧。当电缆拉开到极限位置时，相邻两滑车之间电缆的夹角应不大于120°。滑车之间为防止电缆受拉伸，装有牵引绳。牵引绳的长度应比电缆稍短。安装在电缆拖车上的电缆，其长度应留有适当的余量。拖车运行时，使牵引钢丝绳受力，避免电缆受拉伸。在电缆拖车运行的范围内，拖车下面应垫有8~10mm厚的石棉板，使之隔热；走台或主梁盖板部件，应有防雨水积聚的措施。拖车滚轮的半径，不应小于电缆外径的5~6倍。

（五）电源引入装置的报废

（1）平面集电器（铸铁块）磨损量达原尺寸的50%时应报废。

（2）平面集电器的电源引入角钢滑线磨损量达原尺寸的50%时应报废。

（3）平面集电器的绝缘磁管有破损时应报废。

（4）平面集电器的转动销轴磨损量达原尺寸的20%时应报废。

（5）滑轮集电器的滑轮槽磨损量达原尺寸的20%时应报废，采用塑料滑轮有机械损伤、型纹、老化龟裂时也应报废；滑轮轴及滑轮轴孔磨损量达原尺寸的20%时，滑轮轴及滑轮均应报废。

（6）与滑轮集电器相配合的圆裸钢或铜滑线的磨损量达原尺寸的20%时应报废。

（7）内藏式滑触电源引入的触头磨损量达原尺寸的30%时或因疲劳造成触头弹簧发生理性变形，影响到使触头不能有效与电源滑线接触时，触头装置应报废。

（8）内藏式滑触电源引入的铜滑触线磨损量达原尺寸的25%时滑触线应报废；当滑触线的滑槽采用塑料材料时，滑线槽有老化龟裂或受热变形影响有效接电时，滑线装置应报废。

（9）软缆电源引入的拉紧钢丝或钢丝绳磨损量达原尺寸的20%时应报废。

（10）软缆电源引入的吊线环、滑轮、销轴等磨损量达原尺寸的20%时应报废。

三、电气线路

门式起重机的电气线路包括照明信号回路、控制回路和主回路三大部分。

（1）照明回路的电源取自保护箱内开关的进线端，在切断动力设备电源时仍有照明用电。

（2）控制回路控制主回路与电源的接通或断开，对各机构的正常工作起到安全保护作用。

（3）主回路是驱使电动机工作的电路，由电动机的定子外接电路和转子外接电路组成，由控制回路所控制。

四、电气设备选用原则

（1）一般采用交流传动控制系统，在有特殊要求或仅有直流电源情况下，可采用直流传动控制系统。

（2）除辅助机构外，应采用符合规范规定的电动机，必要时也可采用符合起重机要求的其他类型电动机。

（3）选择电阻器时，应注意：

1）接电持续率不同的电动机，宜选用不同参数的起重机标准电阻器。如特殊需要，也可由起重机制造商自行设计，但应符合《起重机设计规范》（GB/T 3811—2008）中7.5.1.3的要求。

2）起升机构不应选用频敏电阻器。

（4）起重机进线处应设隔离开关或熔断器。

（5）当采用按钮盒控制室，控制电压不应大于50V。

（6）对电磁起重机，起重机电磁铁的电源在交流侧的接线，应保证在起重机内部各种事故断电（起重机继电器不断电）时，起重机电磁铁供电不切断，即吸持物不脱落。

（7）小车采用悬挂电缆导电时，应满足以下要求：

1）在门架或小车架的适当部位设置固定的接线盒（箱）；

2）为使车体运动过程中电缆不受过大拉力，可附加电缆牵引绳索；

3）宜采用扁电缆；

4）采用圆电缆时，电缆截面在2.5 mm^2及以下的可选用多芯电缆，4 mm^2及以上的可选用三芯或四芯电缆，其中16 mm^2以及以上的圆电缆宜选用单芯电缆。

（8）起重机馈电装置采用电缆卷筒供电时，应满足以下要求：

1）电缆卷筒的集电滑环应满足相应的电压等级和电流容量的要求，每个滑环至少有一对电刷，电刷的防护等级应满足环境要求，且不应低于IP54；

2）要有防止电缆在运动过程中被拉断和磨损的措施；

3）在电缆卷筒附近便于操作处，设置电缆操作箱。

（9）司机室和电气室内的工作面平均照明度不应低于30 lx。

（10）固定式照明的电压不宜超过220V，严禁用金属结构做照明线路的回路。可携式照明的电压不应超过36V，交流供电时，应适用隔离变压器。起重机上至少应具有2只供插接可携式照明装置用的插座。

（11）照明、信号应设专用电路，电源应从主断路器（或主刀开关）进线端分接。当主断路器（或主刀开关）断开时，照明、信号电路不应断电，照明、信号电路及其各分支电路均应设置短路保护。

第十三章

门式起重机的安全技术要求

第一节　钢结构安全技术要求

一、主梁变形对起重机安全运行的影响

主梁变形主要是指上拱度减小和出现“残余下挠”。

由于不少门式起重机的主梁都达不到上拱度值的要求，有一些起重机经使用一段时间以后产生下挠，也有少数单位自制的起重机尚未安装使用就出现下挠。这里所说的主梁下挠是指主梁产生向下的永久变形，即起重机在空载时，主梁上拱度已减小或低于水平线的下挠，成为负拱度，即通常说的“残余下挠。”这种起重机起吊重物时，主梁的下挠变形超出规定范围，对起重机的安全运行十分不利。在实际使用中发现，5 ~ 50 t 的大跨度（19.5m 以上）起重机，主梁下挠的情况相当普遍，且箱形结构比桁架结构严重。

箱形起重机主梁的下挠、水平弯曲、腹板波浪等几种变形常同时出现，相互并联，相互影响，严重影响着起重机的使用性能。

二、主梁变形的原因

主梁严重下挠的原因较多，主要有以下几点：

（1）制造时下料和焊接不符合要求。主梁腹板下料按规定须按拱度下料，有些单位自制主梁时不按规定下料，而是按直板下料，主梁上拱是通过火烤或焊接工艺获得。这样制造出的主梁经过一段时间，上拱就自然消失（自然失效），因而产生下挠。由于焊接工艺不良或金属材料不合格都会使主梁很快产生下挠。

（2）超负荷吊运。超负荷吊运对起重机主梁危害严重，当超载 25% 以上时，有可能一次就造成主梁残余性下挠，或使原来存在的下挠更为严重。

（3）违章吊运。违章吊运埋设物件，或改变工作类型使用（如轻级改中级、中级改重级使用），都会使起重机严重超负荷，从而使主梁下挠变形。

（4）操作不正确。钢丝绳没绷紧就快速起吊，制动器调整不当，快速下降，起吊重物时制动过猛和吊运重物翻转引起冲击等，均会造成主梁下挠。

（5）腐蚀。在有腐蚀性气体或湿度大的环境中，以及露天作业的起重机，因防腐不良造成钢结构腐蚀而损坏主梁。

（6）高温的影响。钢的屈服点是随着温度升高而降低的，因此，在热区作业的起重机，除在主梁下面应设置防热辐射的装置外，还要定期对主梁进行变形检查和修复。

（7）修理的影响。修理时，主梁上盖板经常接触气焊、电焊施工，小车轨道压板的多次割焊，都会使主梁产生下挠。焊接走台会使主梁向内弯曲。

（8）长时间在跨中位置吊运重物。

针对主梁产生下挠的原因，除加强维护管理不超载使用，在热辐射环境工作的门式起重机在主梁下面尽可能设有反热辐射的装置之外，还要及时检验并对变形的主梁进行修复。

三、主梁水平弯曲产生的原因

（1）在使用中产生的水平弯曲。起重机在使用中，由于主梁的下挠，造成主梁向内侧产生了水平弯曲。

（2）制造工艺要求的预制水平弯曲。为了达到主梁预制水平弯曲的要求，在焊接主梁上盖板与大小筋板焊缝时，施焊方向从无走台向有走台侧移动，致使主梁向走台侧产生水平弯曲。

（3）因改制结构件产生水平弯曲。加宽走台和在走台外增加拉筋板时，由于在主梁外侧进行气割和焊接加热，造成主梁内侧水平弯曲。

（4）由于使用中水平惯性力的作用，引起主梁向内侧产生水平弯曲。

四、主梁腹板波浪变形产生的原因

在腹板拼接时，由于钢板本身不平（焊前又无校平处理），在焊接内应力的作用下，产生了腹板的波浪变形。

五、端梁变形的原因

（1）为了增强主梁与端梁的连接刚性，有时使用单位在主梁的头部与端梁上焊接一块钢板（或大角钢），因而造成端梁向外侧弯曲。

（2）若大车啃轨严重，在侧向力的作用下，也会造成端梁变形。

（3）由于使用中主梁的下挠变形，也会引起端梁变形。

六、对角线超差变形原因

（1）由于制造中主梁与端梁不垂直，造成桥架对角线超差，桥架由矩形变成平行四边形。

（2）由于使用中两主动车轮的踏面直径磨损量不等，造成两边主动车轮不同步运行，产生起重机啃轨现象。在侧向力的作用下，桥架产生了角变形，从而导致对角线超差。

（3）由于使用中起重机发生相互碰撞，造成对角线超差变形。

七、主梁变形对安全运行的影响

1. 对小车运行的影响

由于主梁的残余下挠，小车轨道就会产生“坡度”，小车由跨中向两端运行时就要爬坡，不仅要克服正常运行的阻力，而且要克服由于斜坡产生的爬坡附加阻力，使之运行阻力增大。当主梁下挠值达到 $L_k/500$ 时，小车运行阻力就增加 40%，电机容易因过载而烧坏。另外，由于小车轨道存在坡度，还会出现“打滑”现象。制动后会自行“溜车”，要求停车位置准确的作业就很难进行，也容易发生设备和人身事故。双梁门式起重机的主梁下挠变形，还会使小车出现“三条腿”运行，使小车架受力不均。

2. 对大车运行机构的影响

主梁变形往往使传动轴变曲，特别是对集中驱动的大车传动轴的影响尤为严重。当传动轴弯曲度超过 0. 5mm/m 时，就会损坏轴或轴颈，以及造成联轴器折断、连接螺丝断裂等事故。转轴的转速越高，其危害就越大。

3. 引起主梁向内水平弯曲和裂纹

主梁残余下挠，往往与主梁向内水平弯曲、腹板波浪变形、内部焊缝或筋板开裂、下腹板疲劳裂纹等同时发生。残余下挠还会使车体逐趋下附，受力状况恶化，承载能力降低。如不能及时发现上述故障，将会造成恶性事故。残余下挠严重而又不能修复的起重机只有报废更新。

主梁的水平弯曲，在《通用门式起重机》（GB/T 14406—2011）中规定为 $x \leqslant S_3/2\,000$（S_3 为两端始于第一个大筋板的实测长度，在离上翼缘板约 100mm 的大筋板处测量）。水平弯曲后，会使小车轨道变形，小车运行阻力增加，产生“啃轨”，严重时会使小车脱轨（特别是单轮缘的小车轮）而造成重大事故。

八、避免主梁变形的措施

由前所述，门式起重机的主梁产生下挠变形后，对起重机的使用会带来许多不利影响，严重时使起重机无法工作，造成恶性事故。

起重机主梁产生下挠变形的原因虽是多方面的，但是，若注重下述几个问题则可减少或避免主梁产生下挠变形：

（1）起重机存放时应平放，下部用枕木或钢制支架垫好，禁止歪斜放置，更不允许将主梁翻转放置。

（2）起重机修理时，要尽量避免在主梁上盖板和走台上进行加热或焊接工作。在更换小车轨道时，轨道压板应铲下，而不应用气割。必须进行焊接和气割时，应很好地考虑焊接和气割工艺，采取必要的防变形措施。

（3）起重机在使用时，应避免超负荷的吊运，禁止斜拉斜吊。超负荷吊运是引起主梁下挠变形的重要原因。

(4) 起重机在停止工作时，禁止在吊钩上悬吊重物，小车应停在主梁的端部，以避免起重机主梁受静载荷作用而变形。

(5) 起重机在工作中应注意避免急剧地起动、制动以及和另一台起重机相撞。因这种急剧的动作会使桥架产生很大的附加动载荷而变形。

第二节　大车运行机构安全技术要求

一、车轮的安全检查与技术要求

车轮的种类及其应用

起重机用的车轮按其轮缘分类，可以分为单轮缘、双轮缘和无轮缘三种，如图 13－1 所示。轮缘的作用是导向和防止脱轨。车轮按其踏面形状又分为圆柱形、鼓形、圆锥形和圆柱—网锥形四种，如图 13－2 所示。

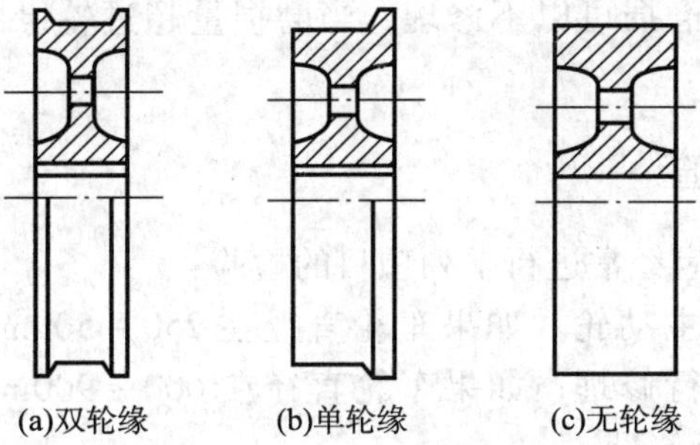

(a)双轮缘　(b)单轮缘　(c)无轮缘

图 13－1　车轮的轮缘

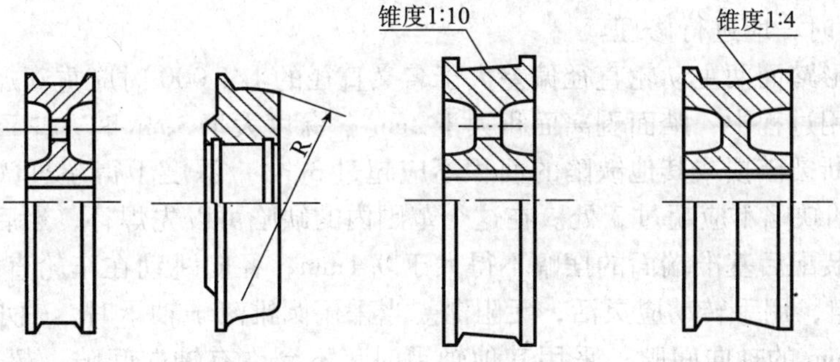

(a)圆柱形　(b)鼓形　(c)圆锥形　(d)圆柱—网锥形

图 13－2　车轮的踏面形式

单梁起重机的小车多数采用圆柱形无轮缘车轮，同时装设水平导轮和安全钩，以防小车脱轨和倾翻。

大车车轮一般采用双轮缘车轮，其被动轮多数采用圆柱形双轮缘车轮，主动轮可为圆柱形双轮缘车轮，也可采用圆锥形双轮缘车轮。采用圆锥形车轮时，需配用顶面带圆弧的钢轨，且车轮在工字梁翼缘上运行的电动葫芦的车轮，主要采用鼓形踏面车轮。

二、车轮的技术要求

（1）车轮通常用不低于 ZG_{55} Ⅱ铸钢制造。

（2）成品车轮不得有裂纹，一般不允许焊补。

（3）车轮踏面应平整，表面粗糙度不低于 3.2，表面硬度在 HB300 ~ 350，淬硬深度在 15 ~ 20 mm；踏面径向跳动不大于直径公差；两主动轮直径偏差应小于 $D/1000$，四个车轮的直径误差不大于 $D/600$（D 为车轮直径）；车轮踏面的麻点不多于 5 处。麻点直径不大于 1 mm，深度不大于 3 mm，且不允许有其他缺陷；轮圈厚度不小于原厚度的 80%。超过上述标准的车轮需修理或更换。

（4）车轮内孔铸造缺陷（气孔，砂眼，夹杂物等）的总面积不超过 $2mm^2$，否则需要修理或更换。

（5）车轮由于磨损或由于其他缺陷重新加工后，轮圈厚度减少不应超过 15%。

（6）车轮轮缘的正常磨损可以不修理，当磨损量超过轮缘的名义厚度的 50%，应更换新轮。

三、车轮的安全检查

车轮在使用过程中，应经常进行下列项目的检验：

（1）圆柱形踏面的两主动轮。如果车轮直径在 250 ~ 500mm，当两轮直径偏差大于 0.125 ~ 0.25mm 时，应进行修理；如果车轮直径在 600 ~ 900mm，当两轮直径偏差大于 0.30 ~ 0.45mm 时，应进行修理。

（2）圆柱形踏面的两被动轮。如果车轮直径在 250 ~ 500mm，当两轮直径偏差大于 0.60 ~ 0.76mm 时，应进行修理；如果车轮直径在 600 ~ 900mm，当两轮直径偏差大于 0.90 ~ 1.10mm 时，应进行修理。

（3）圆锥形踏面两主动轮直径偏差大于名义直径的 1/1 000 时应重新加工修理。

（4）在使用过程中，踏面剥离面积大于 $2cm^2$、深度大于 3mm 时，应重新加工修理。

（5）轮缘断裂破损或其他缺陷的面积不应超过 $3cm^2$，深度不得超过壁厚的 30%，且同一加工面上的缺陷不应超过 3 处。在这个范围内的缺陷可以先焊补，然后磨光。

（6）车轮装配后基准端面的摆幅不得大于 0.1mm，径向跳动在车轮直径公差范围内。装配好的车轮组，用手转动应灵活，无阻滞。当采用圆锥滚子轴承时，轴承内外圈间允许有 0.03 ~ 0.18mm 的轴向间隙；采用其他轴承时，不允许有轴向间隙。超过上述标准时，应重新装配调整。

四、轨道的安全检验与测量

（一）轨道的一般检验

检查钢轨、螺栓、夹板有无裂纹、松脱和腐蚀，如发现裂纹，应及时更换新件；如有其他缺陷应及时修理。钢轨上的裂纹可用轨道探伤器检查，如果发现较小的横向（垂直于轨道）裂纹，可用鱼尾板连接裂纹的两侧，鱼尾板的连接螺栓一般为6个，特殊情况也不得少于4个；发现纵向或斜向裂纹，应去掉裂纹段轨道，更换新轨道。钢轨顶面若有较小的疤痕或损伤，可先用电焊补平，再用砂轮磨光，轨道顶面或侧面磨损不应超过3mm。小车轨道的垫铁，每组不应超过两块，垫铁长度不应小于100mm，宽度应比轨道底面宽10～20mm；两组垫铁间距不应小于200mm；垫铁与轨道底面的实际接触面积，不应小于名义接触面积的60%，其局部间隙不应大于1mm（用塞尺检查）。

（二）轨道的测量

轨道的平直度测量可采用拉钢丝的方法，即在轨道的两端车挡上拉一根直径为0.5mm的钢丝，然后用线锤逐点测量，测点间隔取2m左右。轨道的标高，可用水平仪测量。轨道的跨度可用钢卷尺测量，尺的一端用卡板卡紧，在另一端拉直卷尺（拉力约为10N），每隔5m测量一次。

五、大车运行机构的安全技术要求

1. 安装时的安全技术要求

（1）大车运行机构必须安装制动器且应调整得当，以便在起重机断电后使其在允许制动行程范围内安全停车，其允许制动距离（又称制动距离）S，可按下面经验公式确定：

$$\frac{V_{大车}^{2}}{5\,000} \leqslant S_{制} \leqslant \frac{V_{大车}}{15} \tag{13-1}$$

式中，$V_{大车}$——大车额定运行速度，m/min。

（2）制动器每天应检查并调整一次，分别驱动的运行机构，两端制动器应调整协调一致，以防止制动时发生起重机扭斜和啃轨现象。应使运行时两端制动器完全打开而无附加摩擦阻力，确保起重机正常运行。

（3）起重机端梁上应安装行程限位器，并相应在大车行程两端安装限位安全尺，以确保在大车行至轨道末端前触碰限位器转臂并打开限位器的常闭触头而断电停车；同一轨道上每两台起重机间亦应相应安装限位尺，当两车靠近并在碰撞前触碰对方限位器转臂而断电停车，或安装防碰撞的互感器，以防止两台起重机带电硬性碰撞事故的发生。

（4）门式起重机每端梁的端部必须装有弹簧式或液压式缓冲器，并于起重机每条轨道末端承轨梁上安装止挡体（欲称车挡），既能防止起重机脱轨掉道，又可吸收起重机运动的动能，起到缓冲减震并保护起重机和建筑物不受损害的作用。车挡严禁安装或焊在轨道上。

（5）带有锥形踏面的大车主动轮，必须配用顶面呈弧形的轨道，且用于分别驱动的传动形式，锥度的大端应靠跨中方向安装，不得装反，否则不能起到运行时的自动对中作用反而导致大车偏斜。

（6）大车车轮前方应安装扫轨板，扫轨板之下边缘与轨顶面的间隙为10mm，用来清除轨道上的杂物，以确保起重机运行安全。

2. 操作时的安全要求

（1）为防止启动时因惯性力而产生的吊物游摆对地面作业人员及设备的危害事故发生，要求在开动大车后，采用先回零位一次。然后在吊向前游摆时再顺势快速跟车一次的方法，即可消除吊物的游摆，对于重载，采用此法效果极为显著，做到起车稳和行车稳的操作。

（2）为防止停车时的吊物游摆，要求装拆工应掌握大车的运行特性和制动行程距离，应在预停位置前合适距离回零断电，使车在制动滑行后停车，如操作得当，能做到既平稳而又准确。

（3）除遇到紧急情况（如碰人或设备）以外，严禁开反车制动停车。

第三节　起升机构安全技术要求

起升机构各通用零件，如吊钩、钢丝绳、卷筒等，必须严格安装前面所述的要求检查执行外，还应注意以下几个问题：

一、对制动器的要求

起升机构必须安装常闭式制动器，制动安全系数的选择应符合《起重机设计规范》（GB/T 3811—2008）的规定。

制动器的安全检查与维护应注意以下要求：

制动器的调整标准：通过对主弹簧、磁铁冲程及闸瓦间隙的调整，使其达到：在空载时，撬开制动器而松闸，吊钩组可缓慢起动下落并逐步加快，表明制动器已完全打开而无附加摩擦阻力；当起吊额定负荷（即额定起重量）以常速下降时，断电后其制动下滑距离应符合下式要求：

$$S_{制} \leqslant \frac{V_{起}}{100} \qquad (13-2)$$

式中，$V_{起}$——额定起升速度，m/min。

起升机构制动器工作必须确保安全可靠，一般应每天检查并调整一次，且在正式工作前应试吊以检验其是否安全可靠。

二、对起升机构的溜钩距离要求

起升机构吊起额定负荷时，其溜钩距离应为：

$$S = (1/80 \sim 1/100)\ V_{升} \qquad (13-3)$$

如果溜钩距离过大，则应适当调整制动器的弹簧长度。

三、对压板的要求

卷筒上固定钢丝绳头的压板不得少于两个，交接班时，应检查压板紧固螺栓有无松动的现象。

四、对上升下降限制器的要求

必须安装上升、下降限制器，且应满足以下要求：

（1）上升限位器的安装位置（或调整位置），应能保证当取物装置顶部距离定滑轮组最低点不小于0.5m处断电停机。

（2）下降限位器的设置应能确保取物装置下降到最低位置断电停机，且此事在双联卷筒上每端所余钢丝绳不少于两圈（不包括压绳板处的圈数在内）。

五、对限位器的要求

应经常检查限位器工作的可靠性，动作的灵敏可靠性；失效时，必须停机检修，不得“带病”工作，以防钩头冲顶断绳坠落事故的发生。

六、对吊钩的要求

吊钩必须安装有防绳脱钩的安全闭锁装置。

七、对超载限制器的要求

超载限制器必须灵敏可靠。

八、操作时的安全技术要求

（1）当起吊较重的吊物时，严禁急速推转控制器手柄的猛烈起动，以消除过大惯性力对机构和主梁的冲击。

（2）对于用凸轮控制器操纵的起升机构，在长距离下降重载时，应迅速将手柄推至下降第5挡，切除转子串入全部电阻，以最慢的下降速度下降吊物。以防飞逸事故和刹不住车的危险事故发生；在短距离下降重载时，可采用手柄推至上升第1挡的反接制动方式下降吊物。

九、小车运行机构的安全技术要求

（1）小车运行机构必须安装制动器，以确保断电后在允许制动行程范围内安全停车。其允许制动行程应符合下式规定：

$$\frac{V_{小车}^{2}}{5\,000} \leqslant S_{制} \leqslant \frac{V_{小车}}{20} \tag{13-4}$$

式中，$V_{小车}$——小车额定运行速度，m/min。

（2）制动器应每天检查并调整一次。

（3）小车行程的两终端必须安装限位器，相应在小车架底部应装有限位安全尺，以确保在小车行至终端时触碰限位器转臂而打开常闭触头断电停车。

（4）小车架上必须安装弹簧或液压式缓冲器，并在主梁两端相应部位焊有止挡板，使之与缓冲器的碰头对中相碰撞，既能阻止小车继续运行又能起缓冲减震作用。

（5）在主梁上盖板端部应焊有止挡板，防止小车脱轨掉道。

（6）小车运行时各车轮踏面应与轨顶全面接触，主动轮踏面与轨顶间隙不应大于0.1mm；从动轮不应大于0.5mm，小车出现“三条腿”故障时，必须予以修复，不得“带病”工作，以防事故发生。

（7）小车车轮为单轮缘时，轮缘应靠近轨道外侧方向安装，尤其是在修理后重新安装时，不得装反。

（8）小车轮前应安装扫轨板，其底边缘与轨顶面间隙为10mm。

（9）操作小车时的安全技术要求，与大车基本相同。

第十四章

门式起重机的安全装置

为了保证起重机机械安全运行时避免造成人身伤亡事故及机械设备事故，在起重机设备上配备有各种安全防护装置。

第一节　安全防护装置的设置要求

在门式起重机上装设的安全防护装置的名称、要求程度和要求范围如表 14－1 所示。在使用中，应对这些装置及时检查、维护，使之保持正常工作性能，如发现性能异常，应立即进行维修或更换。

表 14－1　门式起重机的安全防护装置

安全防护装置名称	要求程度	要求范围
超载限制器	应装	—
	宜装	动力驱动，额定起重量为 5～10t 的
上升极限位置限制器	应装	动力驱动
下降极限位置限制器	宜装	—
运行极限位置限制器	应装	动力驱动的并且在大车和小车运行的极限位置
偏斜高调整显示装置	宜装	跨度等于或大于 40m
联锁保护装置	应装	装卸桥设在运动部分的司机室，在进入司机室的通道口与小车运动机构之间
缓冲器	应装	在大车、小车运行机构或轨道端部
夹轨钳和锚定装置或铁鞋	应装	露天工作
登机信号按钮		装卸桥司机室位于运动部分的应装
防倾翻安全钩	应装	单主梁门式起重机在主梁一侧落钩的小车架上
检修吊笼		—
扫轨板和支撑架	应装	在大车运行机构
轨道端部止挡板	应装	—
导电滑线防护板		—
暴露的活动零部件的防护罩	宜装	—
电气设备的防雨罩	应装	露天工作

第二节　位置限制器

一、上升、下降极限位置限制器

上升极限位置限制器又称起升限位装置、过卷扬限制装置等，它用来限制起升高度，当起升到上极限位置时，限位器发生作用，使起升重物停止上升，可以防止起升重物继续上升而发生钢丝绳被拉断、重物下坠的事故。此时再去操纵手柄，则只能得到起升重物下降的动作。

上升极限位置限制器主要有重锤式和螺杆式两种。

重锤式上升极限位置限制器使用方便，但因钢丝绳在重锤中穿过，作业时钢丝绳常与重锤摩擦，有时会磨断钢丝绳。为了保证安全，也可以安装警报装置。警报装置由重锤和电器接点构成（见图 14－1）。

螺杆式限制器可以单向限位，也可以双向限位。这样不仅可以限制过卷扬，还可以限制钩头落地再放绳而使钢丝绳绞乱。图 14－2 就是能上、下限位的过卷扬限制器。

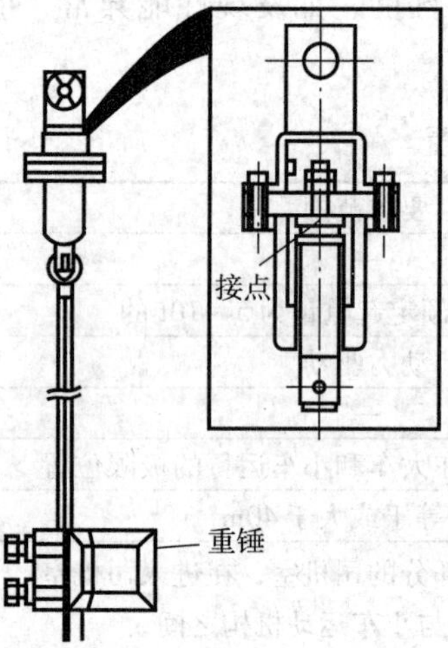

图 14－1　过卷警报装置

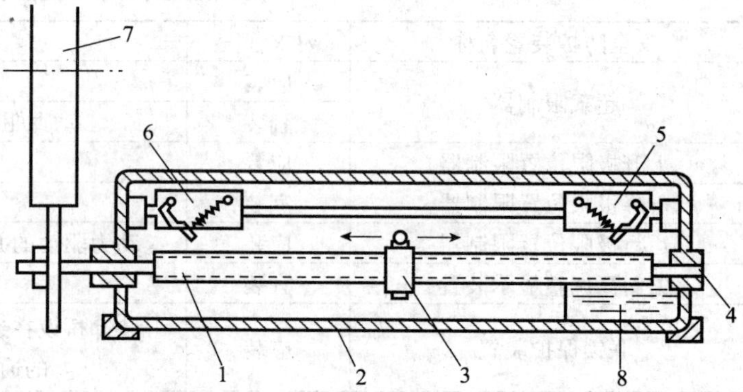

图 14－2　双向限位的过卷扬限制器

1. 螺杆；2. 壳体；3. 撞头；4. 油封；
5、6. 上下过卷扬限位开关；7. 卷筒齿轮；8. 油

二、对上升和下降极限位置限制器的安全要求与检验

上升极限位置限制器，必须保证当吊具起升到极限位置时，自动切断起升的动力源，此时钢丝绳在卷筒上应留有至少一圈空槽。对于液压起升机构，宜给出禁止性报警信号，所有桥架型起重机、电动葫芦上都应装设上升极限位置限制器。

下降极限位置限制器，在吊具可能低于下极限位置的工作条件下，应保证吊具下降到

下极限位置时，能自动切断下降的动力源，以保证钢丝绳在卷筒上的缠绕除不计固定钢丝绳的圈数外，至少还应保留两圈。凡有可能造成吊具越过下极限位置工作的起重机，均应装设下降极限位置限制器。

安全检验以功能试验为主。在有检验人员现场监护观察的条件下，进行空钩起升，吊钩或吊具达到起升极限位置时，起升系统断电，吊钩或吊具不能继续上升，证明上限位器有效；吊钩或吊具超过上极限位置时，起升系统仍可能继续上升，则应进行检修或更换上限限位器。

三、行程极限位置限位器

行程极限位置限位器实际上由顶杆和限位开关组成。当行程到达极限位置后，顶杆触动限位开关的转动柄，它的转动可以断电源，使机构停止工作。起重机的大、小车为控制行程的范围都装有行程开关，图 14－3 是几种常见的 LX4 系列限位开关的结构简图。

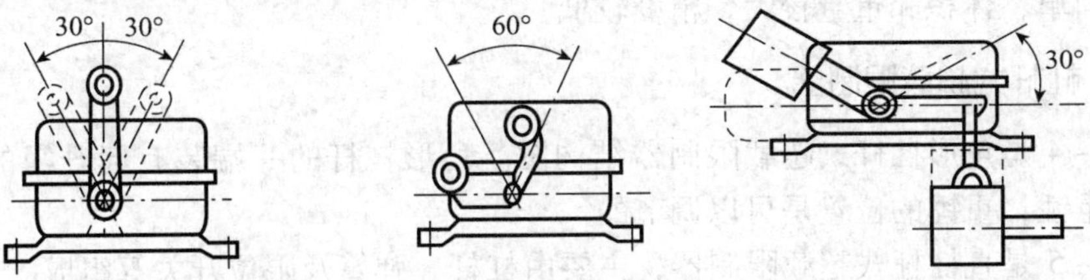

（a）LX4-11型、LX4-12型　（b）LX4-21型、LX4-22型　（c）LX4-31型、LX4-32型

图 14－3　行程限位开关

对于运行极限位置限制器的要求是，应保证运行机构在其运行的极限位置时，自动切断前进的动力源，并停止运动。这种安全装置应装设在各种桥架型起重机大车和小车运行的极限位置。

（一）限位开关的检验要求

（1）限位开关应有坚固的外壳，并应有良好的绝缘性能。密封性能较好，在室外或粉尘场所应能有效地防护。

（2）触点不应有明显的磨损和变形，应能准确地复位。

（3）限位开关动作灵敏可靠。

（4）上升极限位置限制器的动作距离，一般情况下，吊钩滑轮组与上方接触物的距离应不小于 250mm。

（二）位置限制器的报废

（1）升降限位开关触点有损伤或因磨损量达到原尺寸的 30% 时或因损伤、磨损造成限位器机能失效时应报废。

（2）重锤式起升限位器内的拉弹簧因疲劳失去了弹力时，弹簧应报废。

（3）螺旋式起升限位器的螺杆或涡杆磨损量达原尺寸的 20% 时，螺杆或涡杆应报废。

（4）行程开关动作失灵或触点磨损量达原尺寸的 30% 时或不能可靠断电时应报废。

第三节　超载限制器

超载限制器，又称为起重量限制器，它的功能是防止起重机超载吊运。当起重机超载吊运时，它能够停止起重机向不安全方向继续动作，但应能允许起重机向安全方向动作，同时发出声光报警信号。

超载限制器按其结构形式和工作原理的不同，可分为机械式、液压式和电子式三种类型。

一、机械式超载限制器

机械式超载限制器的种类较多，大体分为：杠杆式、偏心轮式和弹簧式三种。特点是：构造简单，体积和重量较大，精度较低。

（一）杠杆式超载限制器

图 14－4 是角形杠杆式超载限制器结构图。角形杠杆的一端装有起升绳的导向滑轮，另一端有重锤，重锤的位置是可以调节的。

图 14－5 是直杠杆式超载限制器，主要由杠杆、弹簧及限位开关等组成。

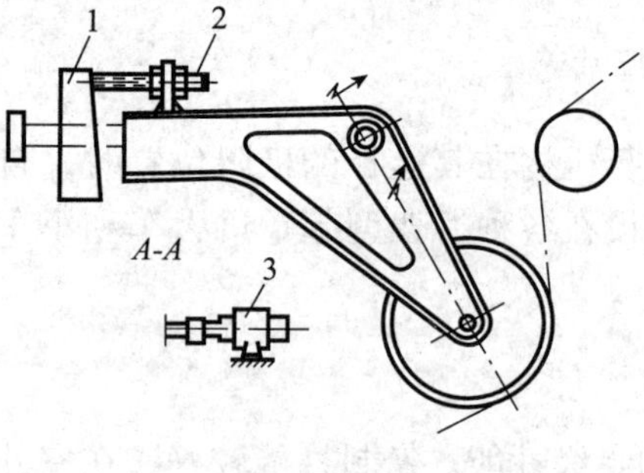

图 14－4　角形杠杆式超载限制器

1. 重锤；2. 调节螺；3. 自整角机

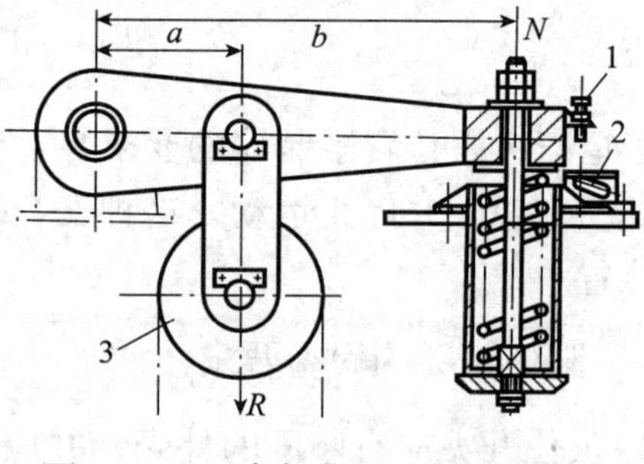

图 14－5　直杠杆式超载限制器

1. 撞杆；2. 开关；3. 起升滑轮

（二）弹簧式超载限制器

图 14－7 是弹簧式起重量限制器的结构图，是一种起重量、起升高度限制器合为一体的结构形式。

（三）偏心轮（凸轮）式起重量限制器

图 14－8 是偏心轮式起重量限制器结构图。图中的空滑轮是偏心安装的，其偏心距为 e。在正常的起重作业中，偏心力矩 M_1（$M_1 = R_e$）与弹簧力矩 M_2（$M_2 = R_e$）相平衡，即 $M_1 = M_2$。当超载时，弹簧产生较大的变形量，撞杆触动限位开关，起升机构停止运转，起到限制超载作用。

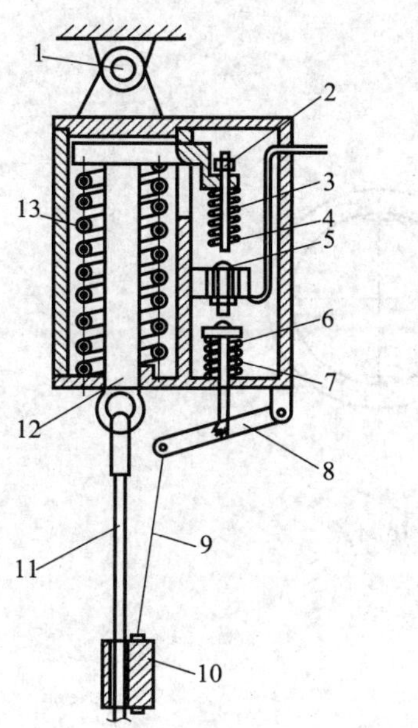

图 14－6　弹簧式起重量起升高度限制器

1. 支铰；2. 调节螺母；3、6、13. 弹簧；4、7. 触杆；5. 开关；8. 杠杆；9. 链条；10. 重锤；11. 钢丝绳；12. 滑杆

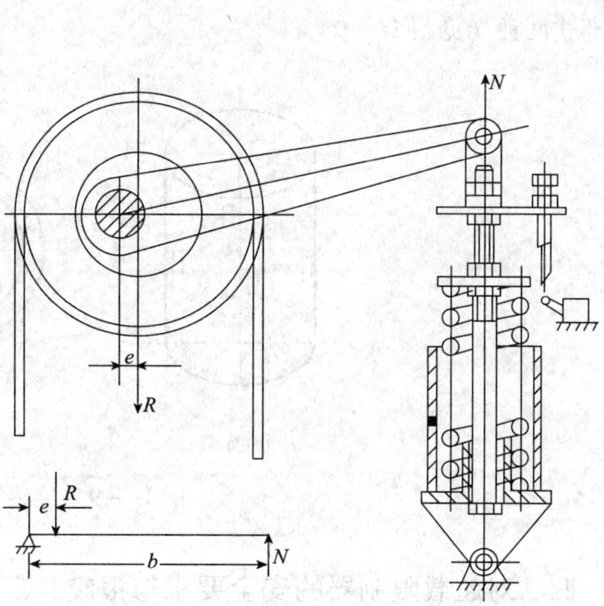

图 14－7　偏心轮式起重量限制器结构图

二、液压型超载称量限制装置

图 14－9 是一种结构简单的油压式起重量称量装置的示意图。它由压力缸筒、导管、布顿管、表盘等组成。它是由帕斯卡定律，即油液内任一点的压力相等的原理，用小力来控制大力的方法设计的。

三、电子式超载限制器

电子式超载限制器主要用于起重设备的超载保护，可以根据事先调节好的起重量来报警。一般把它调节为额定起重量的 90%。而把自己切断电源的起重量调节为 110% 额定起重量。

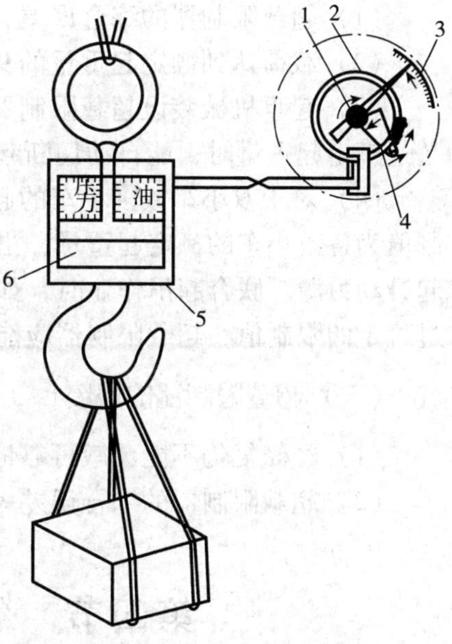

图 14－8　液压式超重量称量装置

1. 小齿轮；2. 布顿管；3. 刻度盘；4. 扇形齿轮；5. 缸筒；6. 活塞

电子式超载限制器克服了机械式超载限制器体积大、重量大、精度低等缺点，并可以随时显示起吊物品的重量。

起重机上电子式超载限制器常用的传感器有筒式

和环式两种（见图 14－9）。

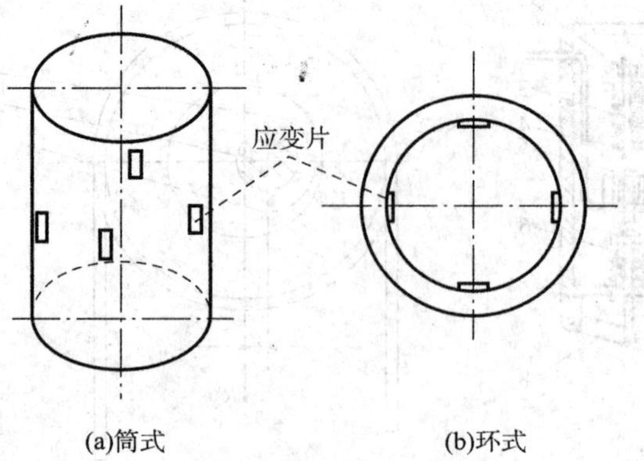

图 14－9　传感器

四、对超载限制器的安全要求与报废

（一）超载限制器的安全要求

超载限制器应符合《起重机械起载保护装置》（GB 12602—2009）的规定，还应满足以下安全要求：

（1）超载限制器的综合误差，机械式的不应大于 8%，电子式不应大于 5%。

（2）载荷达到额定起重量的 90% 时，应能发出提示报警信号。

（3）起重机械装设超载限制器后，应根据其性能和精度情况进行调整和标定，当载荷超过额定起重量时，能自动切断起升动力源，并发出禁止性报警信号。

（4）对于双小车或多小车的起重机：各单小车均应装有超载限制器，超载限制器的限制值为各单小车的额定起重量，当单个小车起吊重量超过规定的限制值时，应能自动切断起升动力源。联合起吊作业时，如果抬吊重量超过规定的抬吊限制值及各小车的起重量超过规定的限制值，超载限制器应能自动切断各小车的起升动力源。

（二）超载限制器的报废

（1）经修复仍不能灵敏可靠地运作的超载限制器应报废；

（2）超载限制器的综合误差大于上述要求时应报废。

第四节　缓冲器与轨道端部安全挡

一、缓冲器

缓冲器的作用是吸收起重机与终端挡板相撞时或起重机间相撞产生的动能。因此，它应能在最小的外廓尺寸下吸收最多的能量，并且反坐力要尽可能的小，以保证起重机平稳地停车。

起重机上常用的缓冲器有橡胶、弹簧和液压缓冲器。

（一）橡胶和聚氯酯塑料缓冲器

橡胶缓冲器具有结构简单、制造方便、可以用于防爆场所等优点，但其缓冲能力小，所吸收的能量比较小，主要起阻挡作用。因此，一般用于运行速度不大于 50m/min 的起重机上，不宜用于环境温度过高或过低的场所，适用温度为 -30 ~ 50℃。

橡胶缓冲器的形状如图 14 - 10 所示。使用这种缓冲器时，应注意防止松脱，经常检查橡胶是否老化。

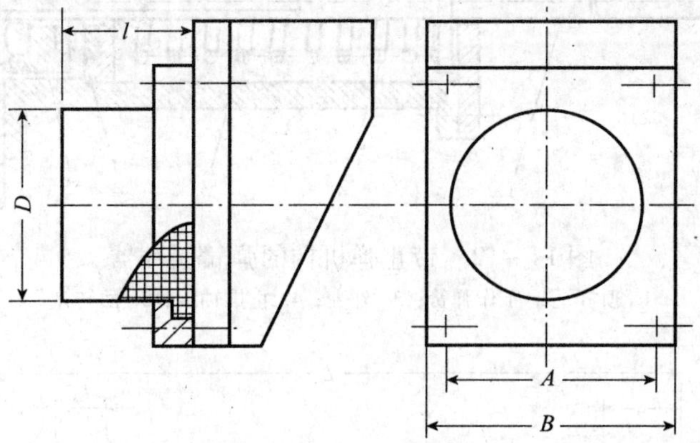

图 14 - 10　橡胶缓冲器

聚氯酯塑料缓冲器结构形式接近橡胶缓冲器，内部含有大量微孔，能量吸收能力可接近 40%。

（二）弹簧缓冲器

弹簧缓冲器如图 14 - 11 所示，具有结构简单、维修方便和不受环境温度影响等优点，因此目前应用最为广泛。但是由于它在缓冲过程中，撞击的动能大部分转化为弹簧的压缩势能，储藏在弹簧内部，因此在缓冲完毕后，会产生反弹力作用在起重机上，使起重机向相反方向运动，这对起重机零件有害。因此弹簧缓冲器宜用于运行速度 50 ~ 120m/min 的起重机上。

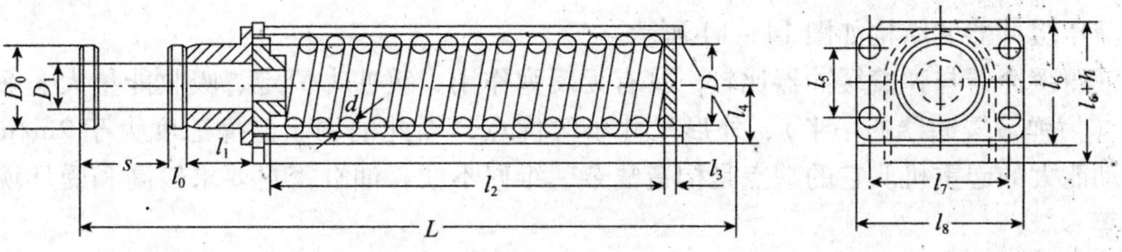

图 14 - 11　大车弹簧缓冲器

为避免弹簧缓冲器产生较大反弹力，使用单位可以选用下述两种改进的弹簧缓冲器：

（1）带止弹机构的弹簧缓冲器如图 14－12 所示，它的特点是蓄存能量在冲击后缓慢释放，不对起重设备造成冲击。

（2）弹簧摩擦式缓冲器它是利用弹簧轴向力使弹簧圈之间发生摩擦来吸收能量。小车用弹簧缓冲器的结构如图 14－13 所示。

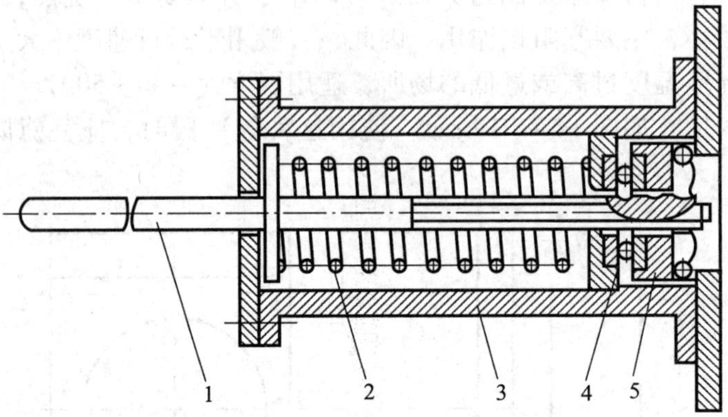

图 14－12　带止弹机构的弹簧缓冲器

1. 顶杆；2. 工作弹簧；3. 外壳；4. 止推轴承；5. 回转盘

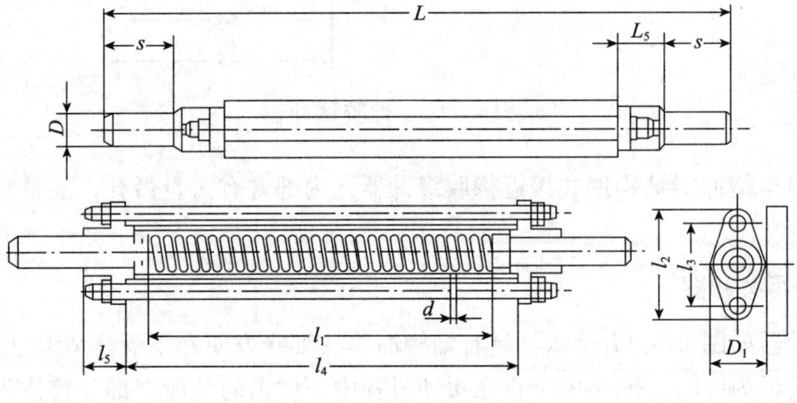

图 14－13　小车缓冲器

（三）液压缓冲器

液压缓冲器的结构如图 14－14 所示。

液压缓冲器与弹簧缓冲器比较，具有无反弹作用、缓冲力恒定、吸收能量大、缓冲行程短（为弹簧缓冲器的一半）、外形尺寸小等优点，因此适用于碰撞速度大于 2m/min 或碰撞动能大的起重机。它的缺点是构造复杂，维修不便，油缸密封要求较高和受环境温度影响等。

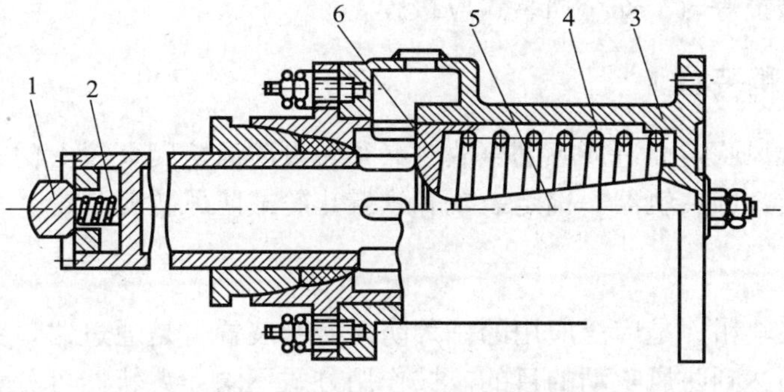

图 14－14 液压缓冲器结构图

1. 塞头；2. 加速弹簧；3. 壳体；4. 复位弹簧；5. 顶杆；6. 活塞

（四）缓冲器的检验

（1）对缓冲器零件的试验

在门式起重机的大车、小车运行机构或轨道端部都应装设缓冲器，要求缓冲器零件的性能可靠，试验后零件应无损坏，连接无松动，无开焊。

（2）对在役起重机缓冲器的检验主要检查其完好性，并实地低速碰撞后进行检查。

（五）缓冲器的报废

（1）弹簧缓冲器因碰撞疲劳造成弹簧失去弹性或断裂，弹簧应报废；壳体因碰撞冲击出现裂纹时，壳体应报废。

（2）橡胶或聚氨酯缓冲器因老化失去弹性或因碰撞而破损时应报废。

（3）液压缓冲器因弹簧疲劳失去弹性或液压活塞及缸体磨损造成严重泄漏时应报废。

二、轨道端部安全挡

起重机运行轨道的端部及起重机小车运行轨道的端部均应设置轨道端部安全挡（止挡体），安全挡应有足够的强度和牢固性，以防止被起重机撞坏出现起重机或小车脱轨而发生事故。

图 14－15 为常用的一种轨道端部安全挡。安全挡上应设有长度大于 1m 的大车限位撞杆，以便在起重机与安全挡相撞之前就停车减速。在安全挡与大车缓冲器相撞的相应位置，应装设有橡胶板或木块以缓和冲击。在门式起重机的运行轨道端部，都应装设轨道端部安全挡。安全挡应与起重机端梁或起重小车横梁端设置的缓冲器配合使用。

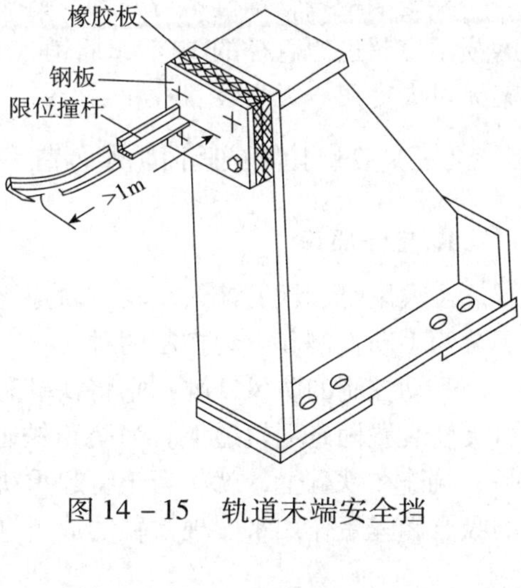

图 14－15 轨道末端安全挡

安全挡装置因碰撞造成固定连接焊缝开裂或固定连接螺栓松动变形失去固定能力或安全挡装

置有严重变形、破损等时，安全挡装置应报废。

三、防风防爬装置

为了防止被大风吹走而造成倾翻事故，必须装设防风防爬装置。门式起重机上常用的防风装置有三大类，即夹轨器、锚定装置和铁鞋止轮式防风防爬装置。

（一）夹轨器

夹轨器又称夹轨钳，是广泛应用的一种防风防爬装置，是通过钳口夹住轨道，使起重机不能滑移，从而达到防风吹动的目的。按作用方式不同，夹轨器可分为手动夹轨器、电动夹轨器和手电两用夹轨器。

夹轨器的检验夹轨器检验包括以下内容：

（1）夹轨器的各个铰点动作应灵活，无锈死和卡阻现象。

（2）夹轨器上钳时，钳口两侧能紧紧夹住轨道两侧；松钳时，钳口能离开轨道，达到规定的高度和宽度。当钳口的磨损量达到规定值时，错口应修复或更换。

（3）夹轨器的电气连锁功能和限位开关的位置应符合要求。当钳扣夹住轨道时，能触动限位开关，并将电动机关闭；当电动机关闭后，钳口就能夹紧轨道。松钳时，安全尺应能触动限位开关，将电动机停止。

（4）夹轨器的各零部件无明显变形、裂纹和过度磨损等情况。夹轨钳钳口应达到规定的高度和宽度。

（二）锚定装置

防风锚定装置主要有链条式和插销式两种。链条式锚定装置是用链条把起重机与地锚固定起来，通过链条间的调整装置把链条调整，防止链条松动时起重机在大风吹动下产生较大的冲击。插销式（或插板式）锚定装置是用插销（或插板）把起重机金属结构与地锚固定起来。当风速超过规定值时（一般风速超过60m/s，相当于10～11级风），把起重机开到设有锚定装置的地段，采用链条或插销插板把起重机与锚定装置固定起来。

要定期检查，锚链不得开裂，链条的塑性变形伸长量不应超过原长度的5%，链条的磨损不应超过原直径的10%，插销（或插板）无变形、无裂纹、锚固螺栓无裂纹、锚固架无过大变形、无裂纹。

（三）铁鞋止轮式防风防爬装置

1. 工作原理

当大风时，铁鞋伸入车轮与轨道之间，依靠铁鞋和钢轨之间的摩擦起防风作用。铁鞋可分为手动控制和电动控制两种。

手动控制的防风铁鞋，它将铁鞋和钳链固定功能结合在一起，通过一个自锁功能装置将夹轨装置固定到轨道上。为防止铁鞋与轨道之间产生滑动，锚链的一端连在起重机上，另一端连在铁鞋上，就相当于将起重机锚固在轨道上。电动控制的防风铁鞋，它靠电磁铁的吸合和弹簧作用来实现铁鞋的放下和移开。

2. 铁鞋的检验

（1）铁鞋落下时，铁鞋舌尖与车轮踏面和轨面都应接触。铁鞋前端的厚度，对防风作用有很大影响。厚度小，起重机车轮在风力不大时，也很容易爬上铁鞋，给工作带来不必要的麻烦。厚度过大，车轮不易爬上，起不到防风作用。

（2）电动控制的铁鞋当放下时，起重机大车运行机构应不能开动；只有当铁鞋移开轨道大车运行机构才能开动。

（3）各铰点和机构应动作灵活，无卡阻现象，机构的各零部件无缺陷和损坏。

四、夹轨器与锚定装置的报废

（1）夹轨器的螺杆因变形严重或因磨损而严重影响夹紧力时应报废。

（2）电动夹轨器的弹簧因疲劳弹性失效时，弹簧应报废；因风力吹动造成夹轨器各零部件有疲劳、变形或裂纹伤害时，该零部件应报废。

（3）锚定装置的固定部分如有松动，经修复仍不能保证牢固的固定而有脱锚的危险或隐患时，锚定装置应报废。

第五节　防碰撞装置

为了防止起重机运行到危险距离范围内，防冲撞装置便发出警报进而切断电路，使起重机停止运行，避免起重机之间的相互碰撞。常利用超声波、电磁波、光波的反射作用来制造防止冲撞的装置。

一、超声波式防碰撞装置

超声波式防碰撞装置是利用回波测距原理，测出起重机之间或起重机与墙壁之间的距离，当起重机进入规定范围时，发出报警信号，继电切断起重机运行机构电源，从而起到保护作用。

二、电磁波（微波）式防冲撞装置

电磁波式防冲撞装置检测距离为5~20m，灵敏度较高，动用误差时间为1s。它不受太阳光、水银灯光、风声、金属敲击声的影响，可以准确地工作在有尘、烟和蒸汽的环境中。要求环境温度不超过$-10\sim60$℃。使用电磁波的频率为10.525kHz，发射角$\theta=30°$，危险距离$L_0=\sqrt{50^2-D^2}$（见图14-16）。使用时可根据具体情况适当地调整。

三、莱塞（激光）式防碰撞装置

莱塞式防碰撞装置，又叫激光式防碰撞装置。莱塞是一种能量集中的光源，通常由半导元件构成发射器和接收器。把发射器和接收器放在同一装置内。在相邻的起重机的适宜

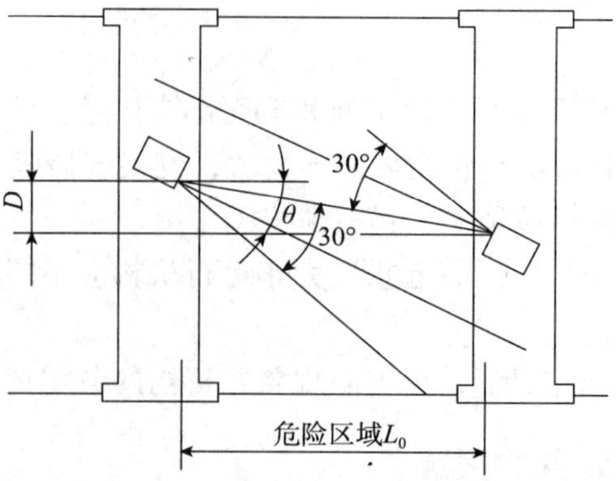

图 14－16　电磁波式防冲撞装置布置图

位置安装反射板，当起重机运行到检测距离时，接近器捕捉到反射板反射回来的光线，即发出警报。莱塞式防碰撞装置的检测距离可小到 2m。所采用的反射板为反射能力强、表面平滑的钢板，其反射效果较好。

莱塞式防碰撞装置，检测距离一般为 2～50m。

四、防碰撞装置的报废

超声波式、激光式和电磁波式防碰撞装置，因剧烈的碰撞造成冲击振动的损伤，而失去光或电波传播反射的能力，经修复仍不能恢复原有的机能时应报废。

五、防倾翻安全装置

单主梁的门式起重机，为防止载重小车运行时脱轨倾翻，必须在小车架上装设防倾翻安全钩。图 14－17（a）为采用垂直反滚轮的小车安全钩装设方式，图 14－17（b）为采用水平反滚轮的小车安全钩的装设方式。

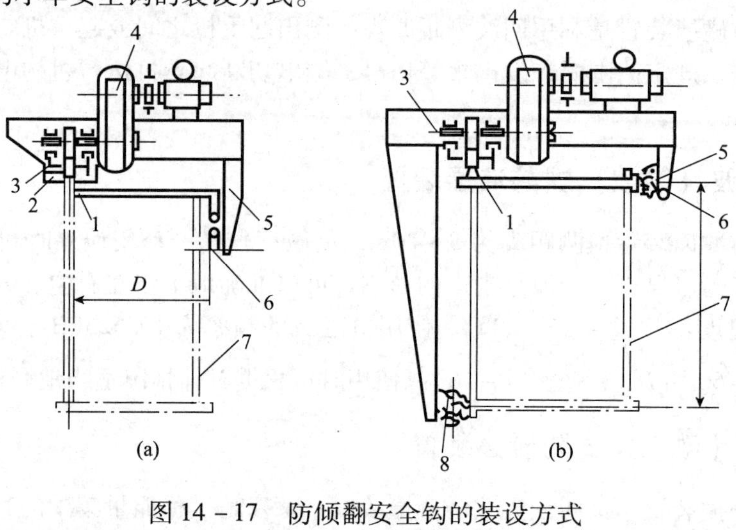

图 14－17　防倾翻安全钩的装设方式

1. 轨道；2. 水平轮；3. 安全钩；4. 减速器；5. 安全支架；6. 垂直反滚轮；7. 主梁；8. 水平反滚轮（反）

第六节　其他安全防护装置

一、联锁保护装置

进入门式起重机的门和由司机室登上桥架的舱口门应设置联锁保护装置。当门打开时，起重机不能接通电源。

二、登机信号按钮

对于司机室设置在运动部分（与起重机自身有相对运动的部位）的起重机，应在起重机上容易触及的安全位置安装登记机信号按钮，其作用是用于维修人员在登机时，按钮按动后在司机室及明显部位显示信号，使司机能注意到有人登机，防止意外事故发生。

三、检修吊笼

供电主滑线位于司机室对面的门式类型起重机，在靠近电源滑线的一端应设置检修吊笼。检修吊笼用于高空中导电滑线的检修，其可靠性不得低于司机室。

四、扫轨板和支承架

在轨道上运行的门式起重机运行机构上应设置扫轨板或支承架保护装置。它们是用来清除轨道上的障碍物，预防某些物体挤入起重机的车轮造成事故，以保证起重机能安全运行，通常扫轨板距轨道面不应大于 10mm。支承架距轨顶面不应大于 20mm，二者合为一体时，距轨面不应大于 10mm。

五、防护罩和防雨罩

起重机上外露的转动部分，如开式齿轮、联轴器、传动轴、链轮、链条、皮带轮等，均安装防护罩，以防人员受伤。露天工作的起重机，其电气设备应安装防雨罩。

六、其他安全装置的报废

（1）联锁保护开关的联锁机能失效时应报废。

（2）登机信号按钮无显示，经检修仍不能恢复机能时应报废。

第十五章

门式起重机的安装与拆卸

第一节　门式起重机安装、拆卸的一般知识

一、专项施工方案的制订

门式起重机安装、拆卸前应根据自身特点，结合现场作业条件制定科学、详细、可行的施工方案，其内容应包括编制依据、人员配备、进度计划、起重机械及索具配备、轨道基础、安装步骤、安全防护措施、应急救援预案等。施工方案须经有关部门审批后方可严格执行实施。

二、安装架设场地的选择

（1）场地的大小，必须考虑到组装部件的长度，如主梁组装及布置安装用的起重设备。

（2）道路适于运输车辆和自行式起重设备方便地开进开出。

（3）门式起重机基础位置的确定必须充分考虑现场空间的允许位置，以不影响现场作业为主。

三、安装辅机的选用与注意事项

为了选择性能合乎需要的辅助安装起重机，首先要精读门式起重机使用说明书以熟悉安装过程，其次是了解部件尺寸、质量、重心位置及安装高度，然后根据了解到的情况确定安装辅机的性能参数。

选择辅助安装用起重机的首要原则是：参数适合需要，即起重量、起升高度和工作幅度诸项主参数都必须满足安装门式起重机时的使用要求。其次是要考虑辅助安装起重机是否易于进入施工现场，操作方便与否以及费用是否经济等。

目前，门式起重机的主要辅助安装用起重机主要为流动式起重机，由于流动起重机作业环境随时变化，作业范围大，转移速度快，起重机的结构复杂，金属结构安全系数控制严格，操纵难度大等，因此，危险因素也较多。下面介绍几种主要的危险因素及其防止措施（门式起重机装拆危险辨识具体见附录五）。

（1）起重机倾覆。流动式起重机的倾覆（倾翻）事故，是起重机事故中较多的一类。一旦发生，经济损失严重，危害大。主要注意事项有：

1）作业场地地面必须坚实平整，不得下陷，整机保持水平。

2）起重机作业时，风速不得大于13.8m/s（相当于6级风）。臂长大于50m起重机作业时，风速不得大于9.8m/s（相当于5级风）。

（2）起吊重物作业时的注意事项：

1）严格按起重机的额定起重量表和起升高度曲线作业。起吊物品不能超过规定的工作幅度和相应的额定起重量，严禁超载作业。

2）不允许用起重机吊拔起重量和拉力不清的埋置物体。

3）斜拉和斜吊都容易造成起重机倾翻。

4）不要随便增加平衡重或减少变幅钢丝绳。

5）避免上车突然起动或制动，起吊起重量大、尺寸大、起升高度大时更应注意。

（3）起重机在作业时，必须严格控制工作幅度，应注意以下情况：

1）起重的起重臂较长时，应严格控制工作半径，一般工作角度在30°~80°。

2）起升重物时，变幅钢丝绳变形伸长，工作半径也跟着增加，特别是起重臂较长时，幅度变化就更大。作业时应充分考虑这一变化。

3）起重臂由水平位置变幅起升时或向水平位置倾倒时要缓慢进行，此时变幅钢丝绳受到很大的拉力。

（4）起重机作业前要检查力矩限制器、水平仪等安全装置。

（5）吊重作业进行中不要扳动操纵手柄，以防倾覆。如需调整支腿，应将重物落地。

（6）起重机作业环境的危险因素：

1）工作场地昏暗，无法看清场地、被吊物情况和指挥信号。此时不应作业。

2）起重机不允许在暗沟、地下管道和防空洞等上作业。

3）起重机作业时，臂架、吊具、辅具、钢丝绳及重物等与输电线最小距离，不得小于安全距离。

4）起重机作业区附近不应有人做其他工作。有人走近时，利用警音或喇叭警告。

5）起重机作业场所的建筑物、障碍物，是否符合起重机的行走、回转、转盘、变幅等的安全距离，应测量后再安排作业程序。

（7）按电气接地要求设接地装置，导线连接可靠，并应测试接地电阻不大于4Ω（重复接地电阻不大于10Ω）。起重机与大地的接地采用接地滑线（或接地线芯），或采取其他可靠的接地方式。起重机上所有电控设备的金属外壳，必须有效地接地，电压为3kV及以上的电机、变压器外壳，应设专门的接地线，其截面与容量有关，但应不小于6mm^2。允许利用门式起重机运行轨道作为接地线。

第二节　门式起重机安装、拆卸的程序、方法

门式起重机的架设顺序由下而上，依次进行。有些部件可以直接安装就位，有些部件

则需经过组拼后才能安装。

一、轨道的材质要求

（一）外形要求

（1）钢轨的侧向弯曲度每米不得大于1.5mm，总弯曲度不得大于8mm。

（2）钢轨的上、下方向总弯曲度不得大于6mm。

（3）钢轨端部弯曲0.5m内不得大于1mm。

（4）钢轨扭转不得大于钢轨全长的1/10 000。

（5）钢轨横截面与垂直轴线的不对称：轨底不得大于2mm，轨头不得大于0.6mm。

（6）轨底部不应凹下；轨底中央较两边凸出不得大于0.5mm。

（7）钢轨的抗拉强度不小于$90kg/mm^2$。

（二）表面质量

（1）钢轨表面不得有裂纹、折迭、结疤、气泡和夹杂。允许有深度不大于钢轨尺寸允许负偏差数值的压痕、麻点和划伤及深度不大于1mm的花纹。

（2）钢轨端面不得有裂纹、分层与缩孔残余。

（3）钢轨端面应切得正直，端面歪斜在任何方向不得大于5mm。长度不小于4mm的毛刺应清除。

（4）钢轨表面缺陷允许用风铲进行纵向清理，清理深度（单面计算）不得大于尺寸允许负偏差。

（5）钢轨表面缺陷不允许焊补或填补。

二、轨道的安装要求

（一）轨道安装的基本要求

（1）轨道安装在坚实的基础上，按照《起重机车轮及大车和小车轨道公差第1部分：总则》（GB/T 10183.1—2010）和《通用门式起重机》（GB/T 14406—2011）等有关规定进行安装，接头可制成直接头，也可制成斜接头，接头间隙一般为1~2mm，在寒冷地区冬季施工或安装时，气温低于常年使用时的气温，且相差在20℃，应考虑温度缝隙，一般为4~6mm，两轨道端头（共有4处），安设牢靠的出轨限制装置（如加焊接挡架），防止起重机从两端出轨，发生严重事故。

（2）起重机安装使用地点的海拔高度不超过2 000m。超过1 000m时应对电机容量进行校核。

（3）新铺设的起重机轨道其偏差不应超过标准规定的20%，否则必须重新矫正。

（4）起重机轨道跨度S的极限差值$\triangle S$（见图15-1）不得超过下列数值：

$S \leqslant 10m$时，$\triangle S = \pm 3mm$；

$S > 10m$时，$\triangle S = \pm [3 + 0.25 \times (S - 10)]$ mm；

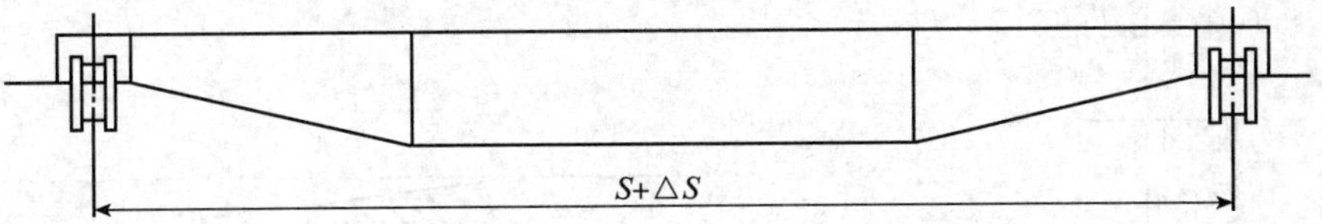

图 15－1

但最大不超过 ±15mm。

（5）当仅在一条轨道上采用水平导向轮、而另一轨道无导向轮时，其轨道跨度 S 的极限偏差值可以为上述值的 3 倍，但不得超过 25mm，车轮的踏面必须覆盖轨道的全宽。

（6）轨道顶面相对理论高度的极限偏差为 ±10mm。理论高度可以是水平形态的，也可以是理论的上拱曲线。两个轨道的高度差最大 10mm，沿长度方向在水平面内的弯曲，每 2m 测长内各点的偏差不得大于 2mm。

（7）在轨道的总长度内，侧向极限偏差为 ±10mm。沿长度方向在水平面内的弯曲，每 2m 测长内的极限偏差不得超过 ±1mm（见图 15－2）。

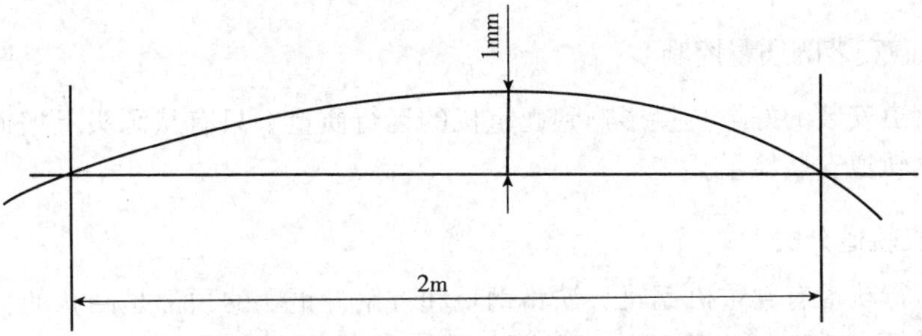

图 15－2　每 2m 测长内轨道水平面内的弯曲极限偏差

对于两侧用水平导向轮的起重机，上述偏差值也适用于水平导向的轨道。

当起重机只有一根轨道采用水平导向轮，经用户与制造厂商协商，对非导向轨道的直线度要求可以降低。

（8）轨道接头应对准，推荐采用焊接的轨道接头。

（9）轨道位置公差（适用于小车和大车轨道）：

1）轨道中心与轨道梁腹板中心之间的偏差不得超过轨道梁腹板厚度的一半（见图 15－3）。在能保证轨道下的腹板必需的强度时，允许有较大的偏差。

2）轨道顶面偏离理论位置的倾斜不得超过以下数值（见图 15－4）：

长度方向：$\tan\beta \leqslant 0.003$；

横向：$\tan\beta \leqslant 0.005$。

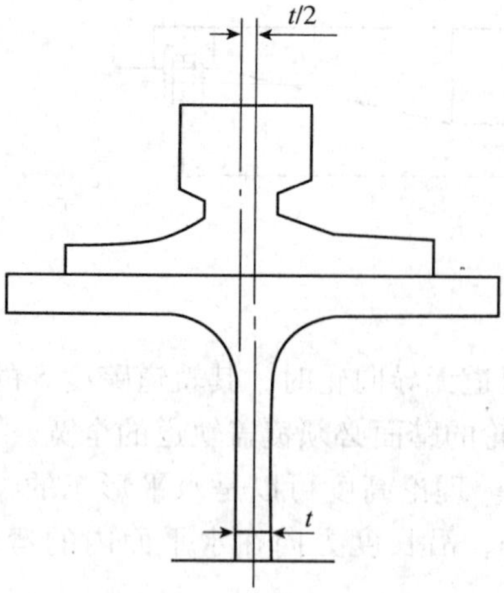

图 15-3　轨道中心与轨道梁腹板中心的偏差

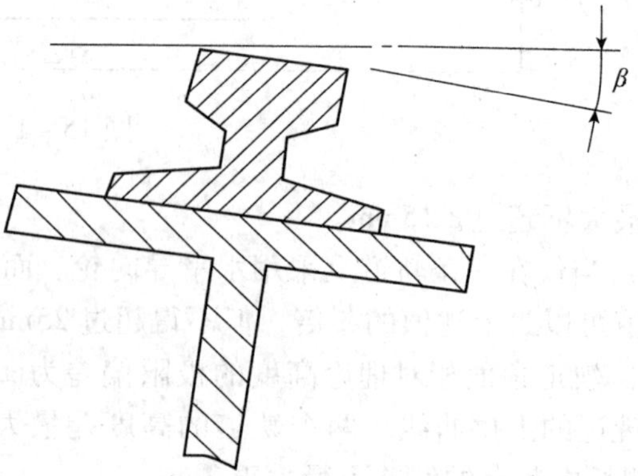

图 15-4　轨道顶面偏离理论位置的倾斜偏差

（二）轨道安装的质量控制

起重机轨道安装的好坏直接影响到起重机的运行质量。只有从源头上把握质量关，才能保证起重机轨道安装质量。

1. 起重机轨道分类

起重机运行轨道有起重机钢轨、铁路钢轨和方钢。钢轨的顶部是凸状的，底部是具有一定宽度的平板，增加了与基础的接触面；轨道的截面多为工字形，具有良好的抗弯强度。方钢可以看作平顶钢轨，由于对车轮磨损大，一般只用于起重量较小、运行速度较慢、工作不频繁的起重机。钢轨的通常用含碳、锰较高的钢材（C＝0.5%～0.8%、Mn＝0.6%～1.5%）轧制而成。起重机轨道的典型材料为 U71Mn 钢。方钢主要用 Q275 的方钢或扁钢制成。

起重机钢轨是用作起重机大车及小车用的特种截面钢轨，标准长度为 9、915、10、1015、11、1115、12、1215 等八种。常见规格为 QU70、QU80、QU100、QU120，QU 后面数字表示轨道头部宽度。铁路钢轨分重轨和轻轨两种、钢轨规格用每米长度公称重量表示。重量大于 30kg/m 的钢轨，属于重轨。标准轨道长度有 12150mm 和 25100mm 两种规格。轻轨的量不大于 30kg/m 的钢轨，通常长度 5～12m。轻轨用钢，多是普通碳素结构钢的镇静钢和半镇静钢，为提高钢轨的耐磨性和耐腐蚀性能，近年采用 Mn、Si、P 等合金元素的低合金结构钢。

2. 起重机轨道的安装方式

用于安装轨道的轨道梁常用的有两种：一种是钢结构梁，另一种是混凝土预制梁。混凝土预制梁必须留有预埋孔，以备安装时穿螺栓，或者在混凝土预制梁中预埋螺栓。起重机轨道的安装方法有用压板固定法、钩形螺杆固定、焊接和螺栓联用固定等。为了进行水平方向的调整，轨道压板上的孔通常做成长孔，垂直方向的调整可在钢轨下加垫。轨道压板在设计时，要具有足够的刚性，每块压板，根据受力的大小可以制成单孔的或双孔的。只有轨道与轨道梁或者轨道梁上固定的钢垫板采用焊接方式连接时，车挡方可焊接在轨道上。

3. 轨道铺设前对轨道梁的安装要求

对混凝土轨道梁的要求：

（1）轨道梁制作时必须保证沿梁横向及纵向的预留螺栓孔位置偏差≤5mm，螺栓孔直径比螺栓直径大 2 ~ 7mm，梁顶面要求平整，但不得抹压光滑。

（2）轨道梁的安装偏差必须满足下列要求，否则要调整好轨道梁后才允许用混凝土找平。

1）梁中心位置对设计定位轴线的偏差≤5mm。

2）梁顶面标高对设计标高的偏差 $^{+10}_{-5}$ mm。

3）梁上预留螺栓孔及预留螺栓对梁中心的位移偏差≤5mm。

（3）混凝土找平层的施工要求：

1）混凝土找平层强度等级为 C30，厚度为 30 ~ 50mm。

2）混凝土找平层施工前应按要求检查轨道梁的安装偏差，如不符合要求，则应调整轨道梁。

3）根据轨道梁面的实测标高，确定一个合适的混凝土找平层顶面控制标高，在轨道梁上每隔 2. 4 ~ 3. 0m 设置一个控制标高的基准点。

4）用仪器测量，调整好基准点的标高，定出找平层顶面标高的基准线，然后安装模板，清除轨道梁顶面和螺栓孔内的杂物，并将螺栓孔上口堵住，洒水湿润后即可浇筑混凝土。

5）找平层顶面必须找平压光，不得有石子外露和凹不平现象，不允许采用在表面另铺水泥砂浆的方法找平。

6）施工中要随时用仪器测量检查，找平层顶面必须满足下列要求：螺栓处 400mm 宽度范围内顶面不水平度≤5mm；任意 6. 0m 长度内，螺栓处顶面标高差 ±3mm；沿全长各螺栓处顶面标高差 ±5m。

7）混凝土采用机械搅拌，施工时应加强养护，当混凝土试块达到 75% 强度设计值，方可进行轨道安装工作。

对钢结构轨道梁的要求：

（1）轨道梁的跨中垂直度≤h/500，h 为轨道梁的梁高。

（2）轨道梁的水平旁弯≤l/1 500，且净 10mm，l 为轨道梁的梁长。

（3）轨道梁垂直方向上拱≤10mm。

（4）轨道梁中心位置对设计定位轴线的偏差≤5mm，如不符合要求，则应调整轨道梁定位后，才能安装轨道。

（5）同跨内同一横截面轨道梁顶面高度差在支座处≤10mm，其他处≤15m。

（6）同列相邻两柱间轨道梁顶面高度差≤l/1 500，且≯10mm，l 为轨道梁的梁长。

（7）相邻两轨道梁接头部位，两轨道梁顶面高度差≤1mm，中心侧向错位≤3mm。

4. 起重机轨道接头未焊为一体的情况下，应满以下要求

（1）接头处的高低差不应大于 1mm；

（2）接头处的头部间隙不应大于 2mm；

（3）接头处的侧向错位不应大于 1mm；

（4）对正轨箱形梁及半偏轨箱形梁，轨道接缝应放在筋板上，允许误差不应大于 15mm；

（5）两端最短一段轨道长度应在不小于 1.5m 处加挡铁；

（6）轨道纵向坡度不应超过 0.5%；

（7）固定轨道的螺栓和压板不应缺少，垫片不应窜动，压板应固定牢固；

（8）轨道不应有裂纹或严重磨损等影响安全运行的缺陷；

（9）当大车轨距 $S \leqslant 10\text{m}$ 时，$\triangle S = \pm 3\text{mm}$；$S > 10\text{m}$，$\triangle S = \pm [3 = 0.25 (S-10)]$ mm，且最大不应超过 ±15mm。

三、安装过程

各个厂家生产的门式起重机的安装方式及要求都不一样，必须严格按照随机的使用说明书的要求进行安装；但基本方法是一样的，以下以 M 系列 5 ~ 320t 通用门式起重机为例，安装流程如下：

轨道安装→地梁、支腿安装→桥架安装→台车与地梁安装→支腿与桥架安装→大车运行机构的安装→小车运行机构安装→电气设备安装→调试→验收。

具体安装过程如下：

（一）轨道安装

（1）轨道安装在坚实的基础上，按照轨道的有关规定（GB/T 10183.1—2010）进行安装，接头可制成直接头，也可制成斜接头，接头间隙一般为 1 ~ 2mm，在寒冷地区冬季施工或安装时，气温低于常年使用时的气温，且相差在 20℃，应考虑温度缝隙，一般为 4 ~ 6mm，两轨道端头（共有 4 处），安设强固的掉轨限制装置（如加焊接挡架），防止起重机从两端出轨，发生严重事故。

（2）接头处两轨道的横向位移或高低不平的误差均不得大于 1mm。

（3）两条平行的轨道，在跨度方向的各个同一截面上，轨道的高低误差不得超过 10mm。

（4）轨道跨度中心与轨道中心偏差 a、轨道中心与承轨梁中心偏差 b、轨道不直度偏差 c、不得超过表 15－1 的规定。

表 15－1　轨道安装允许误差

单位：mm

跨度	a	b	c
S≤26m	8	5	2
S>26m	10	10	2

（二）地梁、支腿安装

箱形结构的支腿如果是分段拆开运输的，只要按制造厂已加工好的孔眼用规定的螺栓紧固的连接起来即可。

桁架结构的支腿，是拆开发运的，由具有相应施工资质的安装单位须按随车资料重新组装，先用螺栓把各构件连接好，然后参照图 15－5、图 15－6 ，按表 15－2 所列项目检查和调整几何尺寸，使其符合图样要求。

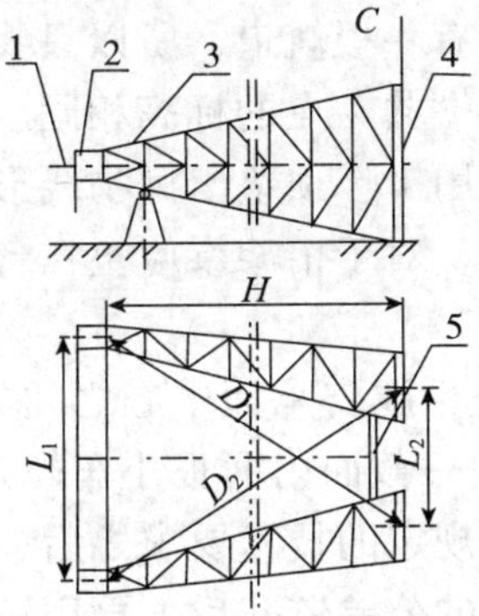

图 15－5　桁架式（刚性支腿）

1. 水平中心线；2. 地梁；3. 支腿；4. 法兰支撑面；5. 临时撑杆

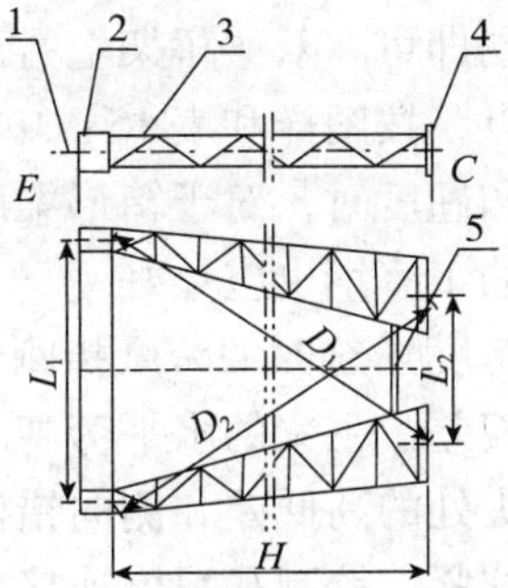

图 15－6　桁架式（挠性支腿）

1. 水平中心线；2. 地梁；3. 支腿；4. 法兰支撑面；5. 临时撑杆

表 15－2　桁架结构支腿组装技术要求

序号	项目	允许偏差/mm
1	支腿对角线　D_1-D_2	≤5
2	驱动台车中心线间距离 L_1	$\Delta L_1=\pm 2$
3	两支承面中心间距 L_2	≤2
4	地梁的宽度中心、支腿的中心和支承面的对称中心重合度	≤2
5	支腿高度 H	$\Delta H\leqslant 3$
6	支承面的垂直度 C	$C\leqslant 1.5$
7	地梁座板的垂直度 E	刚性支腿 $E\leqslant 2$ 挠性支腿 $E\leqslant 1.5$

如果各主要尺寸在上表公差范围内时，可进行扩孔和铆接工作。支腿与下端梁如用铰制螺栓连接时，先不要进行铰孔，待桥架装好，验证支腿垂直度之后再配铰。

为了使支腿支承面上的孔不致发生变位，把两根支腿用槽钢（安装工艺用）连接起来，待支腿与桥加安装后再拆去。

组装支腿时，为了方便安装，应把电气室安装在刚性支腿上，而不必等支腿立起后再安装。

（三）桥架安装

跨度大的主梁，由于受运输条件所限，为分段制造的。对于这种桥架的安装，应首先在安装工地选好地段，把几段桥架用预装螺栓连成一个整体。连接时可以利用已铺好的大车运行轨道面作为水平基准。需要进行铆接的桥架结构，如果大车运行轨道面离地面高度不能满足铆接作业时，可以另搭一个一定高度的架子作为水平基准。将桥架横放在轨道上或架子，如图 15－7、图 15－8 所示。最好架在与支腿连接用的支承面上，用水平仪测出两端支撑面上边小车轨道的水平标高；单主梁桥架上只有一根轨道，所以只找出两端各一点的标高相同即可。双梁桥架上有两根轨道，须找出两端共 4 点的标高相同。以这两点或四点作为零点，按图样和表 15－3 中规定的技术要求，用千斤顶垫出抛物线形的拱度和翘度。垫拱度和翘度时，对于箱形梁应垫在大筋板的下边，对于桁架梁应垫在各节点处，小车轨道下方的工字钢也应垫好。

在测量跨度（这时的跨度指刚性腿支承面中心到挠性腿支承面中心之间的距离）、桥架的对角线偏差、主梁的水平旁弯、小车轨距偏差、同一截面内两根小车轨道的高低差、小车轨道接头处的高低差和侧向错位等各项指标都达到规定的技术要求之后，再将接头处的所有螺栓拧紧。铰制孔螺栓连接部分，应按图样规定的公差铰孔后，再用铰制孔用螺栓连接，不能随意更改。

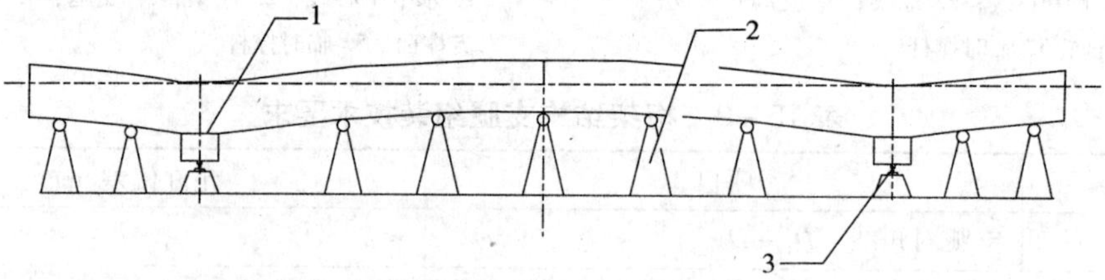

图 15－7　以轨道面为基准的桥架组装图

1. 支撑面；2. 支架；3. 大车运行轨道

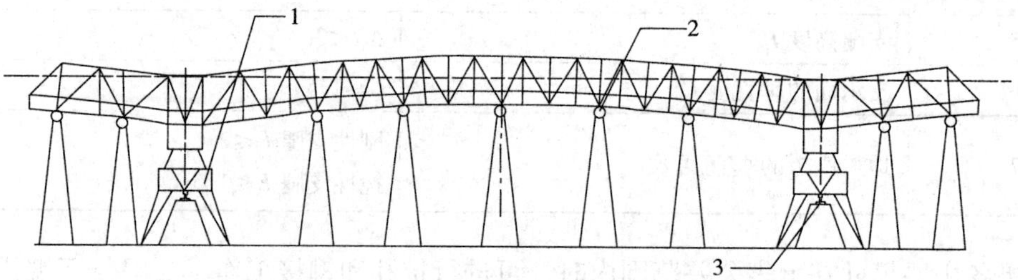

图 15－8　以架子面为基准的桥架组装图

1. 架子；2. 节点；3. 大车运行轨道

表 15－3　门式起重机和装卸技术要求

序号	项目	简图	允许偏差/mm
1	1. 由车轮量出的起重机跨度 S_1；S_2 跨度相对差｜S_1-S_2｜ 2. 由桥架量出的起重机跨度 S_3；S_4 跨度相对差｜S_3-S_4｜	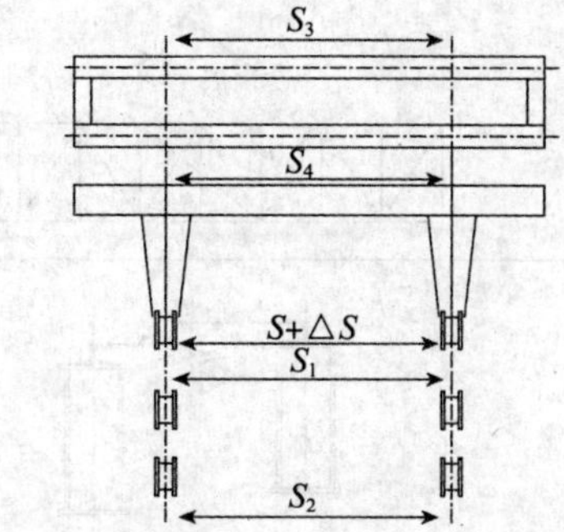	（1）$S\leqslant$26m $\triangle S=8$｜S_1-S_2｜$\leqslant 8$ $S>$26m $\triangle S=10\pm10$｜S_1-S_2｜$\leqslant 10$ （2）$S\leqslant$26m $\triangle S=4$｜S_3-S_4｜$\leqslant 4$ $S>$26m$\triangle S=6$｜S_3-S_4｜$\leqslant 6$
2	架设完成后的主梁上拱度（在承轨梁上盖板测量）	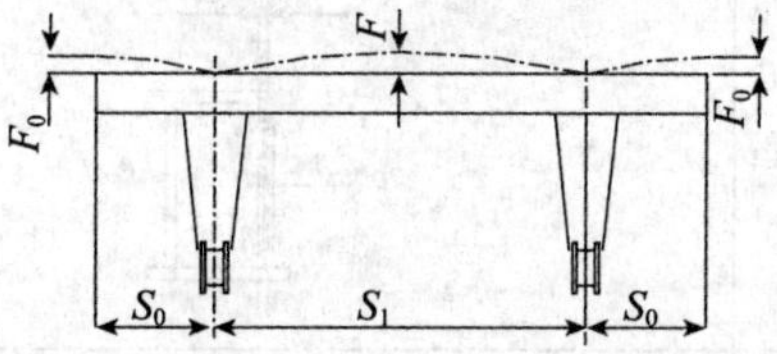	无日照温度下用经纬仪测量 $F\leqslant 0.9\sim1.4\ S/1\ 000$ $F_0\leqslant 0.9\sim1.4\ S_0/350$
3	主梁的水平旁弯（在承轨梁上盖板测量）S_3 为两端始于第一个大筋板的实测长度，在离上翼缘板100mm 大筋板处测量	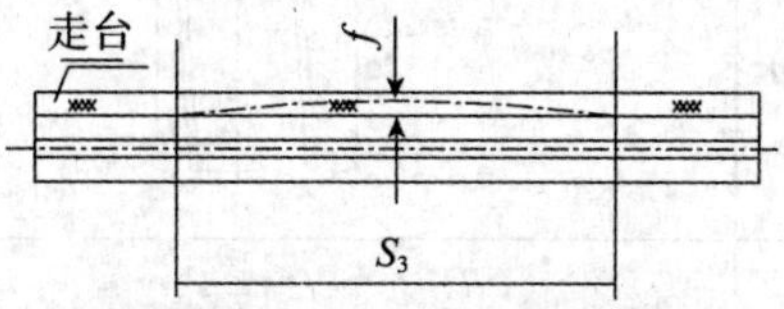 S_3为两端始于第一个大筋板的实测长度，在离上翼缘板100mm大筋板测量	$f\leqslant S_3/2\ 000$，但对正轨及半偏轨箱形梁最大不超过 20mm，且必须向走台外弯，对偏轨箱形梁，桁架梁及单腹板梁最大不超过 15mm
4	桥架对角线偏差｜D_1-D_2｜	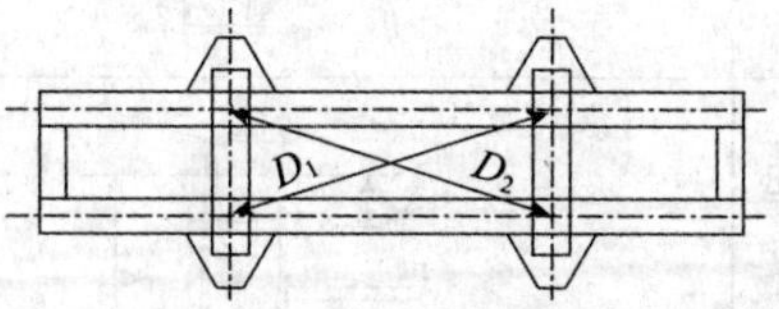	｜D_1-D_2｜$\leqslant 5$
5	小车轨距偏差	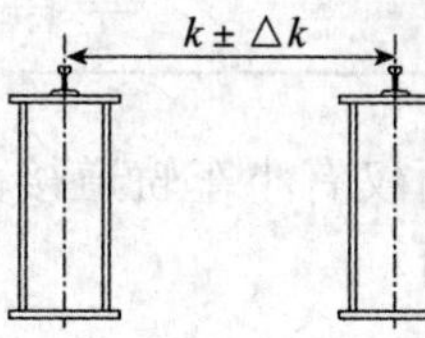	$\triangle k$ 正轨箱形架： 端部：±2 跨中 +7/ +1 桁架、偏轨箱形梁 ±3
6	支腿垂直度	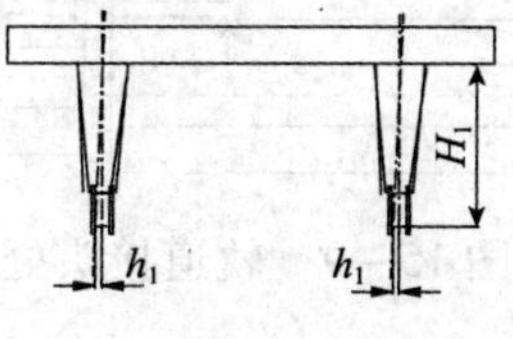	$h_1\leqslant H_1/2\ 000$

续表

序号	项目	简图	允许偏差/mm
7	桥架节点间主要压杆的直线度	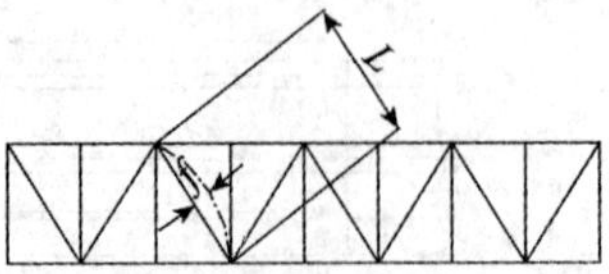	$f \leqslant 0.0015L$
8	小车轨道高度差（在同一断面上）	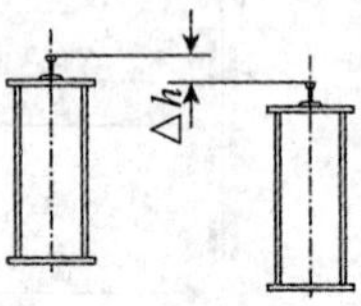	$K \leqslant 2.5$m 时， $\triangle h \leqslant 3$ $K > 2.5$m 时， $\triangle h \leqslant 5$
9	轨道中心线离承轨梁设计中心线的位置偏差	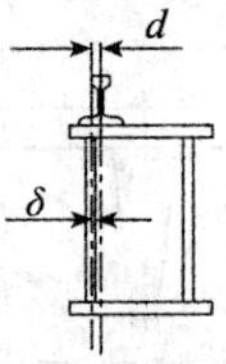	偏轨箱形梁： $\delta < 12$，$d \leqslant 6$ $\delta \geqslant 12$，$d \leqslant 1/2\delta$ 单腹板梁及桁架梁 $d \leqslant 1/2\delta$
10	箱型梁结构的垂直倾斜（此值应在长筋板或节点处测量）	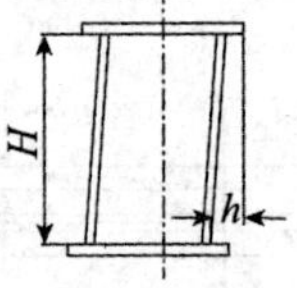	箱型梁腹板的垂直偏斜值 $h \leqslant H/200$，单腹板梁及桁架梁的垂直偏斜值 $h \leqslant H/300$
11	单主梁通用门式起重机小车主车轮与反滚轮轮距偏差（1）	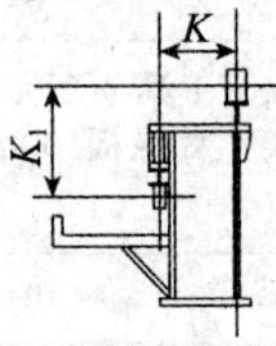	$K \leqslant \pm 3$； $K_1 \leqslant -3$
12	单主梁通用门式起重机小车主车轮与反滚轮轮距偏差（2）	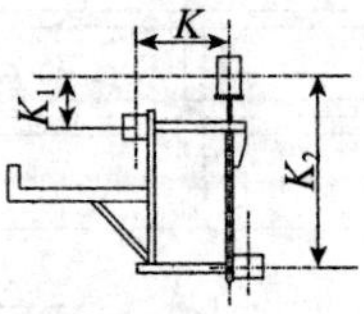	$K \leqslant \pm 3$； $K_1 \leqslant +3$； $K_2 \leqslant -3$

当各项指标均符合技术要求而仅有小车轨道接头处的高低差超标时，可按图 15－9 所示方法将高出的轨道接头制成斜面。

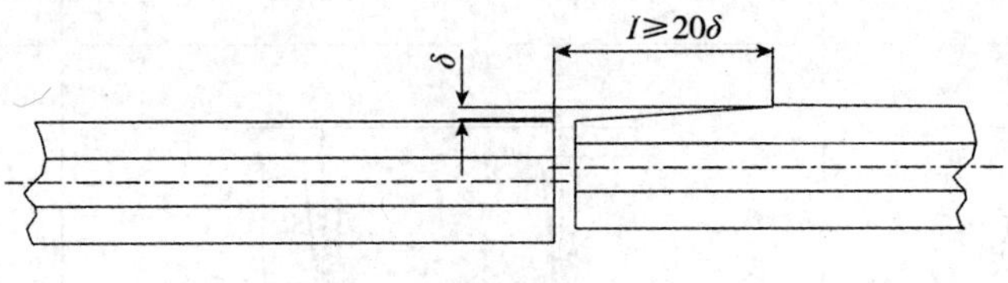

图 15－9　轨道接头处的修整

箱形结构的主梁，内腔无法涂漆防锈蚀，为了防止水汽侵入腐蚀主梁内腔，必须保证主梁内腔的密封性。因此，箱形结构的接头，除用螺栓连接好外，还须按图纸规定在接头处边的大筋板上补焊一块方板，方板四周要焊满，不得透气，主梁两端的圈孔，最后也用同样的方法焊好。

桥架结构的铆接接头，应首先按上图所示，将桥架置于已经铺设好的大车运行轨道或架子上，用预装螺栓把各部位连接起来，检查规定的各项指标。必须注意，这时的拱度和翘度是根据桥架图样中各节点的数值垫出来的，它比实际要求的拱度和翘度要大，用以补偿由桥架自重所起的下沉。在调整各部位尺寸时，需把调整部位的预装螺栓稍松一下，待调整后再拧紧。

只有当各项技术指标达到图样要求和文件规定的要求后，再进行扩孔和铆接。

（四）台车与地梁安装

主动台车与地梁安装，视条件，有立装和卧装两种方法。

（1）立装。一般情况下都采用此种方法安装。把驱动台车安放在轨道上，并有效地支撑住。再把装好的带地梁的支腿整体吊放到台车上，对准铰接孔，穿上铰轴固紧轴头上的挡板和螺栓，然后用足够的拉索把整个支腿固定好，待桥架吊起后放松固定索，注意此时仍需要足够人力拉着，最后将支腿平移到桥架下，与桥架连接起来。

（2）卧装法。若有条件，亦可采用此种安装方法。具体做法如下：把台车放倒，平移至地梁支承处，如立装法所述将台车与地梁连接好。因台车较重，需在台车下边垫实，待桥架吊起后，再把组装好的整个支腿吊起置于轨道上，移到桥架下方用螺栓与之连接。在吊起前为了防止支腿立起后倾倒，应栓上拉索，这样还便于调整。

（五）支腿与桥架安装

按要求检查支腿垂直度，由车轮处测量出跨度和对角线偏差。如有偏差，先利用主梁与支腿间的垫板进行调整，必要时加偏斜垫片。所有的垫片最后都应在边缘处点焊在支承面上。各部分尺寸都合格后，按图样规定铰制支腿与桥架和下端梁的螺孔，将螺栓全部紧固好。

（六）大车运行机构的安装

大车运行机构一般在厂内已装配好，与台车或地梁一起发运，大车运行机构在起重机组装好后应作下检查：

（1）检查基准：检查运行机构时，应以主动车轮外侧为基准。

（2）车轮端面的水平偏斜：如图 15－10 所示，每个车轮的水平偏斜应≤L /1000，且两个主动或被动车轮的不平行方向应相反，如图 15－11 所示的任何一种形式都是符合要求的。

（3）测量跨度：方法同前面所述（略）。

（4）车轮找正：车轮找正包括平行度、垂直度及同位差。

1）平行度：用0.6mm～1.0mm 尼龙线，按图 15－12 所示，在车轮下部拉下两条平行

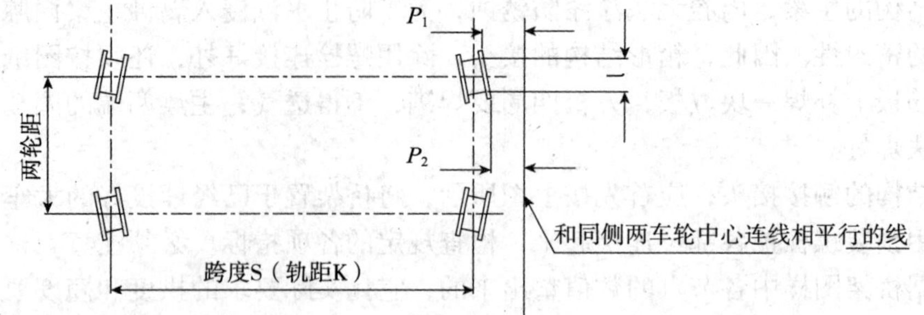

机构工作级别	M_1	M_2~M_5	M_6~M$_7$
$\lvert P_1-P_2\rvert$（不大于）	l/800	l/1 000	l/1 200

图 15－10　车轮水平偏斜图

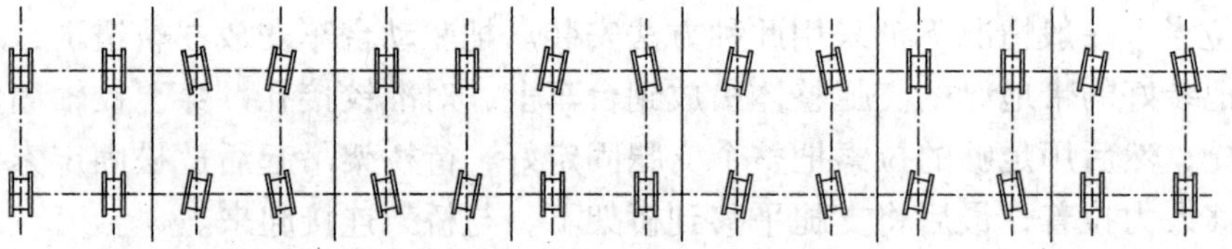

图 15－11　车轮水平偏斜组合形式

线，看车轮内外侧平行线接触的情况。如果平行线在车轮四个侧面上都均匀接触，这说明前后车轮平行并在同一条线上。如果有间隙，则测量一下尺寸是否在规定的范围内。若不在规定的范围内，应松开固定角型轴承箱的螺栓，进行调整。必要时，可把固定角型轴承箱的垫板铲下来或用气割割下来，待车轮调好后再焊。

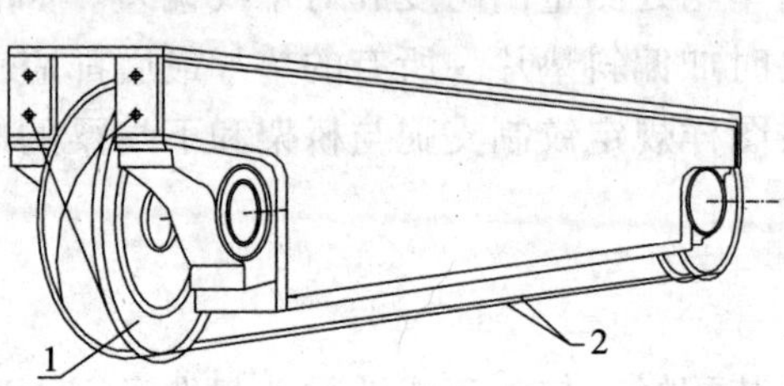

图 15－12　车轮找正

1. 侧面；2. 平行线

2）垂直度：车轮在垂直方向偏斜不应大于 1/400L（L 为测量长度），且上边应向外（见图 15－13）。

3）同一端梁下车轮的同位差（见图 15－14）。

①车轮同位差：

2 个车轮时≤2mm。

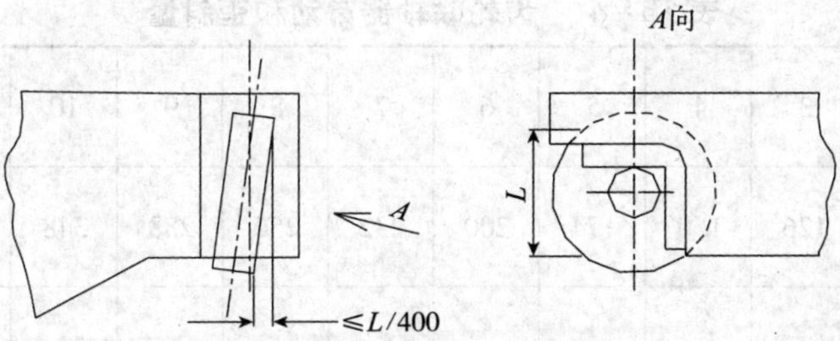

图 15－13　车轮垂直偏斜测量图

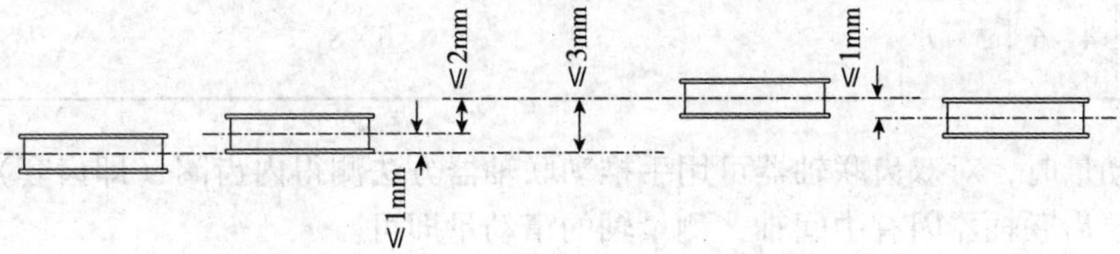

图 15－14　同一端梁下车轮的同位差

3 个或 3 个以上时≤3mm。

②测量方法：

在端梁外侧拉一钢丝，平行于端梁中心线，其高度接近于车轮的轮缘，测量点在车轮的垂直中心线上。测量出钢丝与各轮测量点距离，选定一个车轮为基准，则其他车轮的同位差即可计算出来。

（5）分别驱动机构的安装。

分别驱动机构如图 15－15 所示。以调整好的车轮中心为基准，安装并调整减速器，再用传动轴和减速器主动轴连接起来。等到找正时要保证联轴器上的窜动量和控制齿轮联轴器的极限歪斜量，其数值见表 15－4 齿轮联轴器窜动和歪斜量。

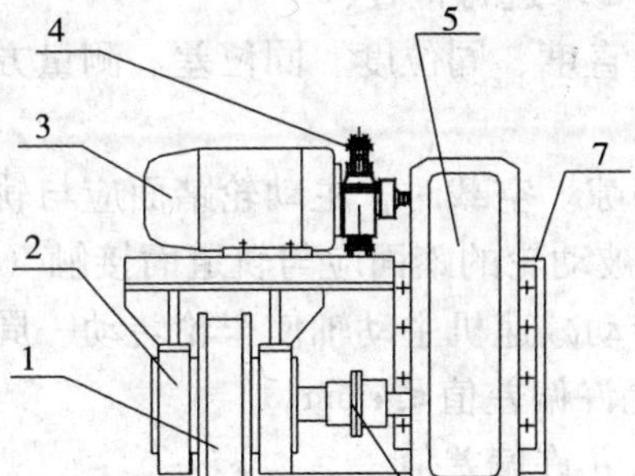

图 15－15　分别驱动机构

1. 车轮；2. 角轴承箱；3. 电机；4. 制动器；
5. 减速器；6. 联轴器；7. 台车架

表 15－4　齿轮联轴器窜动和歪斜量　　单位：mm

联轴器型号	1	2	3	4	5	6	7	8	9	10	11	12	13
齿轮外径	80	100	126	150	174	200	232	256	288	348	400	448	500
齿轮外径处的歪斜	0. 6～9	0. 8～7	1. 1～0	1. 3～1	1. 5～2	1. 8～5	2. 0～2	2. 2～4	2. 5～2	3. 0～5	3. 5～1	3. 9～2	4. 3～9
窜动量	3～5	4～6	5～7	6～8									

检查窜动量时，对双齿联轴器可用手推动联轴器方法测得内齿圈（即齿套）在外齿上的窜动量。单齿联轴器因有中间轴，测量轴的窜动量即可。

歪斜的检查，最有效地方法是把联轴器端部的弹簧胀圈、挡圈、密封胶圈等拆下，将内外齿端面对齐，如果内外齿端面沿全周都在同平面内，即无歪斜。如果上下是齐的，左右一动一进，则说明有旁歪，须调正。根据桥架拱度要求，允许减速器主动轴处的内外齿有下齐上进、电动机处上齐下进情况存在，但进入量应小于0. 5mm。调整好后，再把弹簧胀圈等装好。

车轮与减速器被动轴之间的联轴器，不能用上述方法检查，因空间太小。可以先把螺栓拆下，把内齿圈拨开，用尺测两轴头之间的间隙，上下、左右应相等，用尺放在外齿圈的轮毂上，如果两轮毂的上边和侧面在同一平面内即可。

（七）小车运行机构安装

小车运行机构一般在厂内已安装好随小车一起发运，通常不必重新安装。若要重新安装的小车运行机构，可按下列要求进行检查：

（1）小车的不平行度、垂直度、同位度、同位差。测量方法和允许偏差值同大车运行机构。

（2）车轮踏面与轨道面间隙。空载时，主动轮踏面应与轨道面接触，被动轮面与轨道面间应≤0. 3mm，负载后主、被动轮的踏面应与轨道面接触（在试验平台或标准轨道上）。

（3）松开制动器，用手转动减速机主动轴使车轮转动一周，不应有任何卡阻现象。

（4）小车轮距（基距）允许偏差值≤4mm。

（5）小车轨距（跨距）K 允许偏差值：

$K \leqslant 2\,500$mm，±2mm，两侧跨距相对差 2mm；

$K \geqslant 2\,500$mm，±3mm，两侧跨距相对差 3mm。

（八）电气设备安装

起重机安装、架设完成后，就可以进行电气设备的安装、电线管子的敷设，配线和安全接地线等工作。

安装前，应详细熟悉电气原理图、配线图、电气总图和有关技术文件，了解操纵原理和电器元件的作用，以便准确安装和迅速处理安装过程中出现的问题。同时，由于运输、存放可能使电气设备受到损伤，因此在安装电气设备前应进行一些必要的检查。

首先进行清扫、检查外观和观察活动部分动作是否灵活，如有损伤、松动或卡阻现象，应予以消除。

检查电动机、电磁铁、接触器、继电器、电阻器等电气元件的绝缘性能，用兆欧表测量其绝缘电阻，如低于 0.5MΩ，应进行干燥处理，经检验合格后，才能安装使用。

检查电动机碳刷与滑环间的压力，控制器、接触器、继电器触头间的压力，是否符合各自的规定，加压力过大或过小应予以调整。

检查操纵室、控制屏（箱）、电气元件内部接线情况，如有松动或脱落等现象应予以消除。

按照电气总图或其他安装用图所示意的位置，安装全部电气设备和元件。

安装在走台上的控制屏（箱）、电阻器、发电机组等部件自重较重，应尽量使支架牢固地搭接在走台大拉筋上，安装位置允许按图示尺寸做适当的调整。电阻器应尽量靠近控制屏（箱）使连接导线最短。

电阻器叠装时不超过 4 箱，挂装时不超过 7 箱，以免电阻过热。电阻器应沿着平行主梁的方向放置（电阻元件应平行于起重机运行方向），以减少振动和利于通风。

角钢或圆钢滑线在安装前应校直，安装时应保持水平。滑线的固定点的距离（即电柱间距）一般应在 1.5 ~2.5m。滑线端部自支架伸出部分的长度应小于 0.8m。

滑线和集电器分别安装后，将无负荷的小车处于起重机中间位置，调整导电架，使集电器滑块处于水平状态，并使滑块中心线与滑线中心重合。在起重机试运转中，不允许集电器有跳动现象。如有跳动，应检查原因并予以消除。

起重机上带电部分之间、带电部分和金属结构之间的距离应大于 20mm。起重机运行时可能产生相对晃动的带电部分与金属结构之间最小距离应大于 40mm，接线盒内接线端子间的电气间隙大于 12mm。

起重机所有带电设备的外壳、电线管等均应可靠接地。小车轨道、操纵室等均应与主梁焊接接地。降压变压器低压侧的一端应接地。接地线可用截面不小于 $150mm^2$ 的扁钢，$10mm^2$ 铜线，或 $30mm^2$ 的圆钢。操纵室与起重机本体间的接地用 4mm ×40mm 以上镀锌扁钢，并且不得少于两处。接地线应用电焊固定，或采用设备上的接地螺钉，固定处应清除锈渍，擦净。不允许用捻结或锡焊等方法来连接接地。起重机上任何一点到电网中性点间的接地电阻应不大于 4Ω。

在主滑线上受电端（或起重机受电端）应配备熔断器，它的可熔片额定电流为起重机或供电滑线的最大计算电流（考虑最大一台电动机的启动电流和部分电动机的额定电流之和）的 0.63 倍。

（九）调试

经检查，起重机各部分全部安装好后，可以进行通电调试。调试与试运行、验收一般放在一起做。

（十）验收规则

在起重机试车前，必须检查电动机的转向是否符合要求，运行机构的两电动机必须转向相同，调整制动瓦块与制动间隙，检查各减速机内润滑油是否充足，各油咀、油杯、油、油路是否畅通，润滑是否良好。钢丝绳端头连接是否可靠，待一切经检查确认正常后，方可试车。

整机试验：

1. 目测检验

目测检验应包括所有重要部分的规格和（或）状态是否符合要求，如：各机构、电气设备、安全装置、制动器、控制器、照明和信号系统；起重机金属结构及其连接件、梯子、通道、司机室和走台；所有的防护装置；吊钩或其他取物装置及其连接件；钢丝绳及其固定件；滑轮组及其轴向的紧固件。检查时，不必拆开任何部件，但应打开在正常维护和检查时应打开的盖子，如限位开关盖。

目测检验还应包括检查必备的证书是否已提供并经过审核。

2. 空载试验

（1）实验前，用500V兆欧表分别测量各机构主回路、控制回路、对地的绝缘电阻。

（2）接通电源，开动各机构，使小车沿主梁全长、起重机沿轨道适当长度往返运行各不少于三次，应无任何卡阻现场，检查限位开关、缓冲器工作是否正常，吊具左右极限位置是否符合要求。分别开动主、副起升机构作起升范围全程运行，检查运行是否正常，控制系统和安全装置是否符合要求及灵敏准确，检查起升范围是否符合要求。

（3）空运转试验时，分别开动各机构，做正、反方向运转，累计时间不小于5min。并做好记录。

3. 静载试验

静载试验的目的是检验起重机及其部件的结构承载能力。

每个起升机构的静载试验应分别进行，静载试验的载荷为$1.25G_n$，试验前应调整好制动器。

首先对主升起机构作静载试验，起升额定载荷（逐渐增至额定载荷），小车在门架全行程往返运行，并开动起重机运行机构（不允许同时开动3个机构），检查各项性能应达到设计要求。卸去载荷，将空载小车停放在支腿支点（无悬臂时，在极限位置）（抓斗、起重电磁铁应放在落地），分别定出主梁中部、悬臂端的检测基准点。

主起升机构依次置于主梁和悬臂最不利位置（主梁中部和悬臂端），分别按$1.0G_n$加载（双小车或多小车时，按合同约定进行试验），起升离地面100～200mm处悬空，再无冲击地逐渐加载至$1.25G_n$后，悬空时间不少于10min。卸去载荷将空载小车停放在支腿支点（无悬臂时，在极限位置）（抓斗及起重电磁铁应使之落地），检查起重机主梁和悬臂各基准点处应无永久变形、且主梁实有上拱度和悬臂的上翘度符合《通用门式起重机》（GB/T 14406—2011）的规定，即可终止试验。如有永久变形，需从头再做试验。但总共不应该超过三次，不应再有永久变形。

试验后，目测检查是否出现永久变形、油漆剥落或起重机的性能和安全有影响的损坏，检查连接处是否出现松动或损坏。

试验的超载荷部分，应是无冲击地加载，抓斗起重机的静载试验，宜在额定载荷的基础上，再向斗内一块无冲击地添加比重较大的重物（例如，生铁块）直至达到静载试验载荷；吊钩起重机的静载试验的超载部分（电磁起重机，可摘下起重机电磁铁，在吊钩上按此法加载），宜采用附加水箱，向箱内注水，达到无冲击地加载。

4. 额定载荷试验

目的是通过额定载荷试验进一步测试起重机的相关功能指标。

主起升机构按 $1.0G_n$ 加载，做起重机和小车运行机构、起升机构的联合动作，只允许同时开动两个机构（但主、副起升机构不应同时开动）。此间按《通用门式起重机》（GB/T 14406—2011）规范中的相关要求，分别检测各机构的速度（含调速）、制动距离和起重机的噪音。检测抓斗的抓取性能，验证起重电磁铁的吸重能力、电控系统的正确性和备用电源的保磁能力。

检测金属结构静刚性。先将空载小车停放在支腿支点（无悬臂时，在极限位置），在主梁跨中和有效悬臂位置找好基准点，然后将小车起升机构依次放在主梁和悬臂最不利位置（主梁中部，悬臂端部），分别按额定起重量加载，载荷离地面 100～200mm，保持 10min。测量基准点的下挠数值后卸载，将主梁基点下挠数值除以起重机的跨度，即为起重机跨中的静态刚性；将悬臂基点下挠数值除以有效悬臂长度，即为悬臂的静态刚性。

5. 动载试验

动载试验的目的主要是验证起重机各机构和制动器的功能。

起重机各机构的动载试验应先分别进行，然后作联合动作。作联合动作试验时，同时开动的机构不应超过两个。

起升机构按 $1.1G_n$ 加载，试验中对每种动作应在其行程范围内作反复动作的起动和制动，对悬挂着的试验载荷作空中起动时，试验载荷不应出现反向动作。试验时应按该机的电动机接电持续率留有操作的间歇时间，按操作规程进行控制，且必须注意把加速度、减速度和速度限制在起重机正常工作的范围内。按接电持续率及其工作循环，试验时间至少应延续 1h。

试验后，目测检查各机构或结构的构件是否有损坏，检查连接处是否出现松动或损坏。

四、拆卸过程

要将门式起重机拆卸，应参考现场的场地条件、可选用的辅助起重设备等因素，并严格按照该门式起重机的使用说明书的要求采取可操作的拆卸方案。目前较为常用的辅助起重设备为汽车吊。

门式起重机的拆除一般是安装的逆操作，其顺序是：

拆卸吊钩、回收钢丝绳→关掉电源、拆除电缆及其他电气设备→拆除司机室→拆除小车运行机构→固定支腿→拆除桥架→拆除支腿、地梁→拆除大车机构→清点零配件入库。

第三节　门式起重机的自检内容和方法

门式起重机在安装完毕后和拆卸前都必须先进行全面的自检，对金属构件、运行机构、安全装置和电气设备进行全面、认真的检查、调试，以免妨碍正常的工作秩序和不安全事故的发生。

（1）安装完毕后须进行检查的项目（见表 15－5）：

表 15－5　安装完毕后需进行检查的项目

检查项目	检查内容
轨道	检查轨道的连接情况，螺栓的紧固情况，端部止挡板的安装情况
金属结构	检查金属结构的焊接情况，主梁的上拱度，支腿的跨度等
行走机构	检查大车和小车的运行情况
传动机构	检查减速箱的运行情况，卷筒和滑轮的磨损情况
制动系统	检查制动器的制动的灵敏度
吊钩	检查吊钩的磨损情况
钢丝绳	检查钢丝绳的规格、排列要求及磨损情况
电气系统	检查电源开关的位置、电气设备及电器元件的完好情况，检查电缆线导轨的运作情况
安全装置	检查起升高度限位器，大、小车行程限位器，扫轨板，电器连锁保护装置等动作灵敏度

安装完毕详细的检查内容可以参照附录六、安装自检表的内容进行检查。

（2）拆卸前需进行检查的项目（见表 15－6）：

表 15－6　拆卸前需进行检查的项目

检查项目	检查内容
轨道	检查轨道的连接情况，螺栓的紧固情况，端部止挡板的安装情况
金属结构	检查金属结构的焊接情况，主梁的上拱度，支腿的跨度等
行走机构	检查大车和小车的运行情况
传动机构	检查减速箱的运行情况，卷筒和滑轮的磨损情况
制动系统	检查制动器的制动的灵敏度

（3）门式起重机首次投入使用前，必须经合法的检验检测机构检验合格，并组织验收，验收合格后方可使用。

(4) 门式起重机的验收检验，原则上按照国家质检总局颁布的《起重机械监督检验规程》所规定的具体检验内容、要求和方法进行，主要内容有：

1) 对各个工作机构进行检验和调整，要求各机构动作正确、平稳、无异响，制动灵敏可靠。

2) 检验整机钢结构应安装正确，无变形、开焊、裂痕等。检查所有连接点的紧固情况，螺栓、销轴牢固可靠，符合技术规定。

3) 对各安全保护装置进行检验和调整，要求限位动作准确、灵敏、可靠。

①起升机构高度限位，要求吊钩至起重小车之间的安全距离不小于1～1.5m。

②小车变幅的前后限位，要求起重小车限位停车位置，最外端距轨道终端止挡的距离不小于0.2～0.3m。

③大车行走限位停车位置，台车最外端距轨道极限安全止挡的距离不小于1m。

④对力矩限制器进行检验，其断电范围应大于额定力矩的100%，并小于110%。

第四节　门式起重机装拆安全操作规程

门式起重机安装、架设和转移较频繁，危险性也较大，拆装的过程中发生的人身伤亡事故比例较高，必须予以高度重视。安装架设时应遵守以下安全规程。

一、安装架设的一般安全要求

(1) 安装架设前，要充分掌握该门式起重机的性能和特点，透彻理解使用说明书中规定的安装架设顺序和方法，并严格遵守。安装架设人员要具有规定的资格。

(2) 安装架设时要注意风速变化，风速必须符合设计规定，一般不应超过13.8m/s。

(3) 起重设备和吊装索具要严格检查后才能使用。

(4) 各零部件间连接正确、可靠。其中包括高强度螺栓预紧力大小、销轴配合间隙、开口销的固定、钢丝绳末端的紧固等。

(5) 安装架设时，要注意观察、监视，统一指挥，联络可靠。

(6) 必须严格按照设计规定安装零部件，不得将它们随意取消、代换和增添，任何修改都应经专职技术人员同意方可执行。

(7) 钢丝绳的穿绕必须按设计要求，除两端固定外，不能与不转动的部件接触、相碰。要遵守钢丝绳使用和安装要求，不能产生硬弯、笼形畸变、松股、断丝、露芯等现象。特别对多层股不旋转的钢丝绳，要由包装滚筒直接绕进工作卷筒；如需要切断，在未切断前一定要用多道钢丝扎紧切口两端，防止松散。

(8) 门式起重机使用说明书中，对使用的起重设备的能力、吊装各部件的重量、重心位置、外形尺寸、吊点高度都有说明，要认真遵守。吊装前，在仔细检查起重设备、吊装索具后，还应进行试吊，确认安全可靠，方可正式吊装。

(9) 安装架设后，必须严格检验。

二、安装门式起重机的安全技术要求

（1）门式起重机主梁、端梁、平衡梁（支腿）、小车架不应有裂纹和明显变形；腐蚀超过原厚度的10%应予报废。

（2）刚性支腿与主梁在跨度方向的垂直度应为 $h_1 \leqslant H_1/2\ 000$（h_1：表示下沉深度；H_1：表示起升高度）。

（3）通用门式起重机跨度极限偏差应为：

1）当 $S \leqslant 26$m 时，$\Delta S = \pm 8$mm，相对差不应大于8mm；

2）当 $S > 26$m 时，$\Delta S = \pm 10$mm，相对差不应大于10mm。

（4）行走机构应符合下列规定：

1）在轨道接头未焊为一体的情况下，应满足以下要求：

①接头处的高低差不应大于1mm；

②接头处的头部间隙不应大于2mm；

③接头处的侧向错位不应大于1mm；

④对正轨箱形梁及半偏轨箱形梁，轨道接缝应放在筋板上，允许误差不应大于15mm；

⑤两端最短一段轨道长度应放在不小于1.5m 处加挡铁；

⑥轨道纵向坡度不应超过0.5%；

⑦固定轨道的螺栓和压板不应缺少，垫片不应窜动，压板应固定牢固；

⑧轨道不应有裂纹或严重磨损等影响安全运行的缺陷；

⑨当大车运行出现啃轨或大车轨距：当 $S \leqslant 10$m 时，$\Delta S = \pm 3$mm；当 $S > 10$m 时，$\Delta S = \pm[3 + 0.25(S - 10)]$ mm，且最大不应超过 ±15mm。

2）大车运行出现啃轨时，跨度极限偏差应符合下列要求：

采用可分离式端梁并镗孔直接装车轮结构的跨度极限偏差应为：

①当 $S \leqslant 10$m 时，$\Delta S = \pm 2$mm；

②当 $S > 10$m 时，$\Delta S = \pm[2 + 0.1(S - 10)]$ mm。

（5）传动系统的驱动轮应同向同步转动。

（6）制动及安全装置应符合下列规定：

1）运行终点应设置四套终点止挡架和灵敏、有效的行程限位装置；

2）各限位器应齐全、灵敏、有效；

3）导绳器移动应灵活，自动限位应灵敏可靠；

4）外露传动部分防护罩（盖）应完好齐全；应装有防雨罩；

5）进入起重机的门和司机室到桥架上的门，应设有电器连锁保护装置，当任何一个门打开时，起重机所有机构均应停止工作；

6）大车轨道铺设在工作面或地面时，起重机应设置扫轨板；扫轨板距轨面不应大于10mm；

7）应设置非自动复位型的紧急断电开关，并保证司机操作方便；

8）在主梁一侧落钩的单主梁起重机应设置防倾翻安全钩；小车正常运行时，应保证安全钩与主梁的间隙适宜，运行不应有卡阻。

（7）电气系统应符合下列规定：

1）供电电源总开关应设在靠近起重机地面易操作的地方，并加锁；

2）电气设备及电器元件应齐全、完好，绝缘性能应良好，应固定牢固；动作应灵敏、有效，符合说明书的要求；额定电压不大于500V时，电气线路对地的绝缘电阻，一般环境下不应低于0.8MΩ；潮湿环境下不应低于0.14MΩ；

3）总电源回路至少应设置一级短路保护，应由自动断路器或熔断器来实现；自动断路器每相均应有瞬时动作的过流脱扣器，其整定值应随自动开关的类型来定；熔断器熔体的额定电流应按起重机尖峰电流的1/2～1/1.6选取；

4）总电源应设置非自动复位型失压保护装置；

5）每个机构应单独设置过流保护装置：

①交流绕线式异步电机应采用电流继电器；在两相中设置的过电流继电器的整定值不应大于电机额定电流的2.5倍，在第三相中的总过电流继电器的整定值不应大于电机额定电流的2.25倍加上其余各机构电机额定电流之和；

②鼠笼型交流电机应采用热继电器或带热脱扣器的自动断路器作过载保护，其整定值不应大于电机额定电流的1.1倍。

6）主起升机构应设有超速保护装置；

7）大、小车的馈电装置应符合说明书要求。

三、门式起重机安装拆卸操作规程

门式起重机的安装和拆卸属特种作业，受国家有关法规约束。因此，在安装和拆卸作业时，必须严格遵守操作规程。

1. 安装前准备

（1）安装前，安装单位应会同使用单位先作现场勘察，并根据厂家提供的产品说明书，制定安装及现场布置方案。

（2）安装方案和布置方案，应经有关监管单位审核，待其批准后方可执行。

（3）轨道基础，应由使用单位根据说明书的要求自行施工。基础经验收合格后才能进行安装。

（4）检查吊具与吊索，确保其安全可靠。

（5）应清点门式起重机的零部件是否齐全，检查各零部件是否完好；存放时应安置平稳，并用枕木对称放平垫实；如露天放置时，要有遮盖。

（6）安装前应检查各部件的锈蚀情况，必要时重新喷涂防锈漆，对锈蚀严重的部件严禁再次使用。

（7）检查各连接部分的牢固性，滑轮、卷筒、车轮等运转是否灵活等事项。

2. 安装

（1）安装操作人员必须熟悉该门式起重机的性能和结构情况，并经专业技术培训，取得主管部门颁发的证书后，方可独立指挥操作。

（2）安装操作人员必须年满18周岁，身体健康，视力，听力正常，无不宜高空作业疾病和生理缺陷，并经专业技术培训，取得主管部门颁发证书，方能参加安装作业。

（3）所有操作人员必须配戴安全帽、安全带、穿工作鞋等必需的安全防护用品。

（4）安装操作人员在作业时，必须精神集中，精心操作，严禁酒后作业。

（5）安装操作人员必须服从现场指挥员的指挥，指挥员、操作人员和司索工都要遵守"十不吊"制度。

（6）安装时，要严格按照产品使用说明书所规定的程序进行。

（7）安装时，各联接部位必须保证螺栓拧紧，销轴到位，防脱销装置，装齐，装好。

（8）拼装完毕后，应先调试好门式起重机各部位的安全装置及制动装置，方可进行下一步的工作。

（9）安装完工后，应按要求严格验收。

3. 拆卸

（1）拆卸前，负责拆卸的单位应联同使用单位先作现场勘察，制定拆卸方案，办理报批手续。

（2）拆卸前应检查各部分机构是否正常可靠，如有故障，应先排除，方可进行拆卸作业。

（3）拆卸时，应严格按产品说明书所规定的步骤进行，严禁违章作业。

（4）拆卸人员，必须熟悉该门式起重机的性能和结构情况，并经专业技术培训，取得主管部门颁发的证书后，方可独立指挥操作。

（5）安拆卸人员，必须年满18周岁，身体健康，视力，听力正常，无不宜高空作业疾病和生理缺陷，并经专业技术培训，取得主管部门颁发证书，方能参加安装作业。

（6）所有操作人员必须佩戴安全帽、安全带、穿工作鞋等必需的安全防护用品。

（7）操作人员在作业时，必须精神集中，精心操作，严禁酒后作业。

（8）操作人员必须服从现场指挥员的指挥，指挥员、操作人员和司索工都要遵守"十不吊"制度。

（9）拆卸时，要严格按照产品使用说明书所规定的程序进行。

（10）拆卸完毕，应将所有零部件整理，分箱放置，并做好相应的数量标识，方便下次安装时使用。

第十六章

门式起重机的维护、检修及润滑

第一节　定期检查与维护保养

一、定期检查的种类及要求

定期检查包括周检、月检、半年检三种。还可根据设备的具体情况，由司机、机械员、班组长等组成临时的设备检查小组进行抽检。定期检查时，可以根据现场的需要按以下内容进行检查。

检查时，以设备所配的使用说明书为准，以下所写内容可参考进行：

（一）周检内容

（1）检查各机构制动器闸瓦的磨损状况，各销轴安装固定状况及其磨损、润滑状况；制动器的工作状况；

（2）检查接触器、控制器触头烧损状况及接触状况，凸轮、滚轮和转轴的润滑状况；

（3）检查各机构传动状况，检查声响是否正常；

（4）检查起重机联轴器上键的连接及所有连接螺栓部位是否牢固；

（5）检查使用半年以上的钢丝绳的磨损情况；

（6）检查双制动器的起升机构，检查每个制器动力矩的大小；

（7）检查所有润滑部位，按规定进行定期润滑，保证设备具有良好的润滑状况；

（8）对起重机进行全面清扫，清除机上的污垢，消除减速器漏油现象。

（二）月检内容

（1）检查电动机、减速器、角型轴承等底座的地脚螺栓紧固情况是否牢靠，并应逐个紧固；

（2）检查绕线式电动机滑环与碳刷的接触状况和磨损程度，更换已磨坏的碳刷；

（3）检查钢丝绳工作表面的磨损、断丝状况、润滑状况及压板螺栓紧固状况；

（4）检查各电线管口处电线绝缘层的磨损情况；

（5）检查各限位开关转轴的工作状况，并注油润滑；

（6）各减速器的润滑状况，对漏油部位应采取措施堵漏；

（7）检查定滑轮处钢丝绳的缠绕状况及其磨损状况，对滑轮和轴要注油润滑。

可结合每月检查工作，做好起重机的一级保养；对检查不合格的项目，应立即采取有效措施，加以解决。

（三）半年检内容

（1）检查各机构制动器的闸皮磨损状况，更换已损坏机件，对各转动部位注油润滑；

（2）检查电磁铁的极面，清除其污垢；检查短路环、电磁铁线圈及其接线连接状况；

（3）检查并调整制动器的制动力矩、磁铁冲程、闸瓦与制动轮间的间隙；

（4）检查所有减速器的齿轮啮合和磨损状况，更换损坏件；消除漏油现象，清洗后注油润滑；紧固所有连接螺栓和地脚螺栓；

（5）检查保护箱及控制屏内各种电器元件，检查控制器、电阻器及各接线座、接线螺丝的紧固状况，检查的同时要逐个进行紧固；

（6）紧固起重机上所有连接螺栓和紧固螺栓；

（7）检查大、小车车轮的运行状况，轮缘及滚动面的磨损状况，消除啃轨故障，对轴承进行润滑；

（8）检查所有电气设备的绝缘状况，对于不符合技术要求者，予以更换；

（9）检查主梁、端梁各主要焊缝是否有开焊、锈蚀等现象，各主要受力部位是否有疲劳裂纹，各种护栏、支架是否完整无缺。

在检查各种机、电零部件的同时，应更换已损坏的机件和电器元件；对于有些零、部件，如大车轮或小车轮，因条件限制而不能及时更换时，应记录在案，安排在其后的月检或周检时予以更换。但对于直接影响起重机安全运行的机、电零部件必须及时更换，未修复前不得开车工作。

半年检查制度可以和起重机的二级保养或中修结合进行。

二、维护保养的种类及内容

门式起重机维护保养分为日常保养、一级保养、二级保养。维修保养时，以设备所配的使用说明书为准，以下所写内容可参考进行：

（一）日常保养

日常保养即例行保养，每班一次。日常保养包括下列内容：

（1）清扫司机室和机身上的灰尘和油污；

（2）检查制动器间隙是否合适；

（3）检查各传动部位连接螺栓是否紧固；

（4）检查制动带及钢丝绳的磨损情况；

（5）检查电气部分各触头是否密贴吻合；

（6）检查集电器的滑块在滑线上的接触情况；

（7）检查电铃、限位开关、防风夹轨器等安全装置是否灵敏可靠。

（二）一级保养

一级保养一般每间隔 300h 一次（指机械运转小时）。一级保养包括下列内容：

（1）日常保养全部内容；

（2）按要求进行钢丝绳、齿轮联轴器、制动器各铰点、限位开关各转轴、链条等的润滑；

（3）检查减速器的油面是否在油标刻度线间；

（4）检查钢丝绳压板螺钉是否紧固；

（5）检查柱销联轴器弹性圈的磨损情况，间隙超过 2mm 的应更换；

（6）检查制动轮和销轴的磨损情况，弹簧有无裂纹和永久变形；

（7）检查各滚动轴承运转是否正常；

（8）检查电动机和销轴的滑环和炭刷的磨损情况，清除灰尘、积炭；

（9）检查管口处导线绝缘层的磨损情况。

（三）二级保养

二级保养一般每间隔 1200h 一次。二级保养包括下列内容：

（1）一级保养全部内容；

（2）滚动轴承加油；

（3）检查长行程和液压电磁铁油量及润滑情况；

（4）清洗开式齿轮和链条上的脏油，重新注油；

（5）检查起升机构吊钩、联轴器、减速器齿轮磨损情况；

（6）检查所有电气设备的绝缘情况；

（7）检查控制屏、保护盘、控制器、电阻器及各接线座接线螺钉是否紧固。

第二节　起重机的润滑

起重机的润滑是保证起重机正常运行、延长机件寿命、提高生产效率以及确保安全生产的重要措施之一。操作人员应经常检查各运动点的润滑情况，并定期向各润滑点加注润滑油脂。

一、润滑的原则和种类

1. 润滑原则

凡是有轴和孔动配合的部位以及摩擦面的机械部分，都要定期进行润滑。由于各门式起重机的工作制度（类型）不同，对不同部位的润滑应灵活掌握。

2. 润滑种类

润滑有分散润滑和集中润滑两种。中小型门式起重机一般都采用分散润滑，润滑时用油枪或油杯向各润滑点分别注油。大吨位门式起重机采用集中润滑，润滑时由加油泵通过主油管向各油路送油。

二、润滑点的分布

（1）各齿轮联轴器；
（2）各减速器（大规格立式减速器高速轴一、二轴承还单设润滑点）；
（3）各轴承箱、轴承座；
（4）钢丝绳；
（5）各电动机轴承；
（6）固定滑轮轴两端（在小车架上）；
（7）吊钩滑轮轴两端及吊钩螺母下的推力轴承；
（8）制动器上的各铰接点；
（9）长行程制动器和液压制动器的活塞部分；
（10）电缆卷筒、电缆拖车、悬挂式供电装置的轴承；
（11）反滚轮；
（12）集电器；
（13）抓斗上、下滑轮轴，导向滑轮及各铰接轴孔；
（14）夹轨器上的齿轮、丝杠及各铰接点；
（15）防风器各支承轮、导向轮轴承或轴孔。

三、润滑材料

润滑材料分为润滑油、润滑脂和固体润滑剂三大类。润滑油是应用最广泛的液体润滑剂，门式起重机常用的润滑油有全损耗系统用油、齿轮油、汽缸油等。润滑脂是胶状润滑材料，俗称黄油、干油，它是由润滑油和稠化剂在高温下混合而成的，实际上是稠化了的润滑油，有的润滑脂还加有添加剂。固体润滑剂常用的有二硫化钼、石墨、二硫化钨等。

润滑油的主要性能指标是润滑油的黏度，它表示润滑油油层间摩擦阻力的大小，黏度越大，润滑油的流动性越小，越黏稠。

门式起重机上常用的润滑油，如全损耗系统用油，其牌号与黏度见表16－1，从表16－1中可以看出。润滑油新标准的牌号，就是润滑油在40℃时黏度的平均值。

表16－1　全损耗系统油牌号与黏度

牌号	原机械油旧牌号	运动黏度/（10^{-6} m^2/s）（40℃）	牌号	原机械油旧牌号	运动黏度/（10^{-6} m^2/s）（40℃）
L—AN5	4	4.14～5.06	L—AN32	20	28.8～35.2
L—AN7	5	6.12～7.48	L—AN46	30	41.4～50.6
L—AN10	7	9.00～11.00	L—AN68	40	61.2～74.8
L—AN15	10	13.5～16.5	L—AN100	50	90.0～110
L—AN22	14	19.8～24.2	L—AN150	80	135～165

润滑脂的主要性能指标是工作锥入度，它表示润滑脂内阻力的大小和流动性的强弱。工作锥入度小则不易被挤跑，易维持油膜的存在，密封性能好，但因摩擦阻力大而不易充填小的摩擦间隙。重载时应选用工作锥入度小的润滑脂，即硬的润滑脂；轻载时应选用工作锥入度大的润滑脂，即软的润滑脂。对于用油泵集中给脂润滑的设备所使用的润滑脂，工作锥入度一般不应小于270，太小了泵送有困难。

润滑脂的另一性能指标是滴点，是润滑脂受热后开始滴下第一滴时的温度，它是表示润滑脂耐热性能的，一般使用温度应低于滴点20～30℃甚至40～60℃，以保证润滑的效果。

四、典型零部件的润滑

起重机典型零部件润滑期限、润滑条件、润滑材料如表16－2所示。

表16－2　典型零部件的润滑材料及其添加时间

序号	零部件名称	添加时间	润滑条件	润滑材料
1	钢丝绳	一般15～30天一次	(1) 把润滑脂加热到50～100℃浸涂至饱和为止 (2) 不加热涂抹	(1) 钢丝绳麻心脂（Q/SY 1152—65） (2) 合成石墨钙基润滑脂（SYB 1405—65）或其他钢丝绳润滑脂
2	减速器	使用初期每季换一次，以后可根据油的清洁情况半年至一年换一次	夏季	用HL30齿轮油（SYS 1103—62S）
			冬季 (1) 不低于－20℃ (2) 低于－20℃	(1) H120齿轮油（SYS 1103—62S） (2) 冷冻机油
3	开式齿轮	半月一次，每季或半年清洗一次		明齿轮脂（HG1—26—73）
4	齿轮联轴器	每月一次	(1) 工作温度在－20～50℃ (2) 高于50℃ (3) 低于－20℃	(1) 可采用以任何元素为基体的润滑脂，但不能滋合作用。冬季宜用1、2号，夏季宜用3、4号 (2) 用工业锂基润滑脂（Q/SY 1110—65）冬季用1号，夏季用3、4号采用1、2号特种润滑脂（Q/SY 1119—70）
5	滚动轴承	3～6个月一次		
6	滑动轴承	酌情		
7	卷筒内齿教	大修时加满		
8	液压电磁或液压推杆	每半年更换一次	(1) 高于或等于－106℃ (2) 低于－10℃	(1) 25号变压器油（SYB 1351—62） (2) 10号航空液压油（SYB 281—65）

续表

序号	零部件名称	添加时间	润滑条件	润滑材料
9	液压缓冲器	酌情	(1) 0℃以上 (2) 0℃以下	(1) 沸水 40.17%，甘油 57.7%，铬酸钾 2%，氢氧化钠 0.13% 或甘油和沸水各 50% (2) 锭子油或变压器油
10	电动机	年修或大修	(1) 一般电动机 (2) H 级绝缘和湿热地带	(1) 复合铝基润滑脂（Q/SY 1105—66） (2) 3 号锂基润滑脂

五、润滑注意事项

(1) 润滑材料必须保持清洁；

(2) 不同牌号的润滑油脂不可混合使用；

(3) 经常检查润滑系统的密封状态和输脂情况；

(4) 选用适宜的润滑材料，按规程定期润滑；

(5) 应用压力注油法（油枪或油泵）添加润滑脂，尽力做到把润滑脂推送到摩擦面上，尽量避免用涂抹方法添加润滑脂，以防止润滑脂不能进到摩擦面上；

(6) 对温度较高的润滑点，要相应地增加润滑次数并装设隔温或冷却装置；

(7) 潮湿的地方不宜选用钠基润滑脂，因其吸水性强而易失效；

(8) 没有注油点的转动部位，应定期用稀油壶点注各转动缝隙中，以减少机械的磨损和锈蚀；

(9) 润滑时，必须全车停电（电动润滑系统除外）；

(10) 采用油池润滑应定期检查润滑油的质量，加油时应达到油标尺规定的刻度；

(11) 凡更换油脂时，务必做到彻底除旧换新，清洗干净，封闭良好。

第十七章

门式起重机主要零部件及易损件的报废标准

第一节　金属结构的报废

当金属结构出现以下一些情况时，应予以报废：

（1）主要受力构件失去整体稳定性时，不应修复，而应报废。

（2）主要受力构件发生腐蚀时，应进行检查和测量。当承载能力降低至原设计承载能力的87%时，如不能修复，则应报废。无计算能力的单位，当主要受力构件断面腐蚀达原厚度的10%时，如不能修复，则应报废。

（3）主要受力构件产生裂纹时，应根据受力情况和裂纹情况采取防止裂纹继续扩展的措施，并采取加强或改变应力分布的措施，或停止使用。

（4）主要受力构件因产生塑性变形，使工作机构不能正常地安全运行时，如不能修复，则应报废。

（5）对于一般门式起重机，当小车处于跨中，并且在额定负载下，主梁跨中的下挠值在水平线下达到跨度的1/700时，如不能修复，则应报废。

第二节　车轮的报废标准

在钢轨上工作的车轮，出现下列情况之一时应报废：

（1）出现裂纹；

（2）轮缘厚度磨损达原厚度的50%；

（3）轮缘厚度弯曲变形达原厚度的20%；

（4）踏面厚度磨损达原厚度的15%或踏面出现剥落时；

（5）当运行速度低于50m/min，椭圆度达1mm；或当运行速度高于50m/min，椭圆度达0.5mm时；

（6）踏面出现麻点：当车轮直径 $D \leqslant 500$mm，麻点直径 >1mm 时；或当 $D > 500$mm；麻点直径 >1.5mm，且深度 >3mm 及数量多于5处时。

第三节　轨道的报废标准

（1）工字钢、H钢等悬挂型轨道的磨损量达到以下指标时应报废：支承车轮的轨道踏面（工字钢、H钢下翼缘上表面被车轮踏面磨损部位）的磨损量达原尺寸的10%时；支撑车轮的轨道翼缘宽度磨损量达原尺寸的5%时。

（2）轻机、重机、起重机钢轨及方钢等支撑型轨道的磨损量达到以下指标应报废：支撑车轮轨道踏面的磨损量达原尺寸的10%时；轨道面宽度磨损量达原尺寸的5%时。

（3）起重机运行轨道有疲劳龟裂、疲劳剥落等缺陷时应报废。

（4）起重机运行轨道出现局部横向塑性变形或局部扭转等塑性变形，影响起重机正常运行，如出现严重的啃轨、跑偏、蛇行等故障时应报废。

（5）起重机运行轨道的固定采用螺栓压板固定装置时，如果出现轨道固定松动、侧移等，经修理仍不能保证可靠牢固的固定时，螺栓压板固定装置应报废。

（6）起重机运行轨道的固定采用焊接连接或焊接压板装置时，如果固定连接焊缝有裂纹或开焊损伤时应补焊，如失去补焊的意义时，焊接压板应报废。

第四节　其他易损件的判废标准

一、卷筒和滑轮有下列情况之一的应予以报废：［根据《塔式起重机安全规程》（GB 5144—2006）］

（1）裂纹或轮缘破损；

（2）卷筒壁磨损量达原壁厚的10%；

（3）滑轮绳槽壁厚磨损量达原壁厚的20%；

（4）滑轮槽底的磨损量超过相应钢丝绳直径的25%。

二、制动器零件有下列情况之一的应予以报废

（1）可见裂纹；

（2）制动块摩擦衬垫磨损量达原厚度的50%；

（3）制动轮表面磨损量达1.5～2mm；

（4）弹簧出现塑性变形；

（5）电磁铁杠杆系统空行程超过其额定行程的10%。

三、吊钩出现下述情况之一时应报废：[根据《塔式起重机安全规程》(GB 5144—2006)]

(1) 表用20倍放大镜观察表面有裂纹；
(2) 钩尾和螺纹部分等危险截面及钩筋有永久性变形；
(3) 挂绳处截面磨损量超过原高度的10%；
(4) 心轴磨损量超过其直径的5%；
(5) 开口度比原尺寸增加15%。

四、钢丝绳的判废标准（详见附录三）

第十八章

常见故障及排除方法

第一节　溜钩

一、产生溜钩的原因

(1) 制动器工作频繁，使用时间较长，其销轴、销孔、制动瓦衬等磨损严重，致使制动时制动臂及其瓦块产生位置变化，使制动力矩发生脉动变化。制动力矩变小，就会产生溜钩现象。

(2) 制动轮工作表面或制动瓦衬有油污，有卡塞现象，使制动摩擦因数减小而导致制动力矩减小，从而造成溜钩。

(3) 制动轮外圆与孔的中心线不同心，径向圆跳动超过技术标准。

(4) 制动器主弹簧的张力较小，或主弹簧的螺母松动。

(5) 主弹簧材质差或热处理不符合要求，弹簧已疲劳、失效。

(6) 长行程制动器的重锤下面增加了支持物，使制动力矩减小。

二、排除溜钩故障的措施

(1) 磨损严重的制动器闸架及松闸器，应及时更换，排除卡塞物。

(2) 制动轮工作表面或制动瓦衬要用煤油或汽油清洗干净，去掉油污。

(3) 制动轮外圆与孔的中心线不同心时，要修整制动轮或更换制动轮。

(4) 调紧主弹簧螺母，增大制动力矩。

(5) 调节相应顶丝和副弹簧，以使制动瓦与制动轮间隙均匀。

(6) 制动器的安装精度差时，必须重新安装。

(7) 排除支持物，增加制动力矩。

第二节 小车“三条腿”问题及解决办法

一、小车“三条腿”的概念

所谓小车“三条腿”，是指小车在运行中，4 个车轮中只有 3 个接触轨道，1 个悬空。门式起重机的小车车架由于其跨度小，刚性很大，容易产生“三条腿”现象。“三条腿”现象发生在小车运行过程中，特别是起动和制动时，会造成车体扭晃、运行不稳、走斜卡轨及整台起重机振动等故障。

二、小车“三条腿”现象的主要表现形式及原因

（1）小车某一个车轮在较长一段运行距离内，始终处于悬空状态，造成这种情况的原因有两个：第 1、4 个车轮的轴线不在一个平面内，即使车轮直径完全一样，也会有一个悬空；第 2、4 个车轮的轴线在一个平面内，但有一个车轮直径明显较小，或处在对角线上的两个车轮直径太小。

（2）小车同侧的两个车轮在经过某一段轨道时，交替地不与轨道接触，即局部地段出现“三条腿”现象。造成的原因：首先，可能是轨道不平直，当小车轨道局部地段有凹陷，小车经过这个地段就会出现 3 个轮着轨、1 个轮悬空的现象；其次，如车轮直径不等、轨道凹凸不平两种因素同时出现，也会产生“三条腿”现象。

三、小车“三条腿”的检查

造成小车“三条腿”的主要原因是车轮和轨道的偏差过大。根据其表现形式，可以先检查某些项目，例如，在运行中，起重小车始终处于“三条腿”运行，这就要首先检查车轮；局部地段“三条腿”，则应首先检验轨道。

1. 小车车轮的检验

车轮直径的偏差可根据车轮直径的公差进行检验。

2. 轨道的检查

为了解决小车“三条腿”问题，检查轨道的重点应是轨道的高低偏差。

3. 小车“三条腿”的综合检验

在实际工作中所遇到的问题，多数是几种因素交织在一起引起的，这时只能推动小车，逐段综合分析，找出“三条腿”的原因。

检查时，可准备一套塞尺或厚薄不同的铁皮，将小车慢慢推动，逐段检查。如在整个行程始终有一车轮悬空，而车轮直径偏差又在公差范围内，那么就是那个悬空的车轮轴线偏高；在推动过程中，只有局部地段出现“三条腿”，如图 18－1 所示中 A 轮在轨道 a 处

出现间隙口，那么选择厚度合适的塞尺塞入，将小车继续向前推，当 C 轮进入 a 处时，小车仍出现“三条腿”，则说明 a 处轨道偏低。同样也可以分析出车轮的偏差，或其他综合情况。

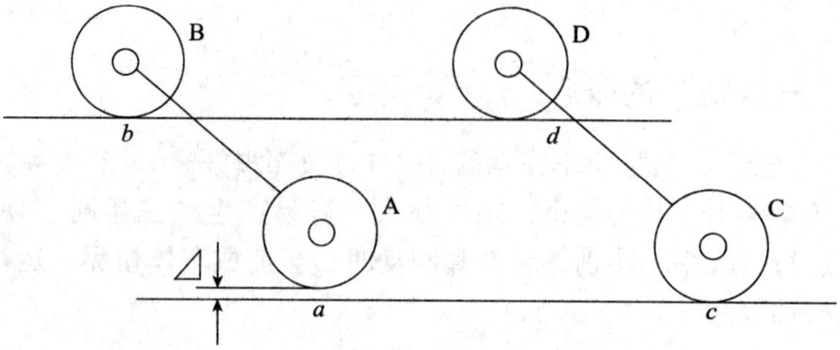

图 18－1　小车“三条腿”的检验图

四、小车“三条腿”的修理

1. 车轮修理

小车的四个车轮不在一个平面内，应调整车轮。调整时，可铲开悬空轮的角型轴承箱的水平键板，在水平板与端梁弯板之间加入适当厚度垫板来调整车轮的高低。一般情况下，应尽量调整被动轮。

2. 轨道修理

（1）轨道水平高低偏差的修理如小车同侧的两个车轮经过某一段轨道运行时交替地不接触轨道，这就是因为桥架主梁变形而引起轨道局部凹陷，可用加垫板的方法来调整轨道。当凹陷严重时，应通过修理主梁的拱度来解决。修理过程中，如需要铲开原有轨道压板时，应尽量避免用气割或碳弧气刨来割开，最好使用风铲，以防加热时轨道下面的主梁发生下挠等永久变形。

（2）轨道直线性的修理首先用拉钢丝的方法进行检查，发现某段轨道弯曲，可用小千斤顶校直。校直时，先把轨道压板松开，在轨道弯曲最大位置的侧边焊一块定位板，作为千斤顶的定位板，用千斤顶顶压校直轨道，然后去掉定位板，重新把轨道固定好。

第三节　小车打滑及车体走斜

一、小车打滑的原因

小车打滑主要有以下原因：

（1）主动轮压不等。由于轮压小的轮子产生的摩擦力小，故轮压小的车轮就会打滑。

（2）小车“三条腿”发生在主动轮上的也可能打滑。

（3）轨道上有霜雪或轨道有油污也有可能打滑。

（4）驱动力过大，一般是电动机选择得偏大，或启动时间短，很容易打滑。

（5）由于制动器选择偏大，制动时间短，在小车制动时，易产生打滑。

二、小车走斜的原因

起重小车传动轴上某一个键松动或两个驱动轮有一个卡塞、小车“三条腿”、小车某个驱动轮打滑都会使起重小车走斜、“啃道”。

若两条轨道标高偏差过大，当小车运行到这一区段，车体就会迅速靠向低的一侧并且走斜，同一条轨道直线性不好，甚至接头处轨道顶面向相反的两个方向扭斜，小车运行到这一区段也会突然走斜；此外车轮安装偏差过大，也会使小车走斜。

第四节　大车“啃轨”的安全检查

啃轨，又称啃道、咬道，即起重机大车或小车的车轮的轮缘与轨道侧面接触，在运行过程中产生摩擦，使起重机大车或小车不能正常运行。

在正常运行情况下，起重机的车轮轮缘与轨道之间保持一定的间隙。但是，如果车身歪斜，车轮就不在踏面中间运行，从而使轮缘与轨道一侧强行接触，造成啃轨。

一、啃轨的迹象与程度估计

1. “啃轨”的迹象

门式起重机正常行驶时，车轮轮缘与轨道应保持有一定的间隙（20～30）mm。当起重机在运行中，由于某种原因使车轮与轨道产生横向滑动时，车轮轮缘与轨道挤紧，增大了它们之间的摩擦力，致使轮缘和钢轨磨损，这种现象就叫“啃轨”。

起重机“啃轨”是车轮轮缘与轨道摩擦力增大的过程，也是车体走斜的过程。

“啃轨”会使车轮和钢轨很快就磨损报废，如图 18－2 所示。图 18－2（a）为车轮轮缘被啃变薄，图 18－2（b）为钢轨被啃变形。

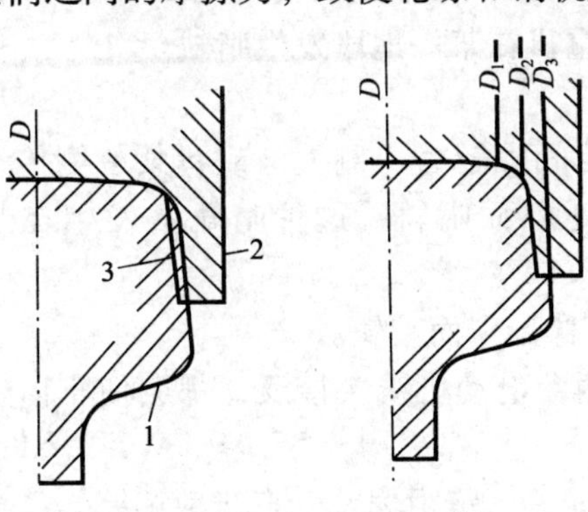

图 18－2　啃道示意图

1. 钢轨；2. 轮缘；3. 被啃的轮缘

检查起重机是否“啃轨”，可以根据下列迹象来判断：

（1）钢轨侧面有一条明亮的痕迹，严重时，痕迹上带有毛刺；

（2）车轮轮缘内侧有亮斑并有毛刺；

（3）钢轨顶面有亮斑；

（4）起重机行驶时，在短距离内轮缘与钢

轨的间隙有明显的改变；

（5）起重机在运行中，特别是在启动、制动时车体走偏、扭摆。

2. 啃轨的程度估计

（1）运行机构控制手柄放在一挡时起动不动，放二挡时稍动：停车后惯性运行（不制动）距离短；轮缘有磨损，但无掉屑、卷边现象；车轮使用寿命约为2～3年。这种状态为轻度啃轨，应着手检查和修理。

（2）控制器手柄放在一挡时起动不动，放二挡时起动缓慢；停车时无惯性运行或运行距离很短；轮缘磨损快，有掉屑和卷边现象；车轮使用寿命为0.5～1年。这种状态表明啃轨程度较重，应进行调整和修理。

（3）控制器手柄放在二挡时起动不动；运行时轮缘与轨道摩擦强烈，严重时车轮爬上轨顶；车轮使用寿命少于半年。这种状态为严重啃轨，应立即停机修理。

二、“啃轨”的主要原因

（1）车轮加工或安装偏差造成“啃轨”

1）车轮的平行度不好；

2）车轮的垂直度不好；

3）车轮的跨距、对角线不等和两车轮直线性不好。

（2）车轮直径不等（指主动轮直径不等），使左右两侧的运行速度产生偏差，车体走斜，因而造成啃轨。

（3）由于轨道安装偏差过大造成“啃轨”

1）两条轨道相对标高偏差过大，起重机在运行过程中容易发生横向移动，使较高一侧的轨道外侧被啃，而较低一侧的轨道内侧被啃。

2）同一侧两根钢轨的顶面不在同一平面内，如轨道顶面的倾斜方向相反，当起重机运行到接头处时，车体会发生横向移动，造成啃轨。

3）轨道顶面有油、水或冰霜等，都可能使车轮打滑、车体走斜而啃轨。

由于轨道安装偏差过大造成啃轨的特征，使起重机在某一地段发生啃轨。

（4）传动系统偏差造成“啃轨”

1）分别驱动的两套传动机构中，如果一侧齿轮间隙较另一侧大，或者某一侧传动轴上的键松动，从而使两侧车轮产生速度差，车体走斜而啃轨。这种啃轨常发生在起动阶段。

2）两套制动器闸瓦的松紧程度不同，也会使车体走斜而啃轨。

3）分别驱动的两台电动机转速差过大，或者两台电动机线头接反，都会使车体走斜啃轨。

（5）金属结构变形严重时，使车轮产生对角线偏差、跨距偏差、直线性偏差等也会造成啃轨。

三、啃轨对安全的影响

起重机运行啃轨会造成如下后果：

1. 降低车轮的使用寿命

中级工作级别的起重机在正常情况下，经过淬火处理的车轮，可以使用10年或更长的时间。而啃轨严重的起重机车轮，只能使用1~2年或更短的时间。

2. 磨损轨道

起重机车轮啃轨严重时，会将轨道磨出台阶，甚至使轨道报废。

3. 增加运行阻力

运行正常的起重机，停车时的惯性运行距离较长，若停车时惯性运行距离短即为一般性啃轨。如果把控制器手柄放在一挡上，还开不动车，说明阻力很大，属于严重啃轨。根据测定，严重啃轨的起重机运行阻力是正常运行阻力的1.5~3.5倍。由于运行阻力增加，使运行电动机和传动机构超载运行，严重时会烧坏电动机或扭断传动轴等。

4. 造成脱轨

啃轨严重，特别是当轨道接头间隙较大时，车轮可能爬到轨顶，造成起重机脱轨事故。对于只有外侧轮缘的小车车轨，当轨距变小时，更容易造成脱轨。

四、啃轨的检验

1. 现场检查

要仔细观察起重机运行情况，特别注意起动和停车时是否扭摆，找出啃道的规律，摸清车轮和轨道的状况，从中找出啃道的主要原因。

2. 车轮不垂直度检查

如图18－3所示，用吊线锤的方法检查车轮的不垂商度。检查前应将车轮端而毛刺及油污清除干净。检查时如吊线与车轮两端面紧贴，说明车轮不垂直度正确，当偏差 $yx > L/400$ 时说明不垂直度超差。

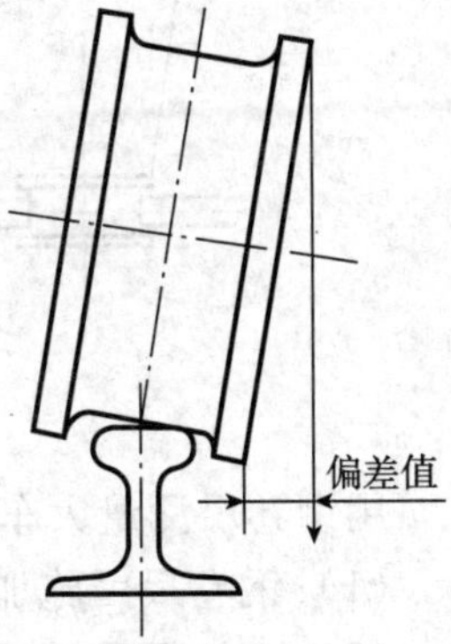

图18－3　车轮不垂直度检查

3. 车轮水平倾斜和同位性的检查

如图18－4所示，选一段平直的轨道为基准，拉一根直径为0.3~0.4mm的钢丝，使钢丝与轨道外侧平行，然后测出 b_1、b_2、b_3、b_4 的各值。同一轮 b 值之差的一半即为车轮中心处的水平倾斜度。即轮$_1 = \frac{|b_1 - b_2|}{2}$；轮$_2 = \frac{|b_3 - b_4|}{2}$。同

一轨道两车轮同位性偏差：

$$\Delta L_x = \left| \frac{|b_1 - b_2|}{2} - \frac{|b_3 - b_4|}{2} \right|$$

当 $\Delta L_x > 3\text{mm}$ 时，说明同位性偏差超差。

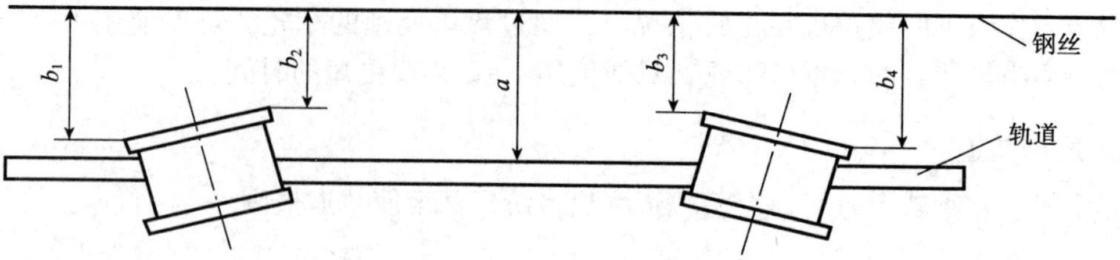

图 18－4　车轮水平倾斜和同位性检查

4. 大车轮对角线、跨度、轮距的检查

此项检查应在车轮不垂直度、水平倾斜度和直线性检查的基础上进行，在分析该项检查结果时，必须考虑以上这些因素的影响。

检查方法如图 18－5 所示，选择一段平直性较好的轨道，将起重机开到这段轨道上。对准车轮踏面中心划一条直线，沿直线吊一线锤，在锤尖对准轨道上的点处打一个冲眼。以同样的方法求得其余三个测点。然后开走起重机，测量四点之间的距离和对角线，测量时应注意钢卷尺的拉力应对应一致。

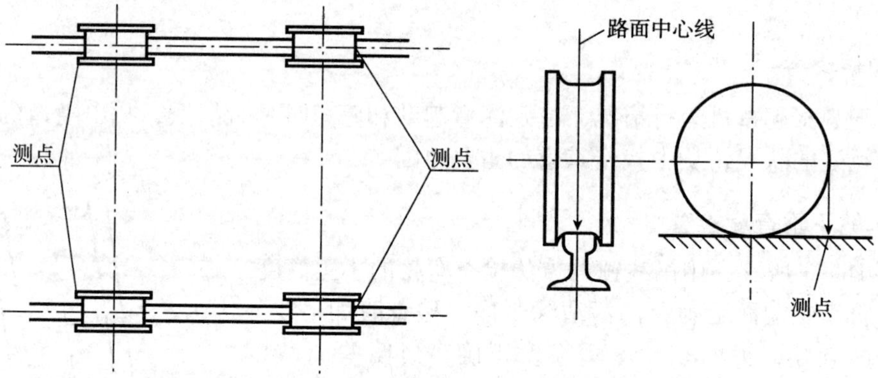

图 18－5　车轮跨度和对角线测量图

用钢卷尺测量大车跨度时，有两个因素必须考虑：

（1）钢卷尺因施加张力而弹性伸长，因此测得的跨度数值比实际跨度要小。

（2）钢卷尺两端虽加张力，但因钢卷尺的自重仍有下挠，因此测得的跨度数值又比实际跨度的数要大。

由于钢卷尺弹性伸长的值要比因自重下挠增加的值要大，因此用钢卷尺测量大车跨度时，应将测得的数值再加上一个修正值才是实际跨度。测量大车跨度所采用的拉力和修正值可按表 18－1 选取。

表 18－1　测量跨度采用的拉力值和修正值

跨度/m	拉力/kgf	10×0.25	13×0.3	15×0.2	15×0.25
		修正值/mm（钢尺截面尺寸/mm²）			
10.5	10	2	2	1	1
13.5	10	2	2	2	1
16.5	10	2	2	2	0
19.5	10	3	2	1	0
22.5	15	6	5	4	2
25.5	15	6	6	4	2
28.5	15	7	6	4	2
31.5	15	7	6	4	1

大车轮两对角线差的绝对值不允许超过 5mm，轮距的相对偏差不允许超过 5mm。

5. 轨道的检查

主要是检查轨道的标高和直线性。轨道各处标高可用水平仪测量，轨道的直线性可在轨道两端中点上方拉一钢丝，然后沿钢丝吊线锤，以测量线锤落点与轨道中心的偏移值，即可确定轨道的直线性（见图 18－6）。

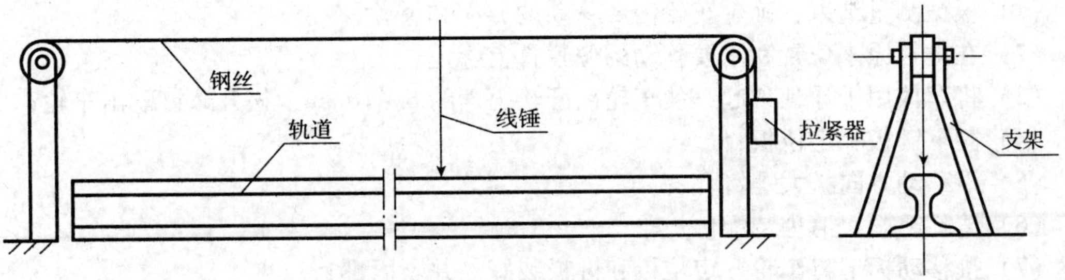

图 18－6　轨道直线性的检查

6. 传动机构的检查

主要检查车轮的轴向间隙和各连接的配合状态，各轴键不可松动，齿轮间隙等各项指标应符合规定要求。

五、啃轨的维修

发现起重机啃轨，应详细检查，并测量各有关尺寸，综合分析，找出原因，确定修理方案。

1. 车轮平行度和垂直度的调整

当车轮中心线与轨道中心线有 α 角时（见图 18－7），则车轮和轨道的平行度偏差为 $\delta = r\sin\alpha$。为了矫正这些偏差，可在左边角轨撑架立键板上加垫。垫的厚度按下式计算：

$$t \approx \frac{b\delta}{r} \qquad (18-1)$$

式中，t——垫板厚度，mm；

r——车轮半径，mm；

b——车轮与角轴承架的中心距，mm；

δ——车轮和轨道的平行度偏差，mm。

如果车轮向左偏，则应在右边的角轴撑架立键上加垫；如果车轮垂直度偏差超过允许范围，则应在角轴撑架的水平键上加垫。垫厚的计算公式与上式相同。

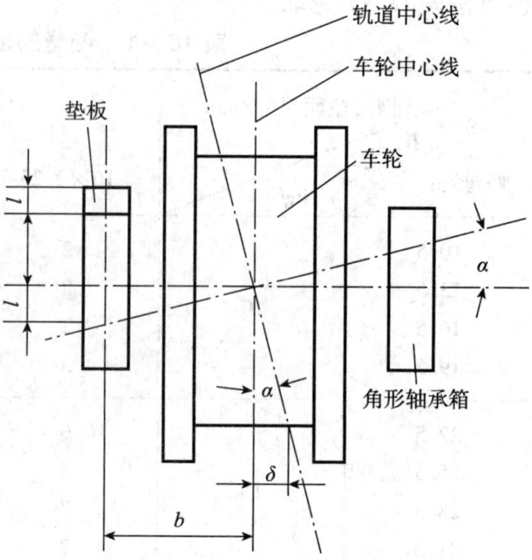

图 18－7　车轮的调整

2. 车轮位置的调整

由于车轮位置偏差过大，会影响到跨距、轮距、对角线以及同一轨道上两个车轮中心的平行性，因此需要调整车轮的位置。调整时，应将车轮拉出来，把车体上的 4 块定位键板全部割掉，重新找正、定位。操作工艺如下：

（1）根据测量结果，确定车轮需要移动的方向和尺寸；

（2）在键板原来位置和需要移动的位置打上标记；

（3）将车体用千斤顶顶起，使车轮离开轨道面约 6～10mm，松开螺钉取出车轮；

（4）割下键板和定位板；

（5）沿移动方向扩大螺钉孔；

（6）清除毛刺，清理装配件；

（7）按移动标记将车轮、定位板和键板装好，并紧固螺钉；

（8）测量并调整车轮的平行度、垂直度、跨距和对角线等，要求用手能灵活转动车轮，如发现不符合要求，应重新调整；

（9）开空车试验，如仍有啃轨，应重新调整；

（10）试车后，如不再啃轨，则可将键板和定位板点焊固定。为防止焊接变形，可采用先焊一段试车、再焊一段再试车的办法。

3. 更换车轮

由于主动车轮磨损，使两个主动车轮直径不等，也容易造成啃轨。对于磨损的主动车轮，应采取成对更换的办法。单件更换往往由于新旧车轮磨损不均，配对使用后也会造成啃轨。

从动车轮对啃轨影响不大，只要滚动面不变成畸形，就不必更换。

4. 车轮跨距的调整

车轮跨距的调整是在车轮的平行度、垂直度调好之后进行的。

调整跨距有两种方法：

(1) 调整角轴承架的固定键板，具体方法同移动车轮位置一样；

(2) 调整轴承间隔离环。先将车轮组取下来，拆开角轴承架清洗所有零件，假定需要将车轮往左移动5mm，则应把左边隔离环去掉5mm，右边隔离环重新做一个，它的长度应比原来的隔离环宽5mm，这样车轮装配后自然向左移动了5mm。

5. 车轮对角线的调整

对角线的调整应与跨距的调整同时进行，为了不影响传动轴的同心度并使维修简便，修理时应尽量调整被动轮而不调整主动轮。

6. 轨道的调整

如果轨道标高局部相差较大而引起啃道，可调整轨道与承轨梁下的垫片厚度以达到标高一致。若厂房基础下沉，可将承轨梁抬高。对于轨道直线性偏差而引起啃道，主要调整轨道的压板螺丝，然后以调整好的轨道为基准，调整另一边的轨道。在调整中要测量跨度（注意修正值）和标高，使其符合标准，并固定之。

7. 主梁的调整

对于主梁下沉，造成小车跨距变化引起的啃道或脱机，可采取以上调整跨距的方法修复。若要解决根本问题，应修复主梁。一定不要采取用移动小车跨距的办法，因为割、焊轨道键板会造成主梁进一步下沉或内弯。

8. 桥架的调整

对于桥架变形，使大车轮产生水平偏斜，垂直偏斜及对角线超差造成的大车啃轨，应先矫正桥架，使之符合技术要求。如仍有啃轨现象，可再调整车轮，且应尽量调整被动轮。

六、防止啃轨的措施

根据上述啃轨的原因分析可知，严格控制车轮、轨道、传动系统的制造和安装精度是防止起重机啃轨的基本措施。

此外，还可以采取一些辅助措施，如把主动轮制成锥度为1∶16或1∶20的滚动面，这样，当车体走斜时，车轮有自动调整的作用。也可把轨道倾斜安装并与锥形车轮相配合。或者采用无轮缘车轮加水平导轮。图18－8（a）是锥形车轮，图18－8（b）是倾斜轨道与锥形轮，图18－8（c）是无轮缘车轮加水平导轮。

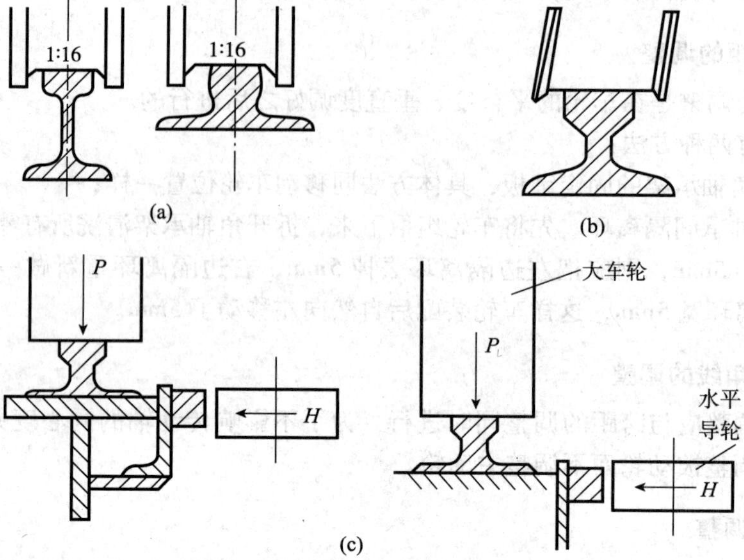

图 18－8　防止啃轨的措施

第五节　其他故障的原因及排除方法

一、机械故障及排除方法

表 18－2　机械故障及排除方法

零部件名称	故障	原因及后果	排除方法
锻制吊钩	尾部螺纹及退刀机槽、吊钩表面有疲劳裂纹	超期使用；超载；材质缺陷	发现裂纹及时更换
	钩口危险断面磨损超断面高度 10%	可能导致吊钩折断	磨损未超标时降低负荷使用，超标则报废、更新
	钩口部位和弯曲部位发生永久变形	长期过载，疲劳所致	更新
叠片式吊钩	吊钩变形；钩片上有裂纹	长期过载使用，超期、超载使用	停用更新；更换钩片
钢丝绳	断股、断丝、打结或磨损	继绳	按标准更新
滑轮	滑轮槽磨损不均	材质不均，安装不符合要求，绳、轮接触不均匀	重新安装或修补
	滑轮转不动	轴和轴套没有润滑油	拆开清洗润滑部分，保证需要的润滑油

续表

零部件名称	故障	原因及后果	排除方法
卷筒	卷筒柱体上有裂纹	卷筒损坏	停止使用或修补
	卷筒绳槽磨损和跳槽	卷筒损坏	调整钢丝绳偏斜角
齿轮	齿轮轮齿损坏	使用时间过长或超载	更换新齿轮
	轮辐和轮壳有裂纹	齿轮损坏	对起升机构应更换新齿轮，运行机构可修补使用
	键槽损坏	影响机构工作	更换或配键
减速器	外壳特别是安装轴承的地方发热	轴承发生故障，轴径卡住。齿轮迅速磨损	更换油，检查啮合和轴承情况
	减速机在架上振动	联轴器轴径损坏	拧紧螺栓，在架上安装挡铁
	周期性的颤震声响	调节误差过大或齿侧间隙超过标准可能引起机构震动甚至打断齿	检修重新安装
	涡轮减速器有敲击声	蜗杆轴向游隙过大或涡轮齿磨损严重	更新
	剧烈的金属锉擦声；引起减速器壳体振动的叮当声	传动齿轮间的侧隙过小；轮对中心不正；齿顶上具有尖薄的边缘；轮齿工作面磨损后不平坦（小沟和凸痕）	修整，重新安装或更新
	齿轮啮合时不均匀，但连续的敲击声，减速器箱体各处都能听到，感觉到减速器机壳振动	齿侧面有缺陷（层状组织）	更新
	减速器发热	润滑油过多	圆柱齿轮及伞齿轮减速器内油温＜60℃；涡轮减速器内油温＜75℃（周围温度为25℃）；油面应保持在油针两刻度之间
	润滑油沿部分面流出	密封损坏，减速器壳体变形，螺钉松动	检修，涂密封胶
轴	裂纹	轴损坏	更新换件
	轴弯	轴颈损坏	超过每米0.5mm，应校直

续表

零部件名称	故障	原因及后果	排除方法
齿轮联轴器	齿剧烈磨损	工作时发生冲击，进一步使齿崩裂	更换
	半联轴器不能摆动	齿锈蚀，影响机构工作	除锈润滑
	联轴器体上有裂纹	联轴器损坏	更换
	键槽松脱	影响机构工作	更换或配键
车轮	行走不稳或发生歪斜	车轮不均匀磨损，使主动车轮的直径相差较大，甚至变成椭圆	更换或重新车制
	车轮轮缘磨损或崩裂	有出轨危险	立即停止使用，更换新轮
滚动轴承	轴承发生高热	缺乏或具有过多的润滑油或轴承中有污垢	检查润滑油量，使其达到标准油面，或清洗轴承污垢
	在工作中发生响声	装配不良使轴承卡住，轴承磨损或损坏	检查轴承装配或更换新轴承
制动器	对起升机构来说，刹不住重物；对运行机构来说，大车或小车在断电后滑行距离很大	杠杆系统中的活动关节被卡住 润滑油流在制动轮上 制动瓦衬磨损 制动瓦与制动轮的间隙调整不适 电磁铁冲程调整不当，或长冲程电磁铁坠重下有物件 液压推杆制动器叶轮旋转不灵活	消除卡住现象 清洗油渍，并干燥处理 调换衬料 调整间隙 调整电磁铁冲程；清理长冲程电磁铁的工作环境 检修推动机构和电器部分
	不能打开	制动瓦衬胶黏在有污垢的制动轮上，活动关节卡住，弹簧张力过大 电磁铁线圈被烧毁 由于制动瓦衬过度磨损而使电磁铁的行程不够 液压推杆制动器的液压油使用不当，叶轮卡住 电压低于额定电压的85%，电磁铁吸力不足	用煤油清洗制动轮和制动瓦衬，消除卡住现象，调整弹簧压力 更换线圈 调整电磁铁行程 按不同湿度更换液压油 检修推动机构和电器部分 用万用表测量电磁铁的电压
	制动瓦发出焦味制动瓦衬迅速磨损	瓦和轮接触不均匀或间隙太小，制动轮磨损过热	正确调整间隙

续表

零部件名称	故障	原因及后果	排除方法
制动器	制动器容易脱离调整位置	调整螺母未拧紧或背帽没有拧好 螺帽的螺纹发生损坏	调整制动器，拧紧螺母 更换有缺陷的螺母
小车运行机构	打滑	轨道上有油 轮压不均 电动机功率偏大，启动过猛	去掉油污 调整轮压 选择合适的电动机，改善电动机的启动方法
	小车“三条腿”	车轮直径偏差过大 安装不合理 小车架变形	按图纸要求进行加工 调整安装 火焰矫正
大车运行机构	啃轨	车轮直径不同，车轮偏差过大 传动系统偏差过大 金属结构变形 轨道偏差或有油污	把主动轮直径改成一样 使电动机、制动器合理匹配，检修传动系统 矫正 检修轨道，去掉油污

二、电器故障及排除方法

表 18－3　电器故障及排除方法

部件名称	故障情况	发生的原因	排除方法
电动机	整个电动机均匀发热 定子铁芯局部发热	由于作业繁重超过了额定值而过载 在低电压下作业铁芯的矽钢片间发生局部短路	减少起重机的作业频度或更换新电动机 停止作业或降低负荷；消除毛刺或其他引起短路的原因，然后涂绝缘漆
	转子温度升高，定子有大电流冲击，电动机在额定负荷时，达不到全速	绕组端头、中性点或绕组接头接触不良 绕组与滑环接触不良 电刷器械中接触不良 转子电路中接触不良	检查所有焊接处，消除外部缺陷 检修绕组与滑环的连接处 检查并调整电刷器械 检查连接导线、接触器、控制器触头以及调整电阻
	电动机在带上负荷后，速度变慢	端头连接处发生短路 转子绕组有两处接地	检查并消除端头连接处的短路现象； 用兆欧表检查每项线圈的绝缘电阻，并修理损伤部分

续表

部件名称	故障情况	发生的原因	排除方法
电动机	电动机在作业中振动	电动机轴与减速器轴同心度偏差过大 轴承磨损 转子变形	找正重新装配 更换新轴承 检修转子
	电动机、转子与定子摩擦	轴承磨损、轴承端盖不正、转子铁芯变形	检修轴承、轴承端盖和铁芯
	电动机在作业中有噪声	定子相位错移 定子铁芯未压紧 滚动轴承磨损 槽楔子膨胀	检修接线系统 检查定子、重压及重叠定子铁芯 更换新轴承 锯去胀出的楔子，缩小的应更换
	当控制器合上后，电动机仅能单向转动	控制器反向触头接触不良 反向接触器线圈被烧坏 有断线 终端限位开关发生故障	检修触头 检修反向接触器 检查线路 检查限位开关
	电动机电刷冒火花或滑环被烧焦	电刷磨损 电刷在刷握中太紧或压力不足或有污垢	磨合电刷 调整电刷压力并清洗
	电动机不能发出额定功率，旋转缓慢	制动器未能完全松开，或线路中的电压下降	检查并调整制动机构，或找出电压减低的原因
控制器	控制器在作业中产生卡住现象	触头吸合，不能分开 定位机构发生故障	修理触头 检修并修理固定销
	触头烧灼严重	触头接触不良 控制器过慢	调整触头压力与位置 改变作业频度或更换控制器
交流接触器和继电器	起重机运行中经常掉闸	触头压力不够、烧坏或有污垢 超负荷 滑线接触不良或轨道不平	检修触头并清洗 降低负荷使用 检修滑线和轨道的平直度
	主接触器合不上闸	闸刀开关、紧急开关、舱口开关等未合上 有的控制器手柄未放在零位 控制电路的熔断器烧坏	检修并合上开关 所有控制器手柄都扳回零位 检修熔断器
	线圈发烫	线圈过载 磁导体的可动部分与静止部分接触不上	减小可动触头弹簧压力 找出引起磁导体可动部分动作不正常的原因（弯曲、卡住、有污垢）

续表

部件名称	故障情况	发生的原因	排除方法
交流接触器和继电器	动作迟缓	磁导体可动部分离开静止部分过远 器械底板的上部较下部凸出	缩短两部分的距离 垂直装置器械
	断电时，动铁芯掉不下来	剩磁或释放时反作用力不够	增加释放时的反作用力，消除剩磁
	产生较大的响声	线圈过载 磁导体表面脏污 磁导体的弯曲 磁导体的自动调整系统卡住	减少可动触头弹簧压力 清除脏物 调整磁导体位置 清除卡塞和附加的摩擦力
	触头过热或烧焦	可动触头对静触头压力太小，使之接触不良 触头脏污	调整弹簧压力 清除脏污或更换触头滑块
热继电器	热继电器动作不正常，不稳定。具体表现为动作太快或太慢或拒动，或时快时慢	热继电器（或热元件）选择不当，与被保护电器（电动机等）配合不好	应按规定选配
		零、部件松动或磨损	固定或修配好零、部件，必要时还进行调整试验或更换
		双金属片生锈或弯折或变形	擦除锈迹或折下整形，热处理（约 240%）去除内应力，调整试验后用或更换双金属片
	热继电器主电路不通	发热元件烧断或折断	更换相同的发热元件或热继电器
		外接导线螺丝松，接触不良	拧紧接线螺钉，使之接触良好
		常闭触头动作断开后未复位	按复位按钮使之恢复原始接通状态
		常闭触头接触不良，或烧损不能接触	修复或更换触头

续表

部件名称	故障情况	发生的原因	排除方法
交流制动电磁铁	线圈产生高热	电磁铁电磁牵引力过载 电磁铁可动部分与静止部分在吸合时有间隙	调整弹簧压力和重锤的位置 调整制动器的机械部分，清除间隙
	产生较大的声响	电磁铁过载 磁导体的工作表面脏污 磁导体弯曲	调整弹簧压力，变更重锤的位置 清除磁导体表面的脏污 消除磁导体的弯曲变形
	电磁铁活动部分与静止部分离不开	电磁铁有剩磁	消除剩磁
液压电磁铁	通电后推杆不动作	推杆卡住 网路电压降低（低于额定电压的85%） ZL_2硅整流装置的延时继电器延时过短 整流装置损坏 时间继电器常开触头不动作 无油或严重漏油	排除卡住的原因 提高电压 调整延时继电器的延时时间，通常为0.5s左右 修复或更换新的整流装置 检修触头 补充油液或更换油缸和密封圈，并清除杂质
	行程小	油量不足 活塞与轴承间有气体	补充油液 将推杆压至最低位置，旋下放气螺塞，排除气体
	电磁铁工作后，行程逐渐减小	油缸漏油 齿形阀片及动铁芯阀片密封不严 密封圈严重损坏	更换油缸 清除阀片上可能存在的机械杂质 更换密封圈
	启动时间过长	电压过低 运动部分卡住 制动器的制动力矩过大	升高电压 排除卡住现象 调整制动力矩使其不大于额定值
	制动时间过长	时间继电器触头打不开 运动部分卡住 油路堵塞 机械部分故障	检修触头 排除卡塞 排除油路堵塞 消除机械故障

三、控制线路故障及排除方法

表 18－4　控制线路故障及排除方法

部件名称	故障情况	发生的原因	排除的方法
控制电器	合上保护盘上的开关时，控制电路的熔断器烧毁	控制电路有一相接地	消除接地现象
	当控制器转动后，过电流继电器动作	过电流继电器的整定值不符合要求 机械部分某一环节卡住	调整继电器的整定电流为电动机额定电流的225%～250% 检修机械部分
	主接触器合上后，引入线的熔断器烧毁	该相接地	消除接地现象
	终点开关动作而对应的电动机不断电	终点开关电路中发生短路现象 接控制器的导线错乱	检查引至终点开关的导线 检查接线
	电源切断后，接触器不掉闸	接触器触头焊住	排除接触器触头焊住现象
	发电机不激磁	激磁电路断线 发电机转向相反	用兆欧表检查激磁电路 互换驱动电动机定子的两相

第十九章 起重吊运指挥信号

中华人民共和国国家标准

起重吊运指挥信号

GB 5082—1985

为确保起重吊运安全，防止发生事故，适应科学管理的需要《起重吊运指挥信号》（GB 5082—85）对现场指挥人员和起重机司机所使用的基本信号和有关安全技术作了统一规定。标准适用的起重机械类型有：桥式起重机（包括冶金起重机）、门式起重机、装卸桥、缆索起重机、塔式起重机、门座起重机、汽车起重机、轮胎起重机、铁路起重机、履带起重机、浮式起重机、桅杆起重机、船用起重机等。

一、名词术语

（1）通用手势信号：指各种类型的起重机在起重、吊运中普遍适用的指挥手势。

（2）专用手势信号：指具有特殊的起升、变幅、回转机构的起重机单独使用的指挥手势。

（3）吊钩（包括吊环、电磁吸盘、抓斗）：指空钩以及负有载荷的吊钩。

（4）起重机“前进”或“后退”：“前进”指起重机向指挥人员开来：“后退”指起重机离开指挥人员。

（5）前、后、左、右：在指挥语言中，均以司机所在位置为基准。

（6）音响符号：

“——”表示大于 1s 的长声符号。

“●”表示小于 1s 的短声符号。

“○”表示停顿的符号。

二、指挥人员使用的信号

（一）手势信号

1. 通用手势信号

（1）“预备”（注意）：手臂伸直置于头上方，五指自然伸开；手心朝前保持不动（见图 19－1）。

（2）“要主钩”：单手自然握拳置于头上，轻触头顶（见图 19 – 2）。

（3）“要副钩”：一只手握拳小臂向上不动，另一只手伸出，手心轻触前只手的肘关节（见图 19 – 3）。

（4）“吊钩上升”：小臂向侧上方伸直，五指自然伸升；高于肩部，以腕部为轴转动（见图 19 – 4）。

（5）“吊钩下降”：手臂伸向侧前下放，与身体夹角约为 30°，五指自然伸开以腕部为轴转动（见图 19 – 5）。

（6）“吊钩水平移动”：小臂向侧上方伸直，五指并拢手心朝外，朝负载应运行的方向，向下指挥到与肩相平的位置（见图 19 – 6）。

图 19 – 1　预备

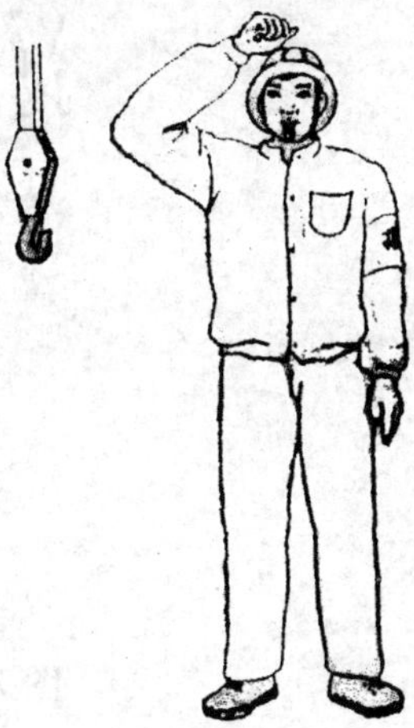

图 19 – 2　要主钩

图 19 – 3　要副钩

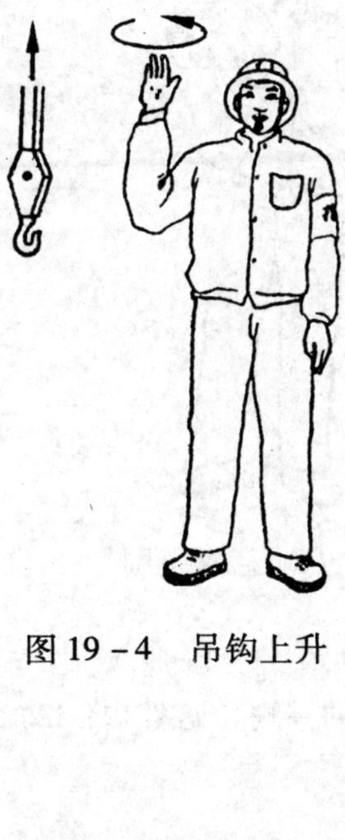

图 19 – 4　吊钩上升

图 19 – 5　吊钩下降

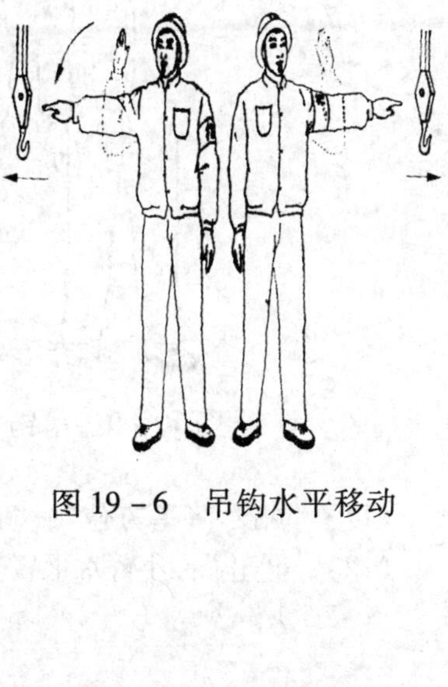

图 19 – 6　吊钩水平移动

（7）“吊钩微微上升”：上臂伸向侧前上方，手心朝上高于肩部，以腕部为轴重复向上摆动手掌（见图19－7）。

（8）“吊钩微微下降”：手臂伸向侧前下方，与身体夹角约为30°，手心朝下，以腕部为轴，重复向下摆动手掌（见图19－8）。

（9）“吊钩水平微微移动”：小臂向侧上方自然伸出，五指并拢手心朝外，朝负载应运行的方向重复缓慢的水平运动（见图19－9）。

（10）“微动范围”：双手小臂曲起，伸向一侧，五指伸直，手心相对，其间距与负载要移动的距离接近（见图19－10）。

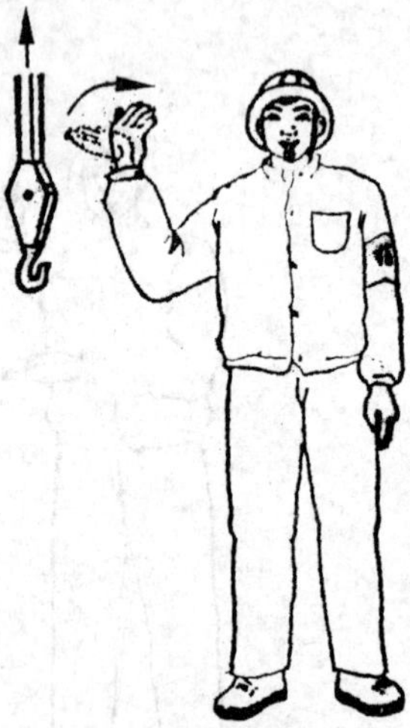

图19－7　吊钩微微上升

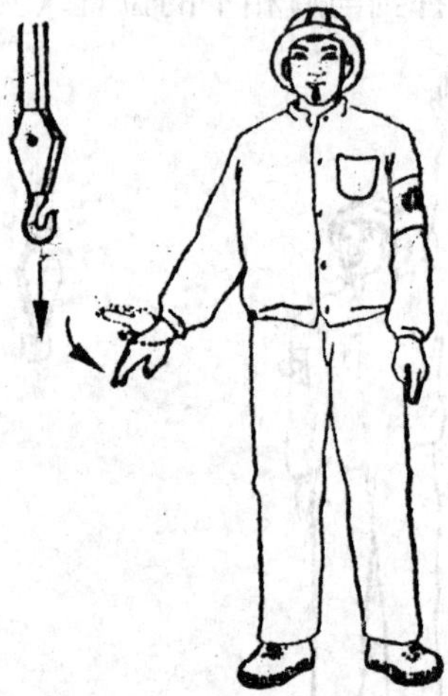

图19－8　吊钩微微下降

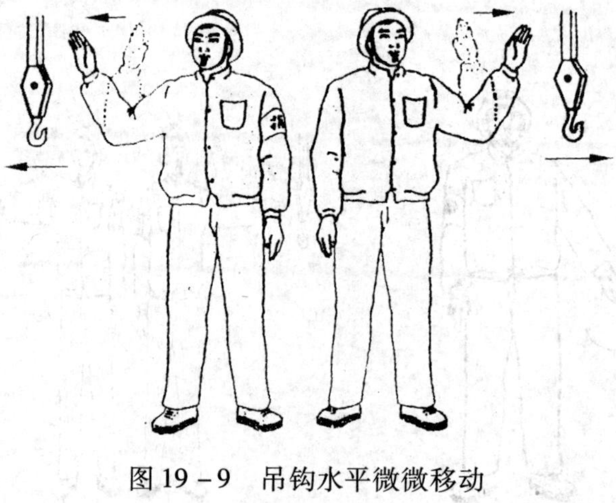

图19－9　吊钩水平微微移动

图19－10　微动范围

（11）“指示降落方位”：五指伸直，指出负载应降落的位置（见图19－11）。

（12）“停止”：小臂水平置于胸前，五指伸开，手心朝下，水平挥向一侧（见图19－12）。

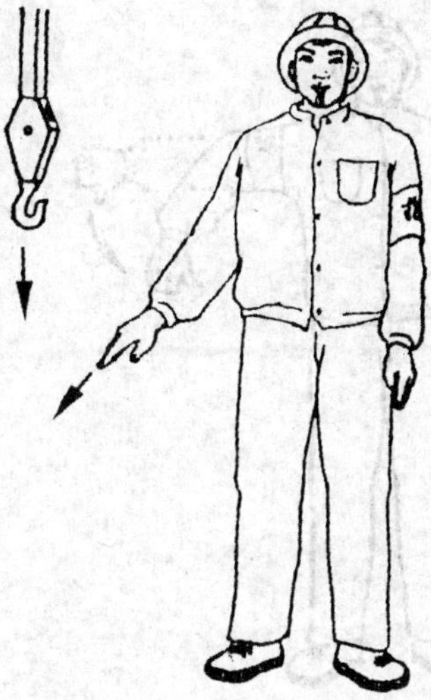

图 19－11　指示降落方位

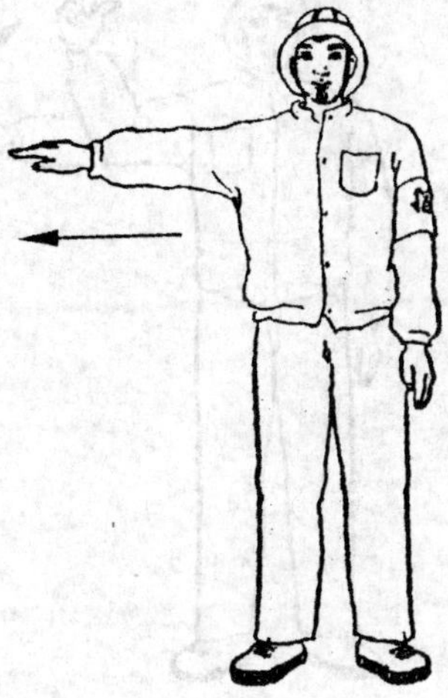

图 19－12　停止

（13）“紧急停止”：两小臂水平直于胸前，五指伸开，手心朝下，同时水平挥向两侧（见图 19－13）。

（14）“工作结束”：双手五指伸开，在额前交叉（见图 19－14）。

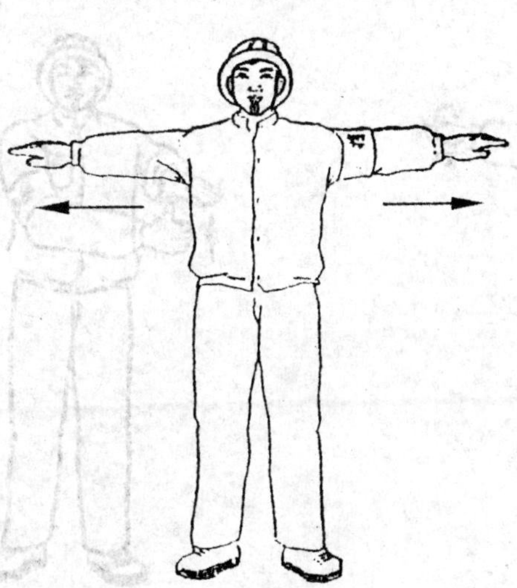

图 19－13　紧急停止

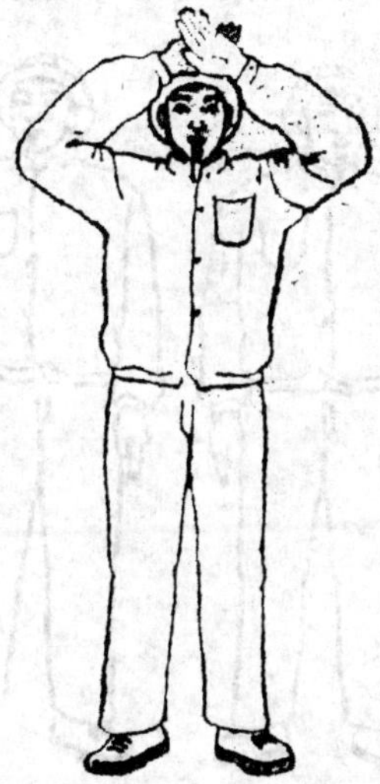

图 19－14　工作结束

2. 专用手势信号

（1）“升臂”：手臂向一侧水平伸直，拇指朝上，余指握拢，小臂向上摆动（见图 19－15）。

（2）“降臂”：手臂向一侧水平伸直，拇指朝下，余指握拢，小臂向下摆动（见图 19－16）。

图 19－15　升臂

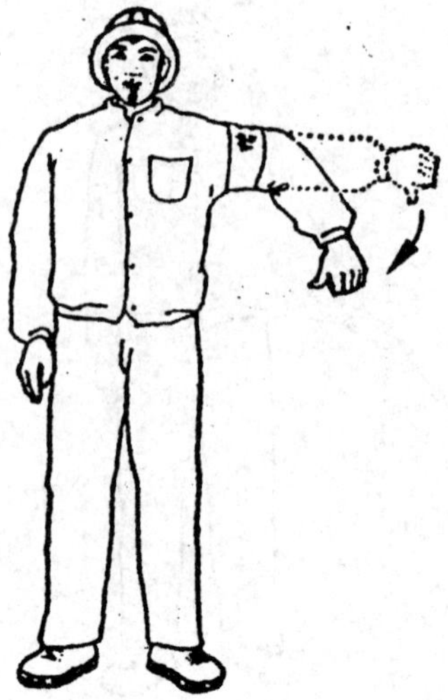

图 19－16　降臂

（3）“转臂”：手臂水平伸直，指向应转臂的方向，拇指伸出，余指握拢，以腕部为轴转动（见图 19－17）。

（4）“微微升臂”：一只手的小臂置于胸前一侧，五指伸直，手心朝下，保持不动。另一只手的拇指对着前手手心，余指握拢，做上下移动（见图 19－18）。

图 19－17　转臂

图 19－18　微微升臂

（5）“微微降臂”：一只手的小臂置于胸前一侧，五指伸直，手心朝上，保持不动。另一只手的拇指对着前手手心，余指握拢，做上下移动（见图 19－19）。

（6）“微微转臂”：一只手的小臂向前平伸，手心自然朝向内侧。另一只手的拇指指向前只手的手心，余指握拢做转动（见图 19－20）。

图 19－19 微微降臂

图 19－20 微微转臂

（7）“伸臂”：两手分别握拳，拳心朝上，拇指分别指向两侧，做相斥运动（见图 19－21）。

（8）“缩臂”：两手分别握拳，拳心朝下，拇指对指，做相向运动（见图 19－22）。

（9）“履带起重机回转”：一只小臂水平前伸，五指自然伸出不动。另一只手小臂在胸前作水平重复摆动（见图 19－23）。

（10）“起重机前进”：两手臂先向前伸，小臂曲起，五指并拢，手心对着自己，做前后运动（见图 19－24）。

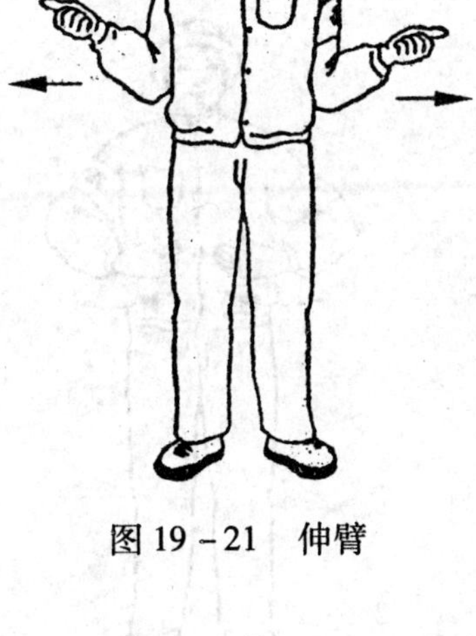

图 19－21 伸臂

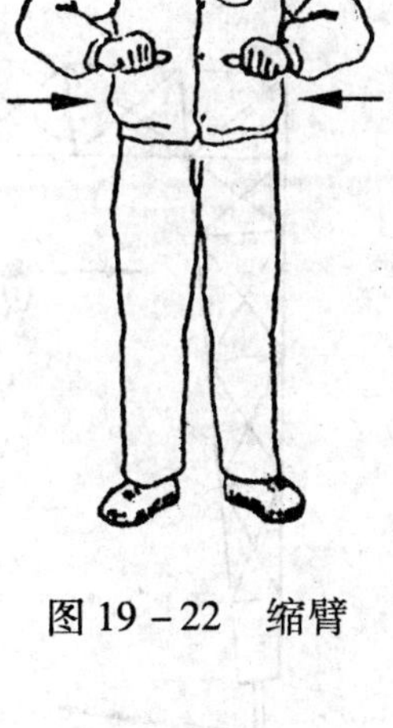

图 19－22 缩臂

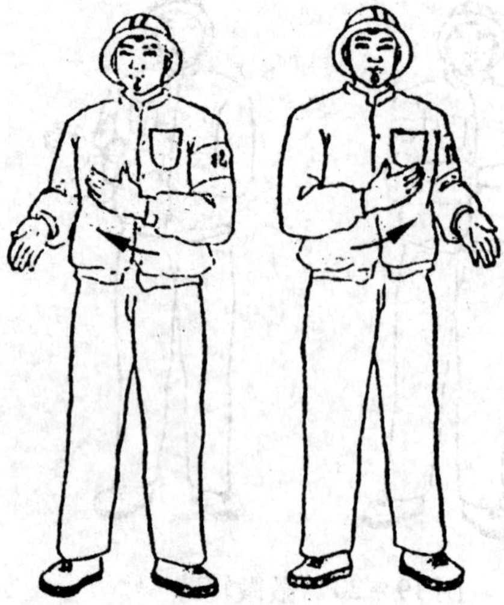

图 19－23　履带起重机回转

图 19－24　起重机前进

（11）“起重机后退”：双小臂向上曲起，五指并拢，手心朝起重机，做前后运动（见图 19－25）。

（12）“抓取”（吸取）：两手小臂分别置于侧前方，手心相对，由两侧向中间摆动（见图 19－26）。

（13）“释放”：两手小臂分别置于侧前方，手心朝外，两臂分别向两侧摆动（见图 19－27）。

（14）“翻转”：一只手小臂向前曲起，手心朝上。另一只手小臂向前伸出，手心朝下，双手同时进行翻转（见图 19－28）。

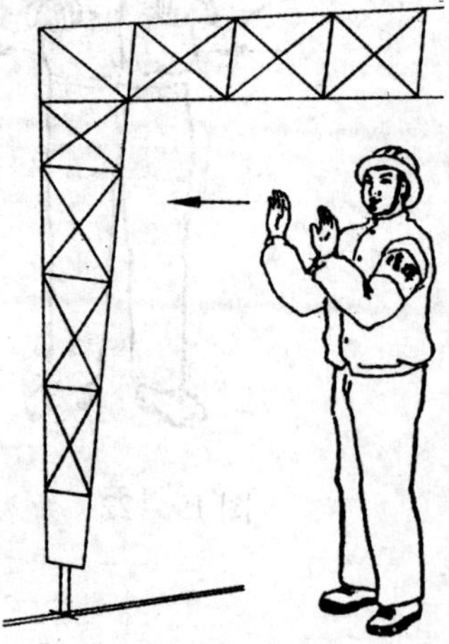

图 19－25　起重机后退

图 19－26　抓取

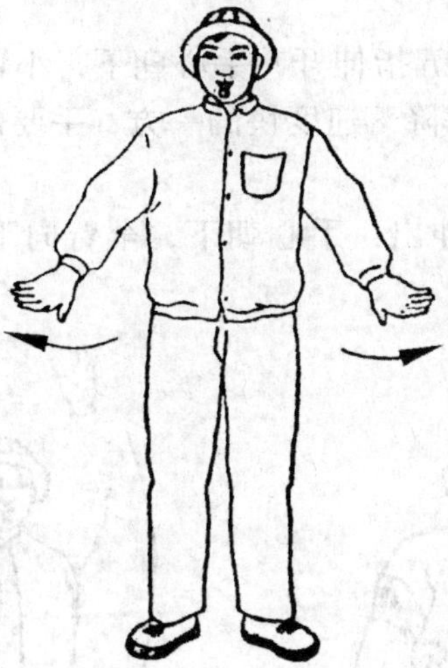

图 19－27　释放

图 19－28　翻转

3. 船用起重机（或双机吊运）专用的手势信号

（1）“微速起钩”：两小臂水平伸出侧前方，五指伸开，手心朝上，以腕部为轴，向上摆动。当要求双机以不同的速度起升时，指挥起升速度快的一方，手要高于另一只手（见图 19－29）。

（2）“慢速起钩”：两小臂水平伸向前侧方，五指伸开，手心朝上，小臂以肘部为轴向上摆动。当要求双机以不同的速度起升时，指挥起升速度快的一方，手要高于另一只手（见图 19－30）。

（3）“全速起钩”：两臂下垂，五指伸开，手心朝上，全臂向上挥动（见图 19－31）。

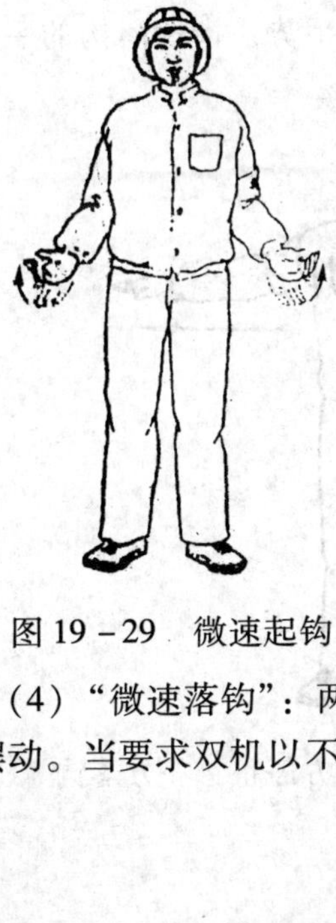

图 19－29　微速起钩

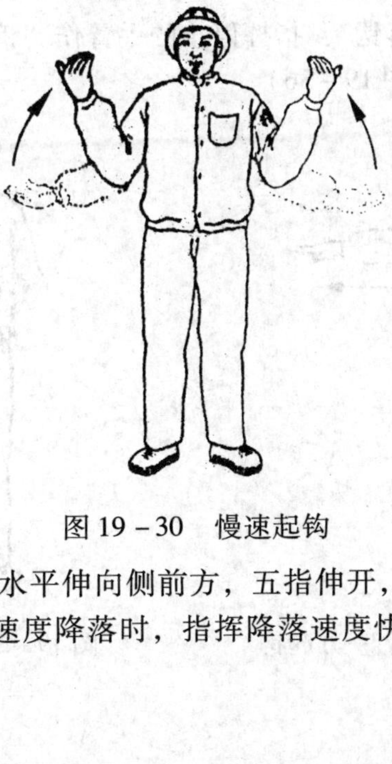

图 19－30　慢速起钩

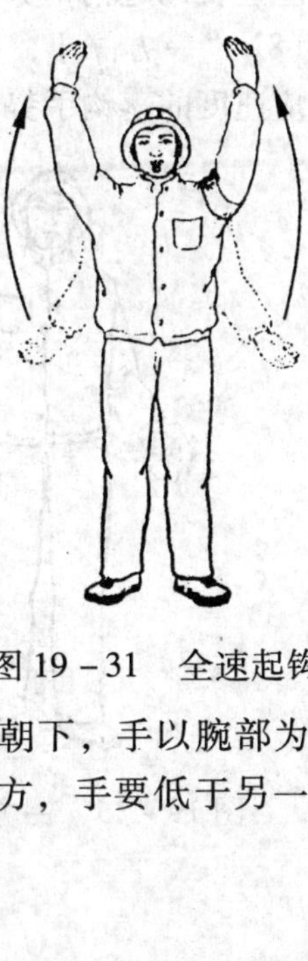

图 19－31　全速起钩

（4）“微速落钩”：两小臂水平伸向侧前方，五指伸开，手心朝下，手以腕部为轴向下摆动。当要求双机以不同的速度降落时，指挥降落速度快的一方，手要低于另一只手

（见图 19－32）。

（5）“慢速落钩”：两小臂水平伸向侧前方，五指伸开，手心朝下，小臂以肘部为轴向下摆动。当要求双机以不同的速度降落时，指挥降落速度快的一方，手要低于另一只手（见图 19－33）。

（6）“全速落钩”：两臂伸向侧上方，五指伸出，手心朝下，全臂向下挥动（见图 19－34）。

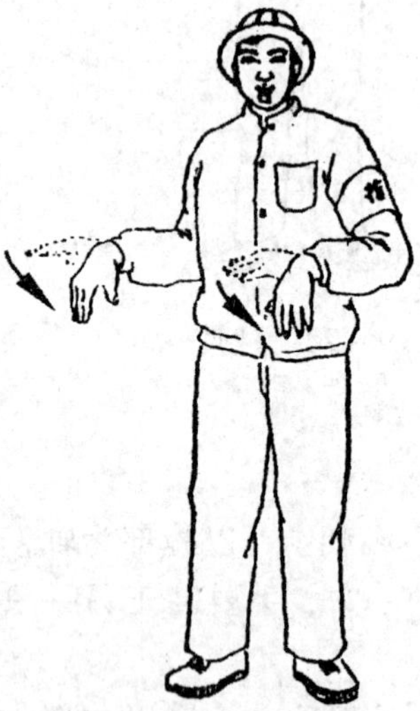

图 19－32　微速落钩

图 19－33　慢速落钩

图 19－34　全速落钩

（7）“一方停止，一方起钩”：指挥停止的手臂作“停止”手势；指挥起钩的手臂则作相应速度的起钩手势（见图 19－35）。

（8）“一方停止，一方落钩”：指挥停止的手臂作“停止”手势，指挥落钩的手臂则作相应速度的落钩手势（见图 19－36）。

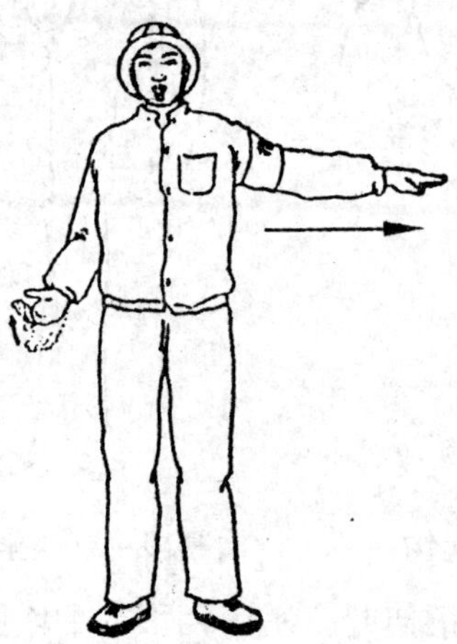

图 19－35　一方停止，一方起钩

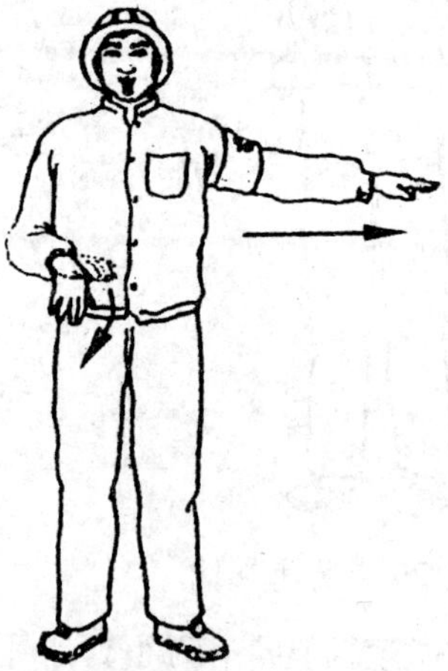

图 19－36　一方停止，一方落钩

（二）旗语信号

（1）“预备”：单手持红绿旗上举（见图 19－37）。

（2）“要主钩”：单手持红绿旗，旗头轻触头顶（见图 19－38）。

（3）“要副钩”：一只手握拳，小臂向上不动，另一只手拢红绿旗，旗头轻触前只手的肘关节（见图 19－39）。

图 19－37　预备

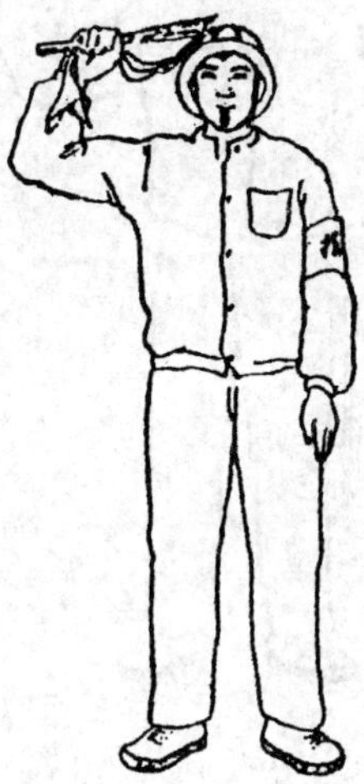

图 19－38　要主钩

图 19－39　要副钩

（4）“吊钩上升”：绿旗上举，红旗自然放下（见图 19－40）。

（5）“吊钩下降”：绿旗拢起下指，红旗自然放下（见图 19－41）。

（6）“吊钩微微上升”：绿旗上举，红旗拢起横在绿旗上，互相垂直（见图 19－42）。

图 19－40　吊钩上升

图 19－41　吊钩下降

图 19－42　吊钩微微上升

（7）“吊钩微微下降”：绿旗拢起下指，红旗拢起横在绿旗下，互相垂直（见图 19－43）。

（8）“升臂”：红旗上举，绿旗自然放下（见图 19－44）。

（9）“降臂”：红旗拢起下指，绿旗自然放下（见图 19－45）。

图 19－43　吊钩微微下降

图 19－44　升臂

图 19－45　降臂

（10）“转臂”：红旗拢起，水平指向应转臂的方向（见图 19－46）。

（11）“微微升臂”：红旗上举，绿旗拢起横在红旗上，互相垂直（见图 19－47）。

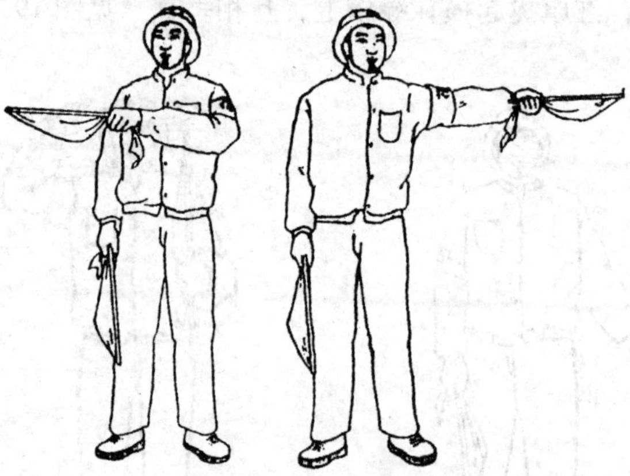

图 19－46　转臂

图 19－47　微微升臂

（12）“微微降臂”：红旗拢起下指，绿旗拢起横在红旗下，互相垂直（见图 19－48）。

（13）“微微转臂”：红旗拢起，横在腹前，指向应转臂的方向，绿旗拢起，竖在红旗前，互相垂直（见图 19－49）。

（14）“伸臂”：两旗分别拢起，横在两侧，旗头外指（见图 19－50）。

（15）“缩臂”：两旗分别拢起，横在胸前，旗头对指（见图 19－51）。

（16）“微动范围”：两手分别拢旗，伸向一侧，其间距与负载所要移动的距离接近（见图 19－52）。

图 19－48　微微降臂

图 19－49　微微转臂

图 19－50　伸臂

图 19－51　缩臂

图 19－52　微动范围

（17）“指示降落方位”：单手拢绿旗，指向负载应降落的位置，旗头进行转动（见图 19－53）。

（18）“履带起重机回转”：一只手拢旗，水平指向侧前方，另一只手持旗，水平重复挥动（见图 19－54）。

图 19－53　指示降落方位

图 19－54　履带起重机回转

（19）“起重机前进”：两旗分别拢起，向前上方伸出，旗头由前上方向后摆动（见图 19－55）。

（20）“起重机后退”：两旗分别拢起，向前伸出，旗头由前方向下摆动（见图 19－56）。

（21）“停止”：单旗左右摆动，另外一面旗自然放下（见图 19－57）。

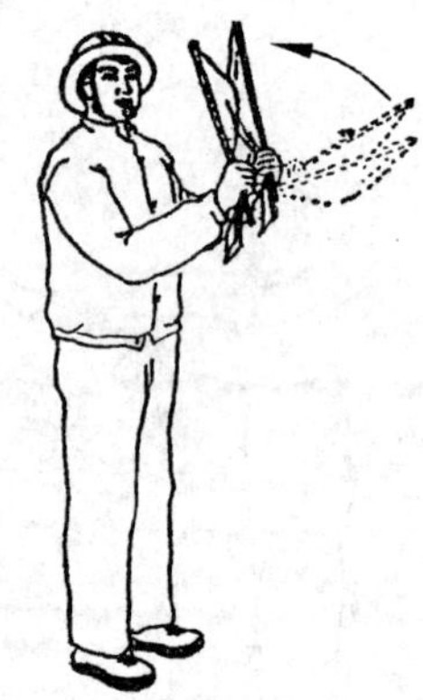

图 19－55　起重机前进

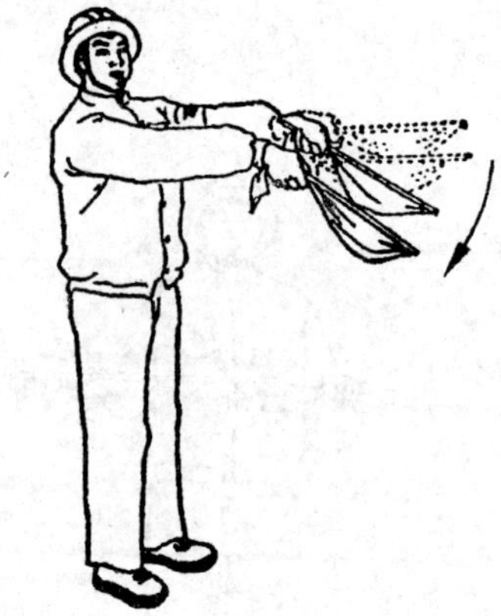

图 19－56　起重机后退

图 19－57　停止

（22）“紧急停止”：双手分别持旗，同时左右摆动（见图 19－58）。

（23）“工作结束”：两旗拢起，在额前交叉（见图 19－59）。

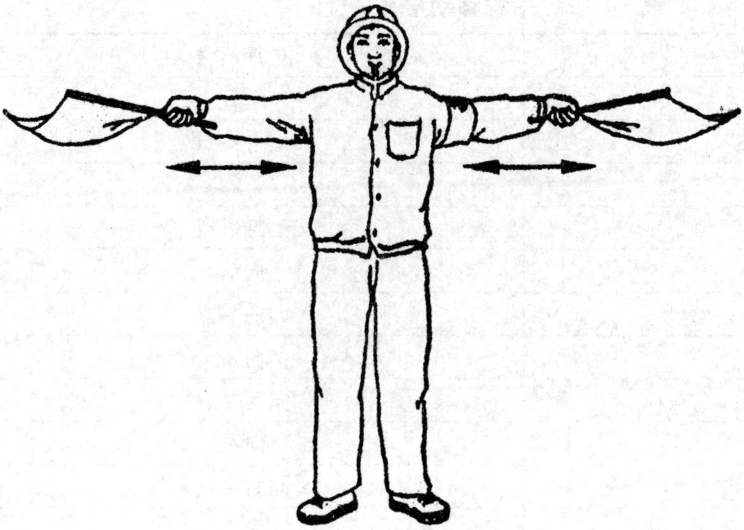

图 19－58　紧急停止

图 19－59　工作结束

（三）音响信号

（1）“预备”、“停止”

一长声——

（2）“上升”

二短声●●

（3）“下降”

三短声●●●

（4）“微动”断续短声●○●○●○●

（5）“紧急停止”急促的长声————

（四）起重吊运指挥语言

1. 开始、停止工作的语言

表 19－1　开始、停止工作的语言

起重机的状态	指挥语言
开始工作	开始
停止和紧急停止	停
工作结束	结束

2. 吊钩移动语言

表 19－2 吊钩移动语言

吊钩的移动	指挥语言
正常上升	上升
微微上升	上升一点
正常下降	下降
微微下降	下降一点
正常向前	向前
微微向前	向前一点
正常向后	向后
微微向后	向后一点
正常向右	向右
微微向右	向右一点
正常向左	向左
微微向左	向左一点

3. 转台回转语言

表 19－3 转台回转语言

转台的回转	指挥语言
正常右转	右转
微微右转	右转一点
正常左转	左转
微微左转	左转一点

4. 臂架移动语言

表 19－4 臂架移动语言

臂架的移动	指挥语言
正常伸长	伸长
微微伸长	伸长一点
正常缩回	缩回
微微缩回	缩回一点
正常升臂	升臂
微微升臂	升一点臂
正常降臂	降臂
微微降臂	降一点臂

三、司机使用的音响信号

(1)“明白”——服从指挥

一短声●

(2)“重复”——请求重新发出信号

二短声●●

(3)“注意”

长声— —

四、信号的配合应用

(一)指挥人员使用音响信号与手势或旗语信号的配合

(1)在发出“上升”音响时，可分别与“吊钩上升”、“升臂”、“伸臂”、“抓取”手势或旗语相配合。

(2)在发出“下降”音响时，可分别与“吊钩下降”、“降臂”、“缩臂”、“释放”手势或旗语相配合。

(3)在发出“微动”音响时，可分别与“吊钩微微上升”、“吊钩微微下降”、“吊钩水平微微移动”、“微微升臂”、“微微降臂”手势或旗语相配合。

(4)在发出“紧急停止”音响时，可与“紧急停止”手势或旗语相配合。

(5)在发出音响信号时，均可与上述未规定的手势或旗语相配合。

(二)指挥人员与司机之间的配合

(1)指挥人员发出“预备”信号时，要目视司机，司机接到信号在开始工作前，应回答“明白”信号。当指挥人员听到回答信号后，方可进行指挥。

(2)指挥人员在发出“要主钩”、“要副钩”、“微动范围”手势或旗语时，要目视司机，同时可发出“预备”音响信号，司机接到信号后，要准确操作。

(3)指挥人员在发出“工作结束”的手势或旗语时，要目视司机，同时可发出“停止”音响信号，司机接到信号后，应回答“明白”信号方可离开岗位。

(4)指挥人员对起重机械要求微微移动时，可根据需要，重复给出信号。司机应按信号要求，缓慢平稳操作设备。除此之外，如无特殊要求（如船用起重机专用手势信号），其他指挥信号，指挥人员都应一次性给出。司机在接到下一个信号前，必须按原指挥信号要求操作设备。

五、对指挥人员和司机的基本要求

(一)对使用信号的基本规定

(1)指挥人员使用手势信号均以本人的手心、手指或手臂表示吊钩、臂杆和机械位移的运行方向。

（2）指挥人员使用旗语信号均以指挥旗的旗头表示吊钩、臂杆和机械位移的运行方向。

（3）在同时指挥臂杆和吊钩时，指挥人员必须分别用左手指挥臂杆，右手指挥吊钩。当持旗指挥时，一般左手持红旗指挥臂杆，右手持绿旗指挥吊钩。

（4）当两台或两台以上起重机同时在距离接近的工作区域内工作时，指挥人员使用音响信号的音调应有明显区别，并要配合手势或旗语指挥，严禁单独使用相同音调的音响指挥。

（5）当两台或两台以上起重机同时在距离较近的工作区域内工作时，司机发出的音响应有明显区别。

（6）指挥人员用“起重吊运指挥语言”指挥时，应讲普通话。

（二）指挥人员的职责及其要求

（1）指挥人员应根据本标准的信号要求与起重机司机进行联系。

（2）指挥人员发出的指挥信号必须清晰、准确。

（3）指挥人员应站在使司机能看清指挥信号的安全位置上。当跟随负载运行指挥时，应随时指挥负载避开人员和障碍物。

（4）指挥人员不能同时看清司机和负载时，必须增设中间指挥人员以便逐级传递信号，当发现错传信号时，应立即发出停止信号。

（5）负载降落前，指挥人员必须确认降落区域安全时，方可发出降落信号。

（6）当多人捆绑同一负载时，起吊前，应先做好呼唤应答，确认捆绑无误后，方可由一人负责指挥。

（7）同时用两台起重机吊运同一负载时，指挥人员应双手分别指挥各台起重机，以确保同步吊运。

（8）在开始起吊负载时，应先用“微动”信号指挥，待负载离开地面 100 ~ 200 mm 稳妥后，再用正常速度指挥。必要时，在负载降落前，也应使用“微动”信号指挥。

（9）指挥人员应佩戴鲜明的标志，如标有“指挥”字样的臂章，特殊颜色的安全帽、工作服等。

（10）指挥人员所戴手套的手心和手背要易于辨别。

（三）起重机司机的职责及其要求

（1）司机必须听从指挥人员指挥，当指挥信号不明时，司机应发出“重复”信号询问，明确指挥意图后，方可开车。

（2）司机必须熟练掌握本标准规定的通用手势信号和有关的各种指挥信号，并与指挥人员密切配合。

（3）当指挥人员所发信号违犯本标准的规定时，司机有权拒绝执行。

（4）司机在开车前必须鸣铃示警，必要时，在吊运中也要鸣铃，通知受负载威胁的地面人员撤离。

（5）在吊运过程中，司机对任何人发出的“紧急停止”信号都应服从。

六、管理方面的有关规定

（1）对起重机司机和指挥人员，必须由有关部门进行本标准的安全技术培训，经考试合格，取得合格证后方能操作或指挥。

（2）音响信号是手势信号或旗语的辅助信号，使用单位可根据工作需要确定是否采用。

（3）指挥旗颜色为红、绿色。应采用不易褪色、不易产生褶皱的材料。其规格：面幅应为400 mm×500 mm，旗杆直径应为25 mm，旗杆长度应为500 mm。

第二十章 案　例

某市发生一起门式起重机在吊装主梁过程中倒塌事故，造成36人死亡，3人受伤，直接经济损失8000多万元。

一、事故发生经过

2001年7月17日上午7时，施工人员按张某的布置，通过陆侧（远离黄浦江一侧）和江侧（靠近黄浦江一侧）卷扬机先后调整刚性腿的两对内、外两侧缆风绳，现场测量员通过经纬仪监测刚性腿顶部的基准靶标志，并通过对讲机指挥两侧卷扬机操作工进行放缆作业（据陈述，调整时，控制靶位标志内外允许摆动20 mm）。放缆时，.先放松陆侧内缆风绳，当刚性腿出现外偏时，通过调松陆侧外缆风绳减小外侧拉力进行修偏，直至恢复至原状态。通过十余次放松及调整后，陆侧内缆风绳处于完全松弛状态。此后，又使用相同方法，和相近的次数，将江侧内缆风绳放松调整为完全松弛状态，约7时55分，当地面人员正要通知上面工作人员推移江侧内缆风绳时，测量员发现基准标志逐渐外移，并超出经纬仪观察范围，同时还有现场人员也发现刚性腿不断地在向外侧倾斜，直到刚性腿倾覆，主梁被拉动横向平移并坠落，另一端的塔架也随之倾倒。

事故造成36人死亡，2人重伤，1人轻伤。事故造成经济损失约1亿元，其中直接经济损失8 000多万元。

二、事故原因分析

1．刚性腿在缆风绳调整过程中受力失衡是事故的直接原因

事故调查组在听取工程情况介绍、现场勘察、查阅有关各方提供的技术文件和图纸、收集有关物证和陈述笔录的基础上，对事故原因作了认真的排查和分析。在逐一排除了自制塔架首先失稳、支承刚性腿的轨道基础沉陷移位、刚性腿结构本体失稳破坏、刚性腿缆风绳超载断裂或地锚拔起、荷载状态下的提升承重装置突然破坏断裂及不可抗力（地震、飓风等）的影响等可能引起事故的多种其他原因后，重点对刚性腿在缆风绳调整过程中受力失衡问题进行了深入分析，经过有关专家对于吊装主梁过程中刚性腿处的力学机理分析及受力计算，认定造成这起事故的直接原因是在吊装主梁过程中，由于违规指挥、操作，在未采取任何安全保障措施情况下，放松了内侧缆风绳，致使刚性腿向外侧倾倒，并依次拉动主梁、塔架向同一侧倾坠、垮塌。

2. 施工作业中违规指挥是事故的主要原因

施工现场指挥张某在发生主梁上小车碰到缆风绳需要更改施工方案时，违反吊装工程方案中关于“在施工过程中，任何人不得随意改变施工方案的作业要求。如有特殊情况进行调整必须通过一定的程序以保证整个施工过程安全”的规定。未按程序编制修改书面作业指令和逐级报批，在未采取任何安全保障措施的情况下，下令放松刚性腿内侧的两根缆风绳，导致事故发生。

3. 吊装工程方案不完善、审批把关不严是事故的重要原因

吊装工程方案中提供的施工阶段结构倾覆稳定验算资料不规范、不齐全；对600t龙门起重机刚性腿的设计特点，特别是刚性腿顶部外倾710 mm后的结构稳定性没有予以充分的重视；对主梁提升到47.6 m时，主梁上小车碰刚性腿内侧缆风绳这一可以预见的问题未予考虑，对此情况下如何保持刚性腿稳定的这一关键施工过程更无定量的控制要求和操作要领。

吊装工程方案及作业指导书编制后，虽经规定程序进行了审核和批准，但有关人员及单位均未发现存在的上述问题，使得吊装工程方案和作业指导书在重要环节上失去了指导作用。

4. 施工现场缺乏统一严格的管理，安全措施不落实是事故伤亡扩大的原因

（1）施工现场组织协调不力。在吊装工程中，施工现场甲、乙、丙三方立体交叉作业，但没有及时形成统一、有效的组织协调机构对现场进行严格管理。在主梁提升前7月10日仓促成立的“600t龙门起重机提升组织体系”由于机构职责不明、分工不清，并没有起到施工现场总体的调度及协调作用，致使施工各方不能相互有效沟通。乙方在决定更改施工方案，决定放松缆风绳后，未正式告知现场施工各方采取相应的安全措施；甲方也未明确将7月17日的作业具体情况告知乙方。导致23名在刚性腿内作业的职工死亡。

（2）安全措施不具体、不落实。6月28日由工程各方参加的“确保主梁、柔性腿吊装安全”专题安全工作会议，在制订有关安全措施时没有针对吊装施工的具体情况由各方进行充分研究并提出全面、系统的安全措施，有关安全要求中既没有对各单位在现场必要人员作出明确规定，也没有关于现场人员如何进行统一协调管理的条款。施工各方均未制定相应程序及指定具体人员对会上提出的有关规定进行具体落实。例如，为吊装工程制定的工作牌制度就基本没有落实。

三、事故性质

认定事故是一起由于吊装施工方案不完善，吊装过程中违规指挥、操作，并缺乏统一严格的现场管理而导致的重大责任事故。

四、事故图片

附录一　建筑起重机械安拆工（门式起重机）安全技术考核大纲（试行）

一、安全技术理论

1. 安全生产基本知识

（1）熟悉建筑安全生产法律法规和规章制度
（2）熟悉有关特种作业人员的管理制度
（3）熟悉从业人员的权利义务和法律责任
（4）掌握高处作业安全知识
（5）掌握安全防护用品的使用
（6）熟悉安全标志、安全色的基本知识
（7）熟悉施工现场消防知识
（8）了解现场急救知识
（9）了解施工现场安全用电基本知识

2. 专业基础知识

（1）了解力学基本知识
（2）了解电工基础知识
（3）熟悉机械基础知识
（4）了解液压传动知识
（5）了解钢结构基础知识
（6）熟悉起重吊装基本知识

3. 专业技术理论

（1）了解门式起重机的分类
（2）掌握门式起重机的主要技术参数
（3）掌握门式起重机的基本构造和工作原理
（4）熟悉门式起重机安全防护装置的构造和工作原理
（5）掌握门式起重机安装、拆卸的程序、方法
（6）掌握门式起重机的调试和常见故障的判断和处置
（7）掌握门式起重机安装检验的内容和方法
（8）了解门式起重机的维护保养的基本知识
（9）掌握门式起重机主要零部件及易损件的报废标准
（10）掌握门式起重机安装、拆卸的安全操作规程

（11）了解门式起重机安装、拆卸常见事故和原因

（12）熟悉《起重吊运指挥信号》（GB 5082—85）的内容

二、安全操作技能

（1）掌握门式起重机安装、拆卸前的检查和准备

（2）掌握门式起重机安装、拆卸的程序、方法和注意事项

（3）掌握门式起重机的调试和常见故障的判断

（4）掌握门式起重机吊钩、滑轮、钢丝绳和制动器的报废标准

（5）掌握识别起重吊运指挥信号的能力

（6）掌握紧急情况处置能力

（7）熟练掌握国家标准和检验细则

附录二　常用安全标志图示（节选）

禁止安全标志系列

禁止机动车通行
修理时禁止转动
运转时禁止加油
禁止启动
禁止抛物
禁止单扣吊装
禁止酒后上岗
禁止乱动消防器材
禁止混放
禁止攀牵线缆

警告安全标志系列

注意安全
当心火灾
当心爆炸
当心有害气体中毒
当心中毒
当心触电
当心落物
当心坠落
当心车辆
当心弧光
当心塌方
当心机械伤人
当心伤手
当心吊物
当心滑跌

当心扎脚

当心坑洞

当心电缆

当心碰头

当心绊倒

指令安全标志系列

必须保持清洁

必须戴安全帽

必须系安全带

必须穿防护鞋

必须戴防护手套

必须用防护装置

必须用防护屏

必须佩戴防护眼镜

必须戴防尘口罩

必须穿防护服

必须戴防毒面具

必须戴防护耳器

必须桥上通过

必须加锁

必须戴防护帽

消防、提示安全标志系列

安全出口
紧急出口
安全通道
安全楼梯
避险处
可用明火区
击碎板面
太平门
灭火器
灭火器
119
火警电话
地上消防栓
消防水带
灭火设备存放库
火情警报按钮
消防水泵接合器
地下消防栓
有电
危险
禁止合闸
有人工作
止步
高压危险
机房重地
闲人莫入

附录三　钢丝绳报废标准

根据《起重机　钢丝绳　保养、维护、安装、检验和报废》（GB/T 5972—2009）节选。钢丝绳报废标准如下：

一、断丝的性质和数量

起重机的总体设计不允许钢丝绳有无限长的使用寿命。

对于6股和8股的钢丝绳，断丝通常发生在外表面。对于阻旋转钢丝绳，断丝大多发生在内部因而是“非可见的”断丝。附表3－1和附表3－2是把各种因素进行综合考虑后的断丝控制标准。

谷部断丝可能指示钢丝绳内部的损坏，需要对该区段钢丝绳做更周密的检验。当在一个捻距内发现两处或多处的谷部断丝时，钢丝绳应考虑报废。

当制定阻旋转钢丝绳报废标准时，应考虑钢丝绳结构、使用长度和钢丝绳使用方式。有关钢丝绳的可见断丝数及其报废标准在附表3－2中给出。

应特别注意出现润滑油发干或变质现象的局部区域。

二、绳端断丝

绳端或其邻近的断丝，尽管数量很少但表明该处的应力很大，可能是绳端不正确的安装所致，应查明损坏的原因。为了继续使用，若剩余的长度足够，应将钢丝绳截短（截去绳端断丝部位）再造终端。否则，钢丝绳应报废。

三、断丝的局部聚集

如断丝紧靠在一起形成局部聚集，则钢丝绳应报废。如这种断丝聚集在小于6d的绳长范围内，或者集中在任一根绳股里，那么，即使断丝数比附表3－1或附表3－2列出的最大值少，钢丝绳也应予以报废。

四、断丝的增加率

在某些使用场合，疲劳是引起钢丝绳损坏的主要原因，钢丝绳在使用一个时期之后才会出现断丝，而且断丝数将会随着时间的推移逐渐增加。在这种情况下，为了确定断丝的增加率，建议定期仔细检验并记录断丝数，以此为据可用以推定钢丝绳未来报废的日期。

五、绳股断裂

如果整根绳股发生断裂，钢丝绳应立即报废。

六、绳径因绳芯损坏而减小

由于绳芯的损坏引起钢丝绳径减少的主要原因如下：内部的磨损和钢丝压痕；钢丝绳

中各绳股和钢丝之间的摩擦引起的内部磨损，特别是当其受弯曲时尤甚；纤维绳芯的损坏；钢芯的断裂；阻旋转钢丝绳中内层股的断裂。

如果这些因素引起阻旋转钢丝绳实测直径比钢丝绳公称直径减小3%，或其他类型的钢丝绳减小10%，即使没有可见断丝，钢丝绳也应报废。

七、外部磨损

钢丝绳外层绳股的钢丝表面的磨损，是由于其在压力作用下与滑轮和卷筒的绳槽接触摩擦造成的。这种现象在吊运载荷加速或减速运动时，在钢丝绳与滑轮接触的时候特别明显。而且表现为外部钢丝被磨成平面状。

润滑不足或不正确的润滑以及灰尘和砂砾促使磨损加剧。

磨损使钢丝绳股的横截面积减少从而降低钢丝绳的强度，如果由于外部的磨损使钢丝绳实际直径比其公称直径减少7%或更多时，即使无可见断丝、钢丝绳也应报废。

八、弹性降低

在某种情况下，通常与工作环境有关，钢丝绳的实际弹性显著降低，继续使用是不安全的。

虽未发现可见断丝，但钢丝绳手感会明显僵硬且直径减小，比单纯由于钢丝磨损使直径减小要更严重，这种状态会导致钢丝绳在动载作用下突然断裂，是钢丝绳立即报废的充分理由。

九、腐蚀

（1）外部腐蚀：由于腐蚀侵袭及钢材损失而引起的钢丝松弛，是钢丝绳立即报废的充分理由。

（2）内部腐蚀：如果有任何内部腐蚀的迹象，应对钢丝绳作内部检验。一经确认有严重的内部腐蚀，钢丝绳应立即报废。

十、变形

钢丝绳失去它的正常形状而产生可见的畸形称为“变形”，这种变形会导致钢丝绳内部应力分布不均匀。

（1）波浪形变形：当出现此变形，在钢丝绳长度不大于25d的范围内若$d_1 \geq (4/3)d$则钢丝绳应报废（d为钢丝绳公称直径，d_1为钢丝绳变形后包络的直径）。

（2）笼状畸变：有笼状畸变的钢丝绳应立即报废。

（3）绳芯或绳股挤出/扭曲：有绳芯或绳股挤出（隆起）或扭曲的钢丝绳应立即报废。

（4）钢丝挤出：是一些钢丝或钢丝束在钢丝绳背对滑轮槽的一侧拱起形成环状的变形。有钢丝挤出的钢丝绳应立即报废。

（5）绳径局部增大：钢丝绳直径发生局部增大，并能波及相当长的一段钢丝绳，这种情况通常与绳芯的畸变有关（在特殊环境中，纤维芯由于受潮而膨胀），结果使外层绳股受力不均衡，造成绳股错位。如果这种情况使钢丝绳实际直径增加5%以上，钢丝绳应立即报废。

（6）部分压扁：通过滑轮部分压扁的钢丝绳将会很快损坏，表现为断丝并可能损坏滑轮，严重压扁的钢丝绳应立即报废。位于固定索具中的钢丝绳压扁部位会加速腐蚀，如果继续使用，应按规定的缩短周期对其进行检查。

（7）扭结：扭结是由于钢丝绳成环状在不允许绕其轴线转动的情况下被绷紧造成的一种变形。其结果是出现捻距不均而引起过度磨损，严重时钢丝绳将产生扭曲，以致仅存极小的强度。有扭结的钢丝绳应立即报废。

（8）弯折：弯折是由外界影响因素引起的钢丝绳的角度变形。有严重弯折的钢丝绳类似钢丝绳的局部压扁，应按“局部压扁”要求处理。

十一、受热或电弧引起的损坏

钢丝绳因异常的热影响作用在外表出现可识别的颜色变化时，应立即报废。

附图3－1～附图3－20展示了每种缺陷的典型事例。当钢丝绳可能出现这些缺陷时，应报废。

附表3－1 钢制滑轮上使用的单层股钢丝绳和平行捻密实钢丝绳中达到或超过报废标准的可见断丝数

钢丝绳类别号 RCN（参见附录E）	外层股中承载钢丝的总数[a] n	可见断丝的数量[b]					
		在钢制滑轮和/或单层缠绕在卷筒上工作的钢丝绳区段（钢丝断裂随机分布）				多层缠绕在卷筒上工作的钢丝绳区段[c]	
		工作级别M1～M4或未知级别[d]				所有工作级别	
		交互捻		同向捻		交互捻和同向捻	
		长度范围大于$6d$[e]	长度范围大于$30d$[e]	长度范围大于$6d$[e]	长度范围大于$30d$[e]	长度范围大于$6d$[e]	长度范围大于$30d$[e]
01	$n \leqslant 50$	2	4	1	2	4	8
02	$51 \leqslant n \leqslant 75$	3	6	2	3	6	12
03	$76 \leqslant n \leqslant 100$	4	8	2	4	8	16
04	$101 \leqslant n \leqslant 120$	5	10	2	5	10	20
05	$121 \leqslant n \leqslant 140$	6	11	3	6	12	22
06	$141 \leqslant n \leqslant 160$	6	13	3	6	12	26
07	$161 \leqslant n \leqslant 180$	7	14	4	7	14	28
08	$181 \leqslant n \leqslant 200$	8	16	4	8	16	32
09	$201 \leqslant n \leqslant 220$	9	18	4	9	18	36
10	$221 \leqslant n \leqslant 240$	10	19	5	10	20	38

续表

钢丝绳类别号 RCN（参见附录 E）	外层股中承载钢丝的总数[a] n	可见断丝的数量[b]：在钢制滑轮和/或单层缠绕在卷筒上工作的钢丝绳区段（钢丝断裂随机分布）；工作级别 M1 ~ M4 或未知级别[d]；交互捻		同向捻		多层缠绕在卷筒上工作的钢丝绳区段[c]；所有工作级别；交互捻和同向捻	
		长度范围大于 $6d$[e]	长度范围大于 $30d$[e]	长度范围大于 $6d$[e]	长度范围大于 $30d$[e]	长度范围大于 $6d$[e]	长度范围大于 $30d$[e]
11	$241 \leqslant n \leqslant 260$	10	21	5	10	20	42
12	$261 \leqslant n \leqslant 280$	11	22	6	11	22	44
13	$281 \leqslant n \leqslant 300$	12	24	6	12	24	48
	$n > 300$	$0.04n$	$0.08n$	$0.02n$	$0.04n$	$0.08n$	$0.16n$

注 1：具有外层股且每股钢丝数≤19 根的西鲁型（Seale）钢丝绳（例如 6×19 西鲁型），在表中被分列于两行，上面一行构成为正常放置的外层股承载钢丝的数目。

注 2：在多层缠绕卷筒区段上述数值也可适用于在滑轮工作的钢丝绳的其他区段，该滑轮是用合成材料制成的或具有合成材料轮衬。但不适用于在专门用合成材料制成的或以由合成材料轮衬组合的单层卷绕的滑轮工作的钢丝绳。

a. 本标准中的填充钢丝未被视为承载钢丝，因而不包含在 n 值中。

b. 一根断丝会有两个断头（按一根钢丝计数）。

c. 这些数值适用于在跃层区和由于缠入角影响重叠层之间产生干涉而损坏的区段（且并非仅在滑轮工作和不缠绕在卷筒上的钢丝绳的那些区段）。

d. 可将以上所列断丝数的两倍数值用于已知其工作级别为 M5 ~ M8 的机构。参见 GB/T 24811.1—2009。

e. d——钢丝绳公称直径。

附表 3－2　在阻旋转钢丝绳中达到或超过报废标准的可见断丝数

钢丝绳类别号 RCN（见附录 E）	钢丝绳外层股数和在外层股中承载钢丝总数[a] n	可见断丝数量[b]：在钢制滑轮和/或单层缠绕在卷筒上工作的钢丝绳区段		多层缠绕在卷筒上工作的钢丝绳区段[c]	
		长度范围大于 $6d$[d]	长度范围大于 $30d$[d]	长度范围大于 $6d$[d]	长度范围大于 $30d$[d]
21	4 股 $n \leqslant 100$	2	4	2	4
	3 股或 4 股 $n \geqslant 100$	2	4	4	8
	至少 11 个外层股				

续表

钢丝绳类别号 RCN（见附录 E）	钢丝绳外层股数和在外层股中承载钢丝总数[a] n	可见断丝数量[b]			
		在钢制滑轮和/或单层缠绕在卷筒上工作的钢丝绳区段		多层缠绕在卷筒上工作的钢丝绳区段[c]	
		长度范围大于 $6d$[d]	长度范围大于 $30d$[d]	长度范围大于 $6d$[d]	长度范围大于 $30d$[d]
23－1	$76 \leqslant n \leqslant 100$	2	4	4	8
23－2	$101 \leqslant n \leqslant 120$	2	4	5	10
23－3	$121 \leqslant n \leqslant 140$	2	4	6	11
24	$141 \leqslant n \leqslant 160$	3	6	6	13
25	$161 \leqslant n \leqslant 180$	4	7	7	14
26	$181 \leqslant n \leqslant 200$	4	8	8	16
27	$201 \leqslant n \leqslant 220$	4	9	9	18
28	$221 \leqslant n \leqslant 240$	5	10	10	19
29	$241 \leqslant n \leqslant 260$	5	10	10	21
30	$261 \leqslant n \leqslant 280$	6	11	11	22
31	$281 \leqslant n \leqslant 300$	6	12	12	24
	$n > 300$	6	12	12	24

注 1：具有外层股的每股钢丝数≤19 根的西鲁型（Seale）钢丝绳（例如 18×19 西鲁型－WSC 型）在表中被放置在两行内，上面一行构成为正常放置的外层股承载钢丝的数目。

注 2：在多层缠绕卷筒区段上述数值也可适用于在滑轮工作的钢丝绳的其他区段，该滑轮是用合成材料制成的或具有合成材料轮衬。它们不适用于在专门用合成材料制成的或以由合成材料内层组合的单层卷绕的滑轮工作的钢丝绳。

a. 本标准中的填充钢丝未被视为承载钢丝，因而不包含在 n 值中。

b. 一根断丝会有两个端头（计算时只算一根钢丝）。

c. 这些数值适用于在跃层区和由于缠入角影响重叠层之间产生干涉而损坏的区段（且并非仅在滑轮工作和不缠绕在卷筒上的钢丝绳的那些区段）。

d. d——钢丝绳名义直径。

附图 3－1　钢丝挤出

附图 3－2　单层股钢丝绳绳芯挤出

附图 3－3　钢丝绳直接局部减小（绳股凹陷）

附图 3－4　绳股挤出/扭曲

附图 3－5　局部压扁

附图 3－6　扭结（正向）

附图 3－7　扭结（逆向）

附图 3－8　波浪形

附图 3－9　笼状畸变

附图 3－10　外部磨损

附图 3－11　外部磨损放大图

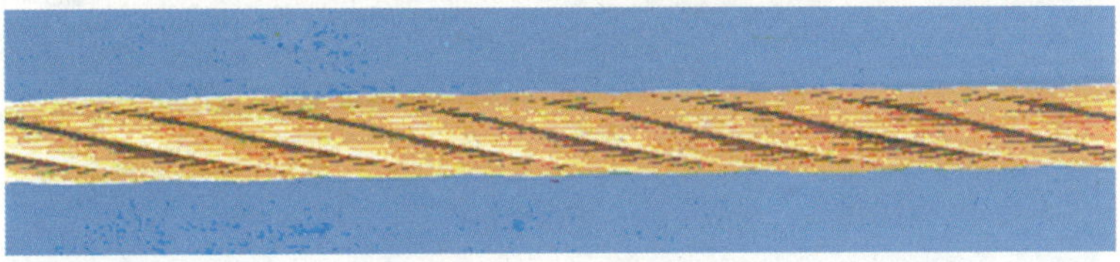

附图 3－12　外部腐蚀

附图 3－13　外部腐蚀放大图

附图 3－14　表面断丝

附图 3－15　谷部断丝

附图 3－16　阻旋钢丝绳内部绳股突出

附图 3－17　由于绳芯扭曲变形使局部的钢丝绳增大

附图 3－18　扭结

附图 3－19　局部压扁

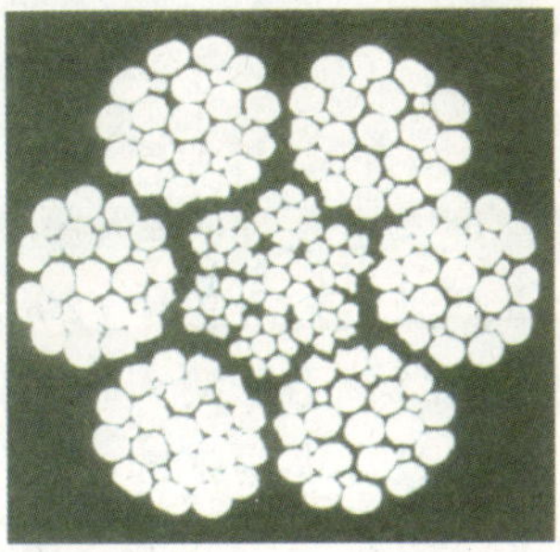

附图 3－20　内部腐蚀

附录四　引用的标准规范

一、法律法规

（1）《中华人民共和国安全生产法》；

（2）《建设工程安全生产管理条例》（国务院令第 393 号）；

（3）《特种设备安全监察条例》（国务院令第 549 号）；

（4）《建筑起重机械安全监督管理规定》（中华人民共和国建设部令第 166 号）；

（5）《建筑施工特种作业人员管理规定》（建质［2008］75 号）；

（6）《关于建筑施工特种作业人员考核工作的实施意见》（建办质［2008］41 号）

（7）《广东省建筑施工特种作业人员管理实施细则》；

（8）《建筑施工特种作业人员安全技术考核大纲（试行）》。

二、标准规范

（1）《高处作业分级》（GB/T 3608—2008）；

（2）《建筑施工高处作业安全技术规范》（JGJ 80—1991）；

（3）《安全帽》（GB 2811—2007）；

（4）《安全带》（GB 6095—2009）；

（5）《安全标志及其使用导则》（GB 2894—2008）；

（6）《施工现场临时用电安全技术规范》（JGJ 46—2005）；

（7）《碳素结构钢》（GB/T 700—2006）；

（8）《低合金高强度结构钢》（GB/T 1591—2008）；

（9）《施工现场机械设备检查技术规程》（JGJ 160—2008）；

（10）《广东省建筑施工安全管理资料统一用表》（2011 年版）；

（11）《通用门式起重机》（GB/T 14406—2011）；

（12）《建筑机械使用安全技术规程》（JGJ 33—2012）；

（13）《起重机　安全使用　第 1 部分：总则》（GB/T 23723. 1—2009）；

（14）《起重机　司机（操作员）、吊装工、指挥人员和评审员的资格要求》（GB/T 23722—2009）；

（15）《起重机　钢丝绳　保养、维护、安装、检验和报废》（GB/T 5972—2009）；

（16）《电动葫芦桥式起重机》（JB/T 3695—2008）；

（17）《电动葫芦门式起重机》（JB/T 5663—2008）；

（18）《起重设备安装工程施工及验收规范》（GB 50278—2010）；

（19）《起重机　车轮及大车和小车轨道公差　第 1 部分：总则》（GB/T 10183. 1—2010）第 4 部分：臂架起重机 GB/T 10183. 4—2010；

《起重机械安全规程　第5部分：桥式和门式起重机》（GB 6067.5—2014）。
（20）《起重机械安全规程 第一部分：总则》（GB 6067.1—2010）；
（21）《起重机设计规范》（GB/T 3811—2008）。

附录五　门式起重机安装拆除危险辨识表

序号	作业内容	伤害类别	生产的原因
1	技术交底	触电	技术人员对施工现场，配电方式等未作详细交底或操作人员失误
		物体打击	未按设计图纸、说明书施工
		起重伤害	未按施工程序和方法进行施工
		车辆伤害	设备存在不良状况，施工人员未作检查、带“病”运行
		机械伤害	使用的角磨机、电焊机、空压机等机械设备，施工人员未按正确方法操作
2	施工准备	触电	未正确使用防护用品，现场积水、潮湿、接线方式或电器灯具使用不当
		高处坠落	高处作业部位未按规定搭设作业平台、操作人员未系安全带，通道损坏或通道不畅，照明不足等
		物体打击	工器具未按正确方法使用，构件放置不符规范要求
		起重伤害	吊具、捆绑方式不符合要求，绳索、吊具缺陷或选择错误
		车辆伤害	设备状况不良，运输现场不畅及人员操作失误或违章
		机械伤害	使用的角磨机、电焊机、空压机等机械设备存在故障或操作方法不正确等
3	结构矫正拼装	触电	使用的电焊机、电动工器具、照明灯具及线路漏电等产生的危害
		火灾	氧气、乙炔未按规定放置，采用火焰矫正未清理周边环境等
		灼烫	劳保着装不当而引起的电弧灼伤、气割烫伤或使用的切割设备工具的安全防护性能不良等
		起重伤害	构件转运过程中的操作、指挥人员失误，吊具、捆绑方式不符合要求，绳具存在缺陷或选择错误等
		物体打击	构件放置不符合规范要求，工具使用方法不正确等
		机械伤害	使用的矫正机等设备老化，操作人员失误及自身安全防护意识差等原因

序号	作业内容	伤害类别	生产的原因
4	中间验收	触电	照明灯具，线路漏电等产生的危害
		物体打击	杂物清理不彻底，构件放置不符合规范要求，工具使用方法不正确等
		高处坠落	通道损坏或通道不畅，照明不足，高处作业部位未按规范要求搭设作业平台，操作人员未系安全带等
5	吊装	起重伤害	吊具、捆绑方式不符合要求，绳索、吊具存在缺陷或选择错误，操作，指挥人员失误
		物体打击	吊装构件清理不仔细致使杂物高处坠落，附件绑扎不牢固，工具使用不正确等
		高空坠落	穿硬底鞋、照明不足、高空作业面未满铺竹跳板，操作人员未系安全带
		机械伤害	使用空压机、角磨机等机械设备存在缺陷，操作方式不正确等
		触电	电气设备及线路漏电保护失效，操作人员操作失误
6	定位及连接	物体打击	构件放置不规范，工具使用不正确，高空坠物等
		起重伤害	吊具、捆绑方式不符合要求，绳索、吊具存在缺陷或选择错误操作，指挥人员失误
		高处坠落	穿硬底鞋、高空作业面未满铺竹跳板，照明不足，操作人员未系安全带等
		灼烫	劳保着装不当而引起的电弧灼伤，气割烫伤或使用的切割设备工具的安全防护性能不良等
		触电	使用的电焊机，电动工器具，照明灯具及线路漏电等产生的危害
		机械伤害	使用的机械设备老化，存在故障缺陷，操作方式不正确等
7	结构总装（结构拆除）	起重伤害	吊具、捆绑方式不符合要求，绳索、吊具存在缺陷或选择错误，操作、指挥人员失误
		高处坠落	穿硬底鞋、高空作业面未满铺竹跳板，照明不足，操作人员未系安全带等
		物体打击	吊具、捆绑方式不符合要求，绳索、吊具存在缺陷或选择错误，操作、指挥人员失误等。构件放置不规范，高空坠物等

续表

序号	作业内容	伤害类别	生产的原因
7	结构总装（结构拆除）	机械伤害	使用的机械设备老化，存在故障缺陷，操作方式不正确等
		车辆伤害	设备状况不良，运输现场不畅及人员操作失误或违章等
		触电	使用的电焊机、电动工器具，照明灯具及线路漏电等产生的危害
		火灾	焊接、切割时产生的火花引燃易燃物或氧气、乙炔摆放不当，漏气，回火等
		灼烫	劳保着装不当而引起的电弧灼伤，气割烫伤或使用的切割设备，工具的安全防护性能不良等
8	机电设备拆装	触电	使用的电气设备及线路漏电保护失效等产生的危害，操作人员未正确使用安全用具等
		高处坠落	穿硬底鞋、照明不足，操作人员未系安全带等
		物体打击	吊具、捆绑方式不符合要求，绳索、吊具存在缺陷或选择错误，操作、指挥人员失误等。工具使用不当、高空坠物等
		起重伤害	操作、指挥人员失误，吊具捆绑方式不符合要求，绳索、吊具存在缺陷或选择错误等
		车辆伤害	运输电气设备车辆状况不良，运输现场不畅及人员操作失误或违章等
		火灾	线路断路等引起的火花引燃易燃物等
		灼烫	电弧光灼伤等
9	转运	车辆伤害	车辆未定期检修或保养，构件捆绑固定不牢，施工现场狭小，操作失误，施工人员自身防护意识不足等
		起重伤害	操作、指挥人员失误，吊具、捆绑方式不符合要求，绳索、吊具存在缺陷或选择错误等
		高处坠落	穿硬底鞋，施工人员自身防护意识不足等
10	试运行	高处坠落	穿硬底鞋，施工人员自身防护意识不足等
		物体打击	高空坠物，工具使用不当等
		触电	电气设备及线路漏电保护失效，操作人员操作失误
		机械伤害	使用的机械设备老化，存在故障缺陷，操作方式不正确等

续表

序号	作业内容	伤害类别	生产的原因
11	清点入库	物体打击	构件放置不规范、工具使用不当、操作人员失误等
		高处坠落	穿硬底鞋，施工人员自身防护意识不足等
		机械伤害	使用的机械设备老化，存在故障缺陷，操作方式不正确等
		起重伤害	操作、指挥人员失误，吊具、捆绑方式不符合要求，绳索、吊具存在缺陷或选择错误等
		触电	照明灯具及线路漏电产生的危害
12	竣工验收	触电	电气设备，照明灯具及线路漏电产生的危害
		高处坠落	穿硬底鞋，高空作业面未满铺竹跳板，照明不足，操作人员未系安全带
		物体打击	高空坠物，工具使用不正确，操作人员失误等
		机械伤害	使用的机械设备老化，存在故障缺陷，操作方式不正确等
		火灾	施工过程中产生的火花引燃易燃物或氧气、乙炔摆放不当，漏气，回火等

附录六　桥（门）式起重机安装自检表

GDAQ209010807

<table>
<tr><td>工程名称</td><td colspan="3"></td></tr>
<tr><td>工程地址</td><td colspan="3"></td></tr>
<tr><td>使用单位</td><td colspan="3"></td></tr>
<tr><td>安装单位</td><td colspan="3"></td></tr>
<tr><td>产权单位</td><td colspan="3"></td></tr>
<tr><td>制造单位</td><td colspan="3">（许可证号：　　　　）</td></tr>
<tr><td>类别型号</td><td></td><td>出厂日期</td><td></td></tr>
<tr><td>备案编号</td><td></td><td>出场编号</td><td></td></tr>
<tr><td>告知受理号</td><td></td><td>设备编号</td><td></td></tr>
<tr><td>安装位置</td><td colspan="3"></td></tr>
<tr><td>性能参数</td><td colspan="3">额定起重量：　kg；跨　度：　m
起升高度：　m；悬臂长度：　m；工作级别：
起升速度：　m/min；运行速度：　m/min（小车）；　m/min（大车）</td></tr>
<tr><td>检查参数</td><td colspan="3">检查时的起升高度：　m；检查时的悬臂长度：　m</td></tr>
<tr><td rowspan="12">检查依据</td><td colspan="3">（1）《通用桥式起重机》（GB/T 14405—2011）；</td></tr>
<tr><td colspan="3">（2）《通用门式起重机》（GB/T 14406—2011）；</td></tr>
<tr><td colspan="3">（3）《电动单梁起重机》（JB/T 1306—2008）；</td></tr>
<tr><td colspan="3">（4）《电动悬挂起重机》（JB/T 2603—2008）；</td></tr>
<tr><td colspan="3">（5）《电动葫芦桥式起重机》（JB/T 3695—2008）；</td></tr>
<tr><td colspan="3">（6）《电动葫芦门式起重机》（JB/T 5663—2008）；</td></tr>
<tr><td colspan="3">（7）《起重设备安装工程施工及验收规范》（GB 50278—2010）；</td></tr>
<tr><td colspan="3">（8）《起重机　车轮及大车和小车轨道公差　第 1 部分：总则》（GB/T 10183. 1—2010）；</td></tr>
<tr><td colspan="3">（9）《起重机械安全规程　第一部分：总则》（GB 6067. 1—2010）；</td></tr>
<tr><td colspan="3">（10）《起重机设计规范》（GB/T 3811—2008）；</td></tr>
<tr><td colspan="3">（11）《建筑机械使用安全技术规程》（JGJ 33—2012）；</td></tr>
<tr><td colspan="3">（12）《施工现场机械设备检查技术规程》（JGJ 160—2008）</td></tr>
<tr><td>检查情况汇　总</td><td colspan="3">本次为首次检查，检查项目共计 86 项：
保证项目共 25 项，第________项不合格，共____项不合格；
一般项目共 61 项，第________项不合格，共____项不合格。</td></tr>
</table>

续表

检查结论			
自检人员 （安装单位专用技术人员）	（签名） 年　月　日	安装单位	（公章） 年　月　日
备　注	保证项目（序号带“★”的项目）全部合格，一般项目中不合格项目数不超过5项，此设备自检结论方为“合格”		

桥（门）式起重机安装自检表（续表1） GDAQ209010807－1

序号	项类	项目编号	检查内容及要求	检查结果	结论
1	1.1 结构	1.1.1 主要 受力构件	起重机主要受力构件（主梁、端梁、平衡梁、支腿、小车架等）应无裂纹、无永久变形；主要受力构件母材不应出现严重锈蚀或磨损		
2		1.1.2 焊缝质量	主要受力构件焊缝不得有目测可见的裂纹、孔穴、固体类夹渣、未熔合和未焊透等缺陷		
			主要受力构件焊缝不得有目测可见的裂纹		
3		1.1.3 走台通道	走台上通道的宽度应不小于500 mm，走台上方的净空高度应不小于1800 mm。走台应能承受3kN移动的集中载荷而不产生永久变形。走台板面应具有防滑性能		
4		1.1.4 护栏	在起重机上的以下部位应装设栏杆： (1) 用于进行起重机安装、拆卸、试验、维修和保养的，且高于2m的工作部位； (2) 通往离地面高度2m以上的操作室、检修保养部位的通道； (3) 存在跌落高度大于1m的危险通道及平台		
			栏杆上部表面的高度应≥1m；栏杆下部应装设踢脚板，其高度≥0.1m的踢脚板；在踢脚板与手扶栏杆之间应设有中间栏杆，中间栏杆与踢脚板或手扶栏杆的距离不得大于0.5m。对净高不超过1.3m的通道，手扶栏杆的高度可以为0.8m。栏杆上任何一处都应能承受1kN来自任何方向的载荷而不产生永久变形		
5		1.1.5 梯子	司机维修及调整时必须经过的通道，应设安全、方便的梯凳。梯子宜用斜梯，梯、凳面应具有防滑性能，采用直梯时，当高度大于10m时应在每隔6~8m处设休息平台，当高度大于5m时，应从2m起装设护圈		

续表

序号	项类	项目编号	检查内容及要求	检查结果	结论
6	1.1 结构	1.1.6 检修吊笼	采用裸滑线供电的起重机，在司机室对面靠近滑线的端，应装设检修吊笼		
7		1.1.7 钢丝绳防脱装置	滑轮应设有防止钢丝绳脱出绳槽的装置或结构。在滑轮罩的侧板和圆弧顶板等处与滑轮体的间隙不宜超过钢丝绳直径的20%		
8		1.1.8 防护罩	起重机上外露的、有伤人可能的旋转零部件，如开式齿轮、联轴器、传动轴等，均应装设防护罩		
9		1.1.9 防雨措施	露天工作的起重机，其电气设备应装设防雨罩或采取其他防雨措施		
10	1.2 司机室	1.2.1 结构	司机室必须具有足够的强度和刚度		
			司机室内净空高度应≥1.8m		
11		1.2.2 门窗	司机室窗户应采用安全玻璃或与其相当的材料		
			司机室应有安全的出入口，并应防止司机室的门在起重机工作时意外打开		
12		1.2.3 视野	司机室应具有良好的视野，司机在其座位上应能清楚地观察到取物装置及所吊物品在工作范围内的移动		
13		1.2.4 配置	司机室应配有灭火器和绝缘地板		
			露天工作的司机室应设置防风、防雨、防晒等防护装置		
14	1.3 信息标识与信号	1.3.1 产品标牌	应在司机室或起重机明显的位置装设标牌，标牌内容应至少包括：产品名称和产品型号；出厂日期和出厂编号；额定起重量；起升高度；跨度和悬臂长度；工作速度；工作级别；制造单位名称		
			在起重机主梁跨中位置，应设置醒目的起重量吨位牌，并在其上标出额定起重量		
15		1.3.2 吊钩标志	吊钩应有清晰、永久性的额定起重量标志		
16		1.3.3 滑轮组安全标志	吊钩滑轮组的滑轮侧板两外表面，应按规定涂上安全标志		
17		1.3.4 主滑触线安全标志	供电系统中有触电危险的主滑触线应涂有安全色，并在适当的位置装设安全标志或表示带电的指示灯		

续表

序号	项类	项目编号	检查内容及要求	检查结果	结论
18	1.3 信息标识与信号	1.3.5 操纵装置指示信息	所有操纵装置应标有文字或符号以指示其功能，并在适当位置指示操作的动作方向。指示信息应易于识别且清晰可见		
19		1.3.6 电源指示与声响警示信号	在司机室内明显位置应设有总电源开合状况的指示信号		
			操纵系统中应设有能对工作场地起警报作用的声响信号		
20	1.4 电气控制操作及保护	1.4.1 控制电源	控制电源由变压器提供时，二次侧电压应超过250V		
21		1.4.2 电气柜（配电箱）	电气控制设备和元件应设于柜内，能防雨、防灰尘。电接触良好，防止松脱。导线应整理成束，导线两端应设有与电路图或接线图一致的永久性识别标记		
			电气柜（配电箱）应有门锁，门内应有原理图或布线图、操作指示等，门外应设有有电危险的警示标志		
22		1.4.3 司机室操纵	司机室操纵应采用联动控制台，联动控制台应具有零位自锁和自动复位功能		
23		1.4.4 按钮装置操纵	按钮装置（手电门）上的按钮、开关等操作元件应是自动复位式的，切断总电源的开关应是非自动复位式的		
			按钮装置的控制电源应使用安全电压（≤50V）控制		
			按钮装置应采取有效的悬挂承重措施，以防止电缆在悬挂状态时受拉伸		
			按钮装置应采用绝缘外壳，外壳表面应无气泡、裂纹		
24		1.4.5 遥控装置操纵	起重机采用无线遥控方式时，遥控器应具有故障自诊断功能，在任何非正常工作状态下应能实现自动关闭，停止工作；还应具有抗同频干扰信号的能力，受同频干扰时不允许出现误动作		
			对于采用遥控装置操纵的起重机，宜另配备按钮装置（手电门）作为备用		
25		1.4.6 操作系统联锁保护	可在两处或多处操作的起重机，应有联锁保护，以保护只能在一处操作，防止两处或多处同时都能操作		

续表

<table>
<tr><th>序号</th><th>项类</th><th>项目
编号</th><th>检查内容及要求</th><th>检查
结果</th><th>结论</th></tr>
<tr><td>26</td><td rowspan="7">1.4
电气控
制操作
及保护</td><td>1.4.7
紧急
断电开关</td><td>对每一种操纵方式，均应在司机操作方便的地方设置在紧急情况下可迅速断开总动力电源的红色、非自动复位式的紧急断电开关</td><td></td><td></td></tr>
<tr><td>27</td><td>1.4.8
短路保护</td><td>总电源回路至少应设置一级短路保护，应由自动断路器或熔断器来实现。自动断路器每相均应有瞬时动作的过电流脱扣器，其整定值应随自动开关的类型来定；熔断器熔体的额定电流应按起重机尖峰电流的 1/2 ~ 1/1.6 选取</td><td></td><td></td></tr>
<tr><td>28</td><td>1.4.9
过流保护</td><td>起重机上的每个机构应单独设置过流保护：交流绕线式异步电动机应采用过电流继电器；鼠笼型交流电动机应采用热继电器或带热脱扣器的自动断路器</td><td></td><td></td></tr>
<tr><td>29</td><td>1.4.10
失压保护</td><td>起重机必须设有失压保护，当供电电源中断后，各用电设备均应处于断电状态，避免恢复供电后用电设备自动启动</td><td></td><td></td></tr>
<tr><td>30</td><td>1.4.11
零位保护</td><td>起重机传动机构必须设有零位保护。运行中因故障或失压停止运行后，重新恢复供电时，机构不得自行动作，应人为将控制器置回零位后，机构才能重新起动</td><td></td><td></td></tr>
<tr><td rowspan="2">31</td><td rowspan="2">1.4.12
相序保护</td><td>起重机电源电路应装设有效的断相及断相保护装置</td><td></td><td rowspan="2"></td></tr>
<tr><td>起重机起升高度限位器应具有错相保护的功能</td><td></td></tr>
<tr><td>32</td><td rowspan="4">2.1
作业环境</td><td>2.1.1
工作环境</td><td>起重机工作环境中不得有易燃、易爆及腐蚀性气体</td><td></td><td></td></tr>
<tr><td rowspan="2">33</td><td rowspan="2">2.1.2
司机室
安全距离</td><td>取物装置与司机室之间的距离应≥0.4m</td><td></td><td rowspan="2"></td></tr>
<tr><td>司机室距地面应≥2 000mm</td><td></td></tr>
<tr><td>34</td><td>2.1.3
与输电线
的安全距离</td><td>起重机上任何部件与高压输电线的最小距离应符合右表的规定
<table><tr><th>输电线路电压，V/kV</th><th>最小距离/m</th></tr><tr><td><1</td><td>1.5</td></tr><tr><td>1 ~ 35</td><td>3</td></tr><tr><td>≥60</td><td>0.01（V －50）＋3</td></tr></table></td><td></td><td></td></tr>
</table>

续表

序号	项类	项目编号	检查内容及要求	检查结果	结论
35	2.2 轨道	2.2.1 轨道基础	起重机轨道的选用和铺设应符合使用说明书或安装方案的要求		
			路基两侧及中间应设排水措施，保证路基无积水		
36		2.2.2 轨道固定	固定轨道的螺栓和压板应齐全，且固定牢固可靠		
37		2.2.3 轨道缺陷	轨道不应有裂纹、严重磨损等影响安全运行的缺陷		
38		2.2.4 大车轨道接头	轨道接头应符合下列要求： （1）接头采用对接焊时，焊条应符合钢轨母材的要求，焊接质量应符合电熔焊的有关规定，接头顶面及侧面焊缝处均应打磨平整光滑； （2）当接头采用鱼尾板连接时，轨道接头高低差及侧向错位应≤1mm，间隙应≤2mm； （3）伸缩缝处的间隙应符合设计规定，其允许偏差为±1mm； （4）两平行轨道的接头位置宜错开，其错开距离不应等于起重机前后车轮的基距		
39		2.2.5 小车轨道接头	对通用桥式起重机、通用门式起重机，电动葫芦桥式起重机，电动葫芦双主梁门式起重机，小车轨道一般宜采用将接头焊为一体的整根轨道，否则必须满足以下要求 （1）接头处的高低差 ≤1mm； （2）接头处的头部间隙≤2mm； （3）接头处的侧向错位≤1mm； （4）对正轨箱形梁及半偏轨箱形梁，轨道接缝应放在筋板上，允差不大于15mm； （5）两端最短一段轨道长度应≥1.5m，并在端部加挡铁		
40		2.2.6 轨道中心对轨道梁中心偏差	对通用桥式起重机、通用门式起重机、电动葫芦桥式起重机，轨道中心线与轨道梁腹板中心线之间的偏差不得超过轨道梁腹板厚度的一半		

<table>
<tr><th>序号</th><th>项类</th><th>项目编号</th><th colspan="4">检查内容及要求</th><th>检查结果</th><th>结论</th></tr>
<tr><td rowspan="14">41</td><td rowspan="16">2.2 轨道</td><td rowspan="14">2.2.7 小车轨距偏差</td><td colspan="4">小车轨距 K 的极限偏差 ΔK 应符合下表规定。</td><td rowspan="14"></td><td rowspan="14"></td></tr>
<tr><td rowspan="2">起重机及梁的类别</td><td rowspan="2">跨距 S 或轨距 K/m</td><td colspan="2">轨距偏差 ΔK/mm</td></tr>
<tr><td>跨端</td><td>跨中</td></tr>
<tr><td rowspan="2">对称正轨箱形梁及半偏轨箱形梁通用桥式起重机（$G_n \leq$ 50 t）</td><td>$S \leq 19.5$</td><td>±2</td><td>+1 ~ +5</td></tr>
<tr><td>$S > 19.5$</td><td>±2</td><td>+1 ~ +7</td></tr>
<tr><td>其他梁桥式起重机</td><td>—</td><td>±3</td><td>±3</td></tr>
<tr><td>单主梁门式起重机</td><td>—</td><td>±5</td><td>±5</td></tr>
<tr><td>对正轨箱形梁及半偏轨箱形梁门式起重机</td><td>—</td><td>±2</td><td>+1 ~ +7</td></tr>
<tr><td>其他梁门式起重机</td><td>—</td><td>±3</td><td>±3</td></tr>
<tr><td>双梁电动悬挂起重机</td><td>—</td><td>±3</td><td>±3</td></tr>
<tr><td rowspan="2">电动葫芦桥式起重机</td><td>$K \leq 2$</td><td>±2</td><td>±2</td></tr>
<tr><td>$K > 2$</td><td>±3</td><td>±3</td></tr>
<tr><td>单主梁电动葫芦门式起重机</td><td>—</td><td>±5</td><td>±5</td></tr>
<tr><td>双梁电动葫芦门式起重机</td><td>—</td><td>±3</td><td>±3</td></tr>
<tr><td>42</td><td>2.2.8 车轮轮缘与轨道翼缘的间隙</td><td colspan="4">电动葫芦车轮轮缘内侧与工字钢轨道翼缘之间的间隙，应为 3 ~ 5mm</td><td></td><td></td></tr>
<tr><td>43</td><td>2.2.9 轨道倾斜度</td><td colspan="4">轨道顶面纵向倾斜度应≤3/1 000；
轨道顶面横向倾斜度应≤5/1 000</td><td></td><td></td></tr>
</table>

续表

<table>
<tr><th>序号</th><th>项类</th><th>项目
编号</th><th colspan="4">检查内容及要求</th><th>检查
结果</th><th>结论</th></tr>
<tr><td rowspan="14">44</td><td rowspan="14">2.2
轨道</td><td rowspan="14">2.2.10
轨道跨距
允许偏差</td><td rowspan="14">轨道跨距的允许偏差应符合右表规定</td><td>起重机类别</td><td>跨距 S/m</td><td>跨距允许偏差，ΔS/mm</td><td rowspan="14"></td><td rowspan="14"></td></tr>
<tr><td rowspan="2">通用桥式起重机</td><td>≤10m</td><td>±2</td></tr>
<tr><td>>10m</td><td>±2[2+0.1(S-10)]</td></tr>
<tr><td rowspan="2">通用门式起重机</td><td>≤26</td><td>±8</td></tr>
<tr><td>>26</td><td>±10</td></tr>
<tr><td rowspan="2">电动单梁起重机</td><td>≤10</td><td>±2</td></tr>
<tr><td>>10</td><td>±2[2+0.1(S-10)]</td></tr>
<tr><td rowspan="2">电动悬挂起重机</td><td>≤10</td><td>±4</td></tr>
<tr><td>10~26</td><td>±5</td></tr>
<tr><td rowspan="2">电动葫芦桥式起重机</td><td>≤10</td><td>±2</td></tr>
<tr><td>>10</td><td>±2[2+0.1(S-10)]</td></tr>
<tr><td rowspan="3">电动葫芦门式起重机</td><td>≤10</td><td>±6</td></tr>
<tr><td>10~26</td><td>±8</td></tr>
<tr><td>>26</td><td>±10</td></tr>
<tr><td>45</td><td rowspan="4">2.3
结构安装
与连接</td><td>2.3.1
高强度
螺栓连接</td><td colspan="4">主要受力构件的螺栓连接部位应采用高强度螺栓，高强度螺栓应有性能等级标志，其型号、规格及数量应符合起重机使用说明书的要求，且无缺件、裂纹等缺陷。高强度螺栓连接时，应采用双螺母其他能防止螺母松动的有效措施，并采用扭矩扳手或专用扳手按装配技术要求拧紧，螺杆螺纹应露出1~3扣</td><td></td><td></td></tr>
<tr><td>46</td><td>2.3.2
普通
螺栓连接</td><td colspan="4">结构件连接采用普通螺栓时，其规格、型号及数量应符合起重机使用说明书或设计方案的要求，且无缺件、损坏等缺陷</td><td></td><td></td></tr>
<tr><td>47</td><td>2.3.3
销轴连接</td><td colspan="4">结构件采用销轴连接时，其规格及数量应符合使用说明书或设计方案的要求。销轴不得有缺件、裂纹、严重磨损等缺陷，其轴向定位装置应规范、可靠</td><td></td><td></td></tr>
<tr><td>48</td><td>2.3.4
司机室
安装固定</td><td colspan="4">司机室与起重机的连接必须安全可靠</td><td></td><td></td></tr>
</table>

续表

<table>
<tr><th>序号</th><th>项类</th><th>项目编号</th><th colspan="3">检查内容及要求</th><th>检查结果</th><th>结论</th></tr>
<tr><td>49</td><td rowspan="16">2.4
机构及零部件</td><td>2.4.1
吊钩固定及防脱</td><td colspan="3">吊钩应转动灵活，各紧固件安装牢固可靠，并设有防止吊索或吊具非人为脱出的装置</td><td></td><td></td></tr>
<tr><td>50</td><td>2.4.2
吊钩缺陷</td><td colspan="3">吊钩严禁补焊，不得使用铸造吊钩，吊钩不得存有下列缺陷：
（1）表面有裂纹；
（2）钩尾和螺纹部分等危险截面或钩筋有永久性变形；
（3）挂绳处截面磨损量超过原高度的 5%；
（4）开口度比原尺寸增加 10%；
（5）钩身扭转变形超过 10°；
（6）心轴磨损量超过其直径的 5%</td><td></td><td></td></tr>
<tr><td>51</td><td>2.4.3
钢丝绳型号规格</td><td colspan="3">钢丝绳的型号规格应符合设计要求和《重要用途钢丝绳》（GB 8918—2006）的规定，并有产品出厂品格证</td><td></td><td></td></tr>
<tr><td rowspan="10">52</td><td rowspan="10">2.4.4
钢丝绳端部固定</td><td colspan="3">卷筒上钢丝绳尾端的固定装置应防松或自紧的性能</td><td></td><td rowspan="10"></td></tr>
<tr><td colspan="3">卷筒上钢丝绳尾端采用压板固定时，压板不得少于 2 个（电动葫芦不少于 3 个），且应相互分开并可靠固定</td><td></td></tr>
<tr><td colspan="3">钢丝绳端部采用楔形接头固定时，楔套不应有裂纹，楔块不应松动，紧固件齐全</td><td></td></tr>
<tr><td colspan="3">钢丝绳端部采用金属压制接头固定时，接头不应有裂纹</td><td></td></tr>
<tr><td rowspan="6">钢丝绳端部采用绳夹固定时，每一连接处的绳夹数量应符合右表规定。绳夹夹座应在钢丝绳长头一边，钢丝绳绳夹的间距应≥6d</td><td>钢丝绳公称直径，d/mm</td><td>钢丝绳绳夹最少数量/个</td><td></td></tr>
<tr><td>d≤19</td><td>3</td><td></td></tr>
<tr><td>19＜d≤32</td><td>4</td><td></td></tr>
<tr><td>32＜d≤38</td><td>5</td><td></td></tr>
<tr><td>38＜d≤44</td><td>6</td><td></td></tr>
<tr><td>44＜d≤60</td><td>7</td><td></td></tr>
<tr><td rowspan="3">53</td><td rowspan="3">2.4.5
钢丝绳安装</td><td colspan="3">多层缠绕的卷筒，端部应有凸缘，凸缘应比最外层钢丝绳（或链条）高出两倍的钢丝绳直径（或链条宽度）</td><td></td><td rowspan="3"></td></tr>
<tr><td colspan="3">钢丝绳在卷筒上应能按顺序整齐排列</td><td></td></tr>
<tr><td colspan="3">当吊钩处于工作位置最低点时，钢丝绳在卷筒上的缠绕，除固定绳尾的圈数外，必须不少于两圈</td><td></td></tr>
</table>

续表

序号	项类	项目编号	检查内容及要求	检查结果	结论
54	2.4 机构及零部件	2.4.6 钢丝绳使用	钢丝绳应润滑良好，不应与金属结构摩擦，且不得编结接长使用		
55		2.4.7 钢丝绳缺陷	钢丝绳不得出现下列缺陷： （1）绳股断裂；（2）扭结；（3）压扁；（4）弯折；（5）波浪形变形；（6）笼状畸变；（7）绳股挤出；（8）钢丝挤出；（9）绳径局部增大；（10）绳径减小，钢丝绳直径相对公称直径减小3%（对于抗扭钢丝绳）或减小10%（对于其他钢丝绳）时；（11）外部腐蚀；（12）严重断丝，绳端断丝，断丝的局部聚集		
56		2.4.8 卷筒缺陷	卷筒不得出现下列缺陷： （1）裂纹；（2）轮缘破损；（3）卷筒壁过度磨损		
57		2.4.9 滑轮缺陷	滑轮应转动良好，不得出现下列缺陷： （1）裂纹；（2）轮缘破损；（3）绳槽壁厚过度磨损；（4）滑轮槽底过度磨损		
58		2.4.10 制动器设置	起升机构、小车运行机构、大车运行机构应装设常闭制动器。制动器应调整适宜，制动平稳可靠		
59		2.4.11 制动器缺陷	制动器零部件不得出现下列缺陷： （1）缺件；（2）可见裂纹；（3）制动片过度磨损；（4）制动轮表面过度磨损，凸凹不平度达1.5mm；（5）弹簧出现塑性变形；（6）液压制动器或制动器的推动器漏油		
60		2.4.12 车轮缺陷	车轮不得出现下列缺陷： （1）可见裂纹； （2）踏面厚度磨损量达原厚度的15%； （3）轮缘厚度磨损量达原厚度的50%		
61		2.4.13 导绳器	采用单层缠绕钢丝绳的电动葫芦应设置导绳器，且工作正常、可靠		
62	2.5 电源及电缆敷设、接地、照明	2.5.1 供电系统	起重机供电应采用TN-S接零保护系统，供电线路的零线应与起重机的接地线严格分开		
63		2.5.2 开关箱	应在靠近起重机且地需人员易于操作的地方设置专用开关箱，严禁用同一个开关箱直接控制2台或2台以上用电设备（含插座）		

续表

序号	项类	项目编号	检查内容及要求	检查结果	结论
64	2.5 电源及电缆敷设、接地、照明	2.5.3 配电开关	在起重机的专用开关箱内应装设隔离开关、断路器或熔断器，以及漏电保护器，且动作正常、可靠		
65		2.5.4 电缆敷设	电源电缆应采用五芯电缆。电缆可直接敷设，但在有机械损伤、化学腐蚀、油污浸蚀的地方应有防护措施		
66		2.5.5 供电方式	起重机馈电可采用滑触线或电缆卷筒或导电滑线；小车供电应采用移动电缆或滑接输电装置馈电		
			滑触线应布置合理，与周围设备应有足够的安全距离，或采取安全防护措施，当人靠近时不会意外触及；物品或吊钩摆动时，不得碰触到滑触线		
			电缆供电的起重机，移动距离超过10m时，应设置电缆卷筒或其他收放装置，电缆收放速度应与起重机运行速度同步。电缆卷筒应防止电缆在运动过程中被磨损		
			滑线与司机室应分别布置在起重机主梁两端。当导电滑线和司机室在同一端时，滑线应装设保护网		
67		2.5.6 馈电装置安全距离	起重机上大车、小车馈电装置的裸露带电部分与金属结构之间的最小距离应大于30mm，起重机运行时可能产生相对晃动的，其间距应大于最大晃动量30mm		
68		2.5.7 取物装置供电电缆	对吊钩以下的取物装置（如电磁吸盘、可卸抓斗）供电的电缆，收放速度与吊钩起升速度应基本保持一致，在升降过程中不应触碰起重用钢丝绳		
69		2.5.8 电磁吸盘	对电磁起重机，电磁吸盘的电源在交流侧的接线，应保证在起重机内部各种事故断电（起重机集电器不断电）时，电磁吸盘供电不切断，即吸持物不脱落		
			电磁吸盘电源严禁接入其他设备，以免影响其正常工作		
70		2.5.9 绝缘电阻	主回路和控制回路的对地绝缘电阻应≥1.0 MΩ		
71		2.5.10 接地保护	起重机本体的金属结构、轨道、电机机座和所有电气设备的金属外壳、导线的金属保护管、安全照明的变压器低压侧等均应可靠接地。接地电阻应≤4Ω；采用多处重复接地时，其接地电阻应≤10Ω		

续表

序号	项类	项目编号	检查内容及要求	检查结果	结论
72	2.5 电源及电缆敷设、接地、照明	2.5.11 照明	司机室、电气室和通道都应有合适的照明，还应有补充作业面照明用的桥下照明。照明应设专用电路，电源应由起重机主断路器进线端分接，当主断路切断电源时，照明不应断电。各种照明均应设短路保护		
			固定式照明装置的电源电压不应超过 220V。严禁用金属结构作为照明线路的回路		
			可携式照明装置的电源电压不应超过 36V；交流供电时，应使用隔离变压器		
73	3.1 安全装置及其性能	3.1.1 起重量限制器	起重机应设置起重量限制器，且动作准确、可靠		
74		3.1.2 起升高度限位器	起升机构应装设起升高度限位器，必须保证当吊钩起升极限位置时自动切断起升机构电路		
75		3.1.3 下极限限位器	当有下极限限位要求时，应装设下极限限位器。当吊具下降到下极限位置时，能自动切断下降方向的动力电源，保证钢丝绳在卷筒上缠绕所需的安全圈数		
76		3.1.4 大车行程限位装置	起重机大车运行机构应设置运行行程限位装置，包括行程限位开关、缓冲器和止挡装置。限位开关动作有效、可靠运作；止挡装置应牢固		
77		3.1.5 小车行程限位装置	起重机小车运行机构应设置缓冲器及止挡装置，止挡装置应牢固		
			当运行小车的运行速度大于 25m/min 时，也应设置运行行程限位开关，且动作有效、可靠		
78		3.1.6 防风装置	起重机应装设可靠的手动或电动防风装置及锚定装置，其零件应无缺损，且工作有效、可靠。当采用电动夹轨器时，宜同时设置手动功能，或另加辅助手动防风装置电动防风装置与大车运行机构间应设有联锁保护		
79		3.1.7 防碰撞装置	当两台或两台以上的起重机或起重小车运行在同一轨道上时，应装设防碰撞装置		
80		3.1.8 扫轨板	当物料有可能积存在轨道上成为运行的障碍时，在起重机的台车架和小车架下面应装设扫轨板，扫轨板底面与轨道顶面之间的间隙应为 5～10mm		

续表

序号	项类	项目编号	检查内容及要求	检查结果	结论
81	3.1 安全装置及其性能	3.1.9 电气开关联锁保护	进入起重机的门和司机室到桥架上的门，必须设有电气联锁保护装置，当任何一个门打开时，起重机所有机构均不能工作		
			司机室设在起重机的运动部分上时，进入司机室的通道口应设联锁保护装置，当通道口的门打开时，应断开由于机构动作可能对人员造成危险的机构的电源		
82		3.1.10 防倾翻安全钩	在主梁一侧落钩的单主梁起重机，应装设防倾翻安全钩		
83		3.1.11 风速报警装置	对门式起重机，当其主起升高度 $H \geqslant 12$m 时，应装设风速报警装置		
84		3.1.12 偏斜调整装置	对门式起重机，当其跨度 $S \geqslant 40$m 时，应装设偏斜调整装置		
85	4.1 整机性能	4.1.1 空载试验	操作系统、控制系统和联锁装置应动作准确、灵活		
			各安全装置应动作灵敏、可靠		
			各机构应运转正常，制动可靠		
			起重小车、大车沿轨道全长运行过程中，应无卡阻、啃轨现象		
			起重机空载时，主梁不应有下挠（小车轨道不应偏离其水平面以下）		
86		4.1.2 额定载荷试验	操作系统、控制系统和联锁装置应动作准确、灵活		
			各安全装置应动作灵敏、可靠		
			各机构应运转正常，制动可靠		
			主要受力结构件不应有裂纹、连接松动、损坏等缺陷		
			在额定载荷作用下，小车处于跨中，主梁跨中下挠值应小于跨度的1/700		

附录七　门式起重机技术检查表

机械编号：__________　规格型号：______________　操作人员：______________
工程名称：__________________________________　检查日期：______________

检查项目	序号	检查内容及要求	检查情况	结果
结构	※1	起重机的主要承载结构件出现下列情况之一时应报废： 1）起重机的主要承载结构件失去整体稳定性，且不能修复时； 2）起重机的主要承载结构件，由于腐蚀而使结构的计算应力提高，当超过原计算应力的15%时；对无计算条件的，当腐蚀深度达原厚度的10%时； 3）起重机的主要承载结构件产生无法消除裂纹影响时		
	※2	测量主梁跨中上拱度： （0.9/1000～1.1/1000）S（S：跨度）；最大上拱度应控制在$S/10$范围内		
	※3	测量主梁跨中下挠值应控制在跨度的1/700范围内		
	※4	测量端梁有效悬梁处的上翘度应是：（0.9/350～1.4/350）L_1或L_2；（L_1、L_2：有效悬梁长度）		
	※5	测量刚性支腿与主梁在跨度方向的垂直度： 应是：$h_1 \leqslant H_1/2000$；（h_1：下沉深度，H_1：起升高度）		
	※6	通用门式起重机测量跨度极限偏差，应控制在： 1）$S \leqslant 26$m，$\Delta S = \pm 8$mm，相对差不应大于8mm； 2）$S > 26$m，$\Delta S = \pm 10$mm，相对差不应大于10mm		
	7	司机室的结构应有足够的强度和刚度，司机室与起重机的连接应牢固、可靠		
行走机构	※1	轨道不应有裂纹、磨损或影响安全运行的缺陷；轨道接头未焊位一体的应满足下列要求： 1）接头处高低差≤1mm； 2）接头处的间隙≤2mm； 3）接头处的侧向错位≤1mm； 4）正轨箱形梁及半偏轨箱形梁，轨道接缝应放在筋板上，允许差不应大于15mm； 5）在轨道两端最短一段轨道长度≤1.5m处应加挡铁； 6）轨道纵向坡度不应超过0.5%； 7）轨道的固定螺栓和压板不得短缺，压板应固定牢固，垫片不得窜动		

续表

检查项目	序号	检查内容及要求	检查情况	结果
行走机构	※2	大车运行出现啃轨时，应测量大车轨距偏差，轨距极限偏差应控制在： （1）$S \leqslant 10m$，$\nabla S = \pm 3mm$； （2）$S > 10m$，$\nabla S = \pm [3 + 0.25 (S - 10)]$ mm；且最大极限偏差不得超过±15mm		
	※3	大车运行出现啃轨时，应测量跨度偏差，跨距极限偏差应符合下列要求： （1）采用可分离式端梁并镗空直接装车轮结构的： $S \leqslant 10m$，$\nabla S = \pm 2mm$，$S > 10m$， $\nabla S = \pm [2 + 0.1 (S - 10)]$ mm； （2）采用焊接的端梁及角形轴承箱装车轮结构的： $\nabla S = \pm 5mm$，每对车轮测出的跨度相对差不应大于5mm		
	※4	驱动轮应同步转动；车轮不应有明显的磨损，轮缘厚度磨损量达原厚度的50%、轮缘厚度弯曲变形厚度的20%、车轮踏面厚度磨损量达原厚度的15%，出现以上缺陷之一车轮应报废		
传动系统	1	减速箱地脚螺栓应坚固，齿轮啮合不应有异响、振动、冲击、漏油、发热；油量、油质、润滑油规格、型号应符合说明书规定		
	2	联轴器零件不应有缺损；连接不应松动；运转时不应有剧烈撞击声		
	3	离合器应接合平稳，传递动力有效，分离彻底		
	4	卷筒两侧边缘的高度应超过最外层钢丝绳，其值不应小于钢丝绳直径的2倍；卷筒上钢丝绳尾端的固定装置应有防松和自紧性能；筒壁磨损达到原壁厚的10%应予报废		
	5	滑轮轮槽应光洁平滑，不应有损伤钢丝绳的缺陷；应有防止钢丝绳脱槽装置；当出现下列缺陷之一时应报废滑轮； 轮槽不均匀磨损达3mm；轮槽壁厚磨损达原壁厚的20%，轮槽底部直径的磨损量超过相应钢丝绳直径的25%		
	6	外露传动部位的防护罩（盖）应齐全、完好		
制动系统	1	动力驱动的起重机每个机构都应设置制动器，起升机构应设置两套常闭制动器；制动器零件不应有缺件、裂纹、严重磨损，液压制动器不应有漏油		
	2	制动器应有符合操作频度的热容量；操作部位应有防滑性能；对制动带摩擦垫片的磨损应有调整能力		
	3	凡出现下列缺陷之一时应予报废： 制动块（带）摩擦衬垫磨损量达原厚度的50%或露出铆钉；弹簧出现塑性变形；电磁铁杠杆系统空行程超过额定行程的10%；制动轮轮面凹凸不平度达1.5mm，且不能修复；轮面磨损量达1.5～2mm（直径300mm以上的取大值，否则取小值）；小轴或轴孔直径磨损达原直径的5%；起升机构的制动轮轮缘厚度磨损量达原厚度的40%		

续表

检查项目	序号	检查内容及要求	检查情况	结果
吊钩	※1	吊钩的规格应符合说明书规定，不得使用铸造吊钩；吊钩严禁补焊；吊钩表面应光洁、不应有剥裂、锐角、毛刺、裂纹；应设有防脱钩装置，防脱棘爪在吊钩负载时不得张开，安装棘爪在钩口尺寸减小值不得超过钩口尺寸的 10%，防脱棘爪的形态应与钩口端部吻合		
	2	吊钩凡出现下列缺陷之一时应予报废： （1）表面有裂纹和破口； （2）钩尾和螺纹部分等危险截面及构筋有永久性变形； （3）挂绳处截面磨损量超过高度的 10%； （4）开口度比原尺寸增加 15%；开口扭转变形超过 10°； （5）板钩衬套磨损量达原尺寸的 15% 时，应报废衬套； （6）板钩心轴磨损量达原尺寸的 5% 时，应报废心轴		
钢丝绳	※1	钢丝绳的规格、型号应符合该机说明书规定，排列应整齐，与卷筒和滑轮应匹配，穿绕正确；不应有扭结、压扁、弯折、断丝、断股、断芯、笼状畸变等变形；钢丝绳断丝根数的控制标准和钢丝绳端部固接要求应符合相关规范的要求；钢丝绳全部放出时，在卷筒上应保留 3 圈以上钢丝绳		
电气系统	1	电源开关应设在靠近起重机地面易操作的地方，并有明显的标识；警示信号在起重机工作场地范围内应能听到；应实行一机、一箱、一闸、并有门锁		
	※2	电气设备及电器元件应齐全、完好、安装牢固，绝缘性能良好，动作灵敏、有效，符合说明书规定；当额定电压不大于 500V 时，电气线路对地的绝缘电阻一般环境下不低于 0. 8MΩ，潮湿环境下不低于 0. 14MΩ；整体金属结构的接地形式应采用 TN 或 TT 接地系统，零线接地电阻不应大于 4Ω；零线重复接地电阻不应大于 10Ω；采用 TT 接地系统时，接地电阻与漏电保护器动作电流的乘积应为 50A		
	3	总电源回路至少应设置一级短路保护，并由自动断路器或熔断器来实现；自动断路器每相均应有瞬间动作的过流脱扣器，其整定值应随自动开关的类型来定；熔断器熔体的额定电流应按起重机尖峰电流的 1/2～1/6 选取		
	4	总电源应设有失压保护装置，当供电电源中断时，必须能自动断开总电源回路，且不是自动复位型的		

续表

检查项目	序号	检查内容及要求	检查情况	结果
电气系统	5	每个机构应单独设置过流保护装置： （1）交流绕线式异步电机可采用电流继电器，在两相中设置过流继电器的整定值不应大于电机额定电流的 2.5 倍，在第三相中的总过流继电器的整定值不应大于电机额定电流的 2.25 倍加上其余各机构电机额定电流之和； （2）鼠笼式交流电机可采用热继电器或带热脱扣器的自动断路器做过载保护，其整定值不应大于电机额定电流的 1.1 倍		
	6	主起升机构应设置超速保护装置，且灵敏、有效		
	7	控制器应设置零位保护装置，除采用按钮控制运行的机构外，必须先将控制器手柄置于零位后，所有机构的电机才启动		
	8	大、小车应设馈电装置，且符合说明书规定，应灵敏有效： （1）大车供电如果是裸滑线除涂上红的安全色外，还应在适当位置安装安全标志或安装带电的指示灯； （2）集电器沿滑线全长应可靠接触； （3）移动式软电缆应有适用的收放措施		
	9	必须在司机操作方便的位置设置非自动复位型的紧急开关		
安装位置	※1	在主梁一侧落钩的单梁起重机应设置防倾翻安全钩，当小车正常运行时，应保证安全钩与主梁的间隙，保证小车运行无卡阻		
	※2	起升机应设置起升高度限位器；吊运炽热金属的起升机构应安装两套起升高度限位器，两套开关动作应有先后，并应控制不同的断路装置或尽量采用不同结构形式，且功能可靠、有效		
	※3	大、小车运行机构应设置有效的行程限位装置，轨道端部应分别装设缓冲器和止挡，且有效		
	※4	大车轨道如铺设在工作面或地面时，应设置扫轨板，扫轨板距轨面部应大于 10mm		
	※5	必须设有电器连锁保护装置，当任何一个门打开时，起重机的所有机构应不能工作		
	※6	桥式起重机司机室如位于大车滑线端部时，通向起重机的梯子和走台与滑线间应设置防护板；滑线端的端梁下也应设防护板		
	※7	导绳器应移动灵活、自动限位灵敏、可靠		

整机检查结论		责任人签字	检查方：　　年　月　日 受检方：　　年　月　日
备注			

注：“＊”为必查项目。

附录八　门式起重机零配件图示

起重机电缆卷筒

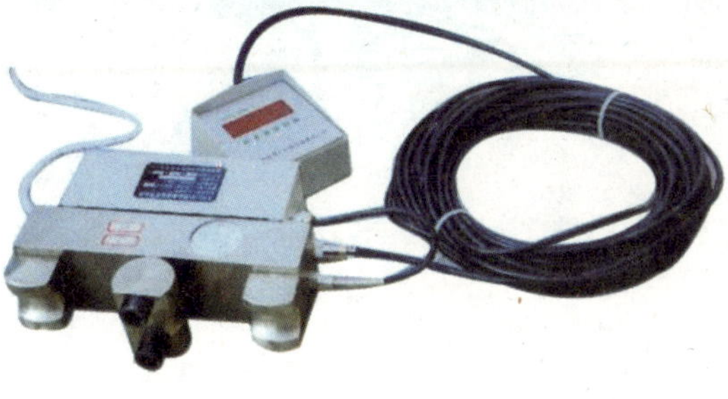

超载限制器

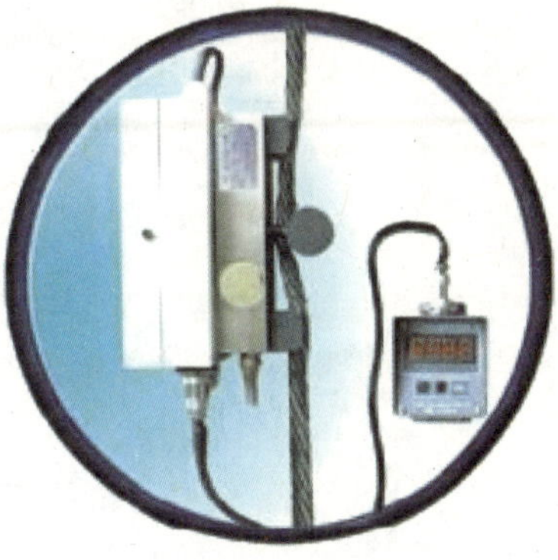

起重量限制器

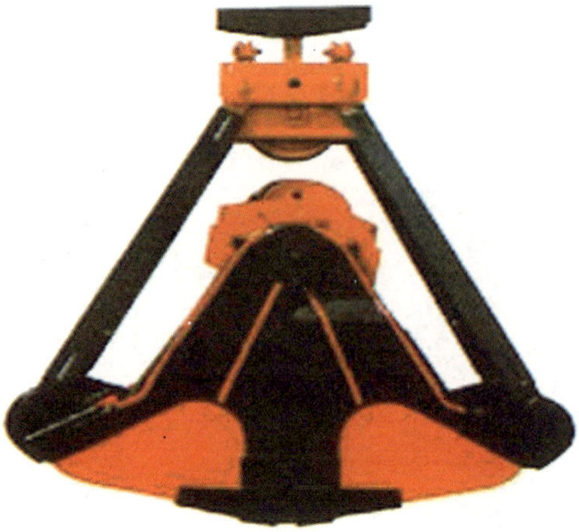

起重机抓斗

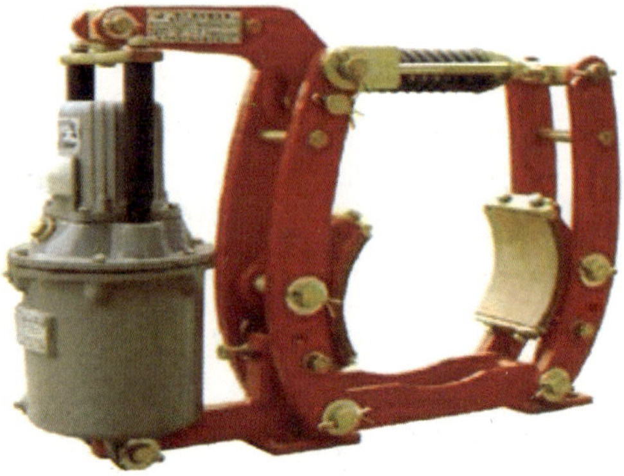

起重机液压制动器

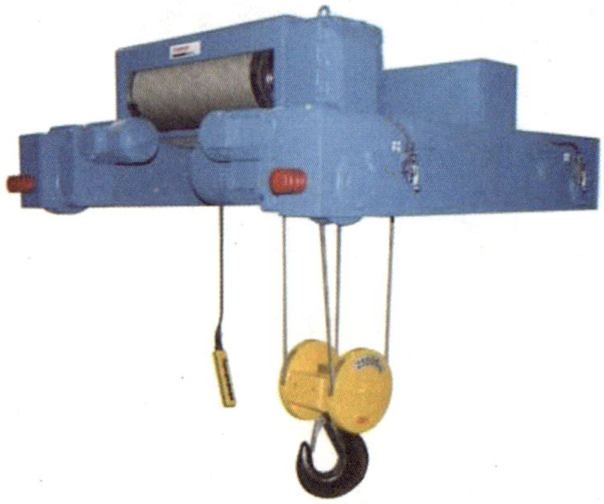

葫芦一体式小车

缓冲电机